普通高等教育电子信息类系列教材

EDA 技术与应用

刘江海　方洁　杨沛　陈玮　刘佳榆　编著

机 械 工 业 出 版 社

本书全面系统地介绍了电子设计自动化（EDA）的相关技术理论、VHDL 语言及语法、开发环境 Altera Quartus Ⅱ操作流程、电子设计与优化方法等。本书遵循循序渐进的学习规律，突出实用性，以数字电路和系统设计为主线，与数字电路和系统的实践教学环节及科研实际相结合，提供丰富的 SOPC 设计实例。全书共 9 章，内容包括 EDA 工具软件 Quartus Prime 18.0、VHDL 语言要素、VHDL 基本结构、VHDL 顺序语句、VHDL 并行语句、数字电路设计实例、EDA 技术的综合应用、Verilog HDL、SOPC 技术。本书基于 Intel FPGA 产品及开发环境，参考了官方提供的设计资料，提供了丰富的设计案例，从理论与实践两个方面解决了与后续课程的衔接，具有系统性强、内容新颖、适用性广等特点。

本书可作为普通高等院校电子信息专业、通信专业及计算机专业的教材，也可作为工程技术人员的参考用书。

本书配有电子课件和源代码，欢迎选用本书作为教材的老师登录 www.cmpedu.com 注册下载，或发邮件至 jinacmp@163.com 索取。

图书在版编目（CIP）数据

EDA 技术与应用 / 刘江海等编著. —北京：机械工业出版社，2021.11
（2023.7 重印）
普通高等教育电子信息类系列教材
ISBN 978-7-111-69391-8

Ⅰ. ①E… Ⅱ. ①刘… Ⅲ. ①电子电路—电路设计—计算机辅助设计—高等学校—教材 Ⅳ. ①TN702.2

中国版本图书馆 CIP 数据核字（2021）第 212336 号

机械工业出版社（北京市百万庄大街 22 号 邮政编码 100037）
策划编辑：吉 玲 责任编辑：吉 玲 刘 静
责任校对：樊钟英 封面设计：张 静
责任印制：李 昂
北京捷迅佳彩印刷有限公司印刷
2023 年 7 月第 1 版第 2 次印刷
184mm×260mm · 17.75 印张 · 438 千字
标准书号：ISBN 978-7-111-69391-8
定价：55.00 元

电话服务	网络服务
客服电话：010-88361066	机 工 官 网：www.cmpbook.com
010-88379833	机 工 官 博：weibo.com/cmp1952
010-68326294	金 书 网：www.golden-book.com
封底无防伪标均为盗版	机工教育服务网：www.cmpedu.com

前言

电子设计自动化（Electronic Design Automation，EDA）是以微电子技术为物理层面，以现代电子设计为灵魂，以计算机软件技术为手段，最终形成集成电子系统或专用集成电路（Application Specific Integrated Circuit，ASIC）的一门新兴技术。现代电子设计技术的核心是 EDA 技术。EDA 技术就是依靠功能强大的计算机，在 EDA 工具软件平台上，对用硬件描述语言（如 VHDL）为系统逻辑描述手段完成的设计文件，自动地完成逻辑编译、化简、分割、综合、优化和仿真，直至下载到可编程逻辑器件 CPLD/FPGA 或专用集成电路 ASIC 芯片中，实现既定的电子电路设计功能。

EDA 技术的出现不仅更好地保证了电子工程设计各级别的仿真、调试和纠错，为其发展带来了强有力的技术支持，并且在电子、通信、化工、航空航天、生物等各个领域占有越来越重要的地位，很大程度上减轻了相关从业者的工作强度。

基于在工程领域中 EDA 技术的实用价值，以及对 EDA 教学中实践能力和创新意识培养的重视，本书在编写中体现了如下 3 个特色。

1．注重实践能力和创新能力的培养

本书的大部分章节安排了针对性较强的实验与设计项目。针对大多数学生而言，理论的学习很枯燥，本书力图让大家先进门再修行，尽量简化理论学习，在基础部分安排了大量的实例和设计性的项目，在 SOPC 技术部分引入了基础实验和综合性实验。

全书包含数十个实验及其相关的设计项目，这些项目涉及的 EDA 工具软件类型较多、技术领域也较宽、知识涉猎密集、针对性强，而且自主创新意识的启示性好。与书中的示例相同，所有的实验项目都通过了 EDA 工具的仿真测试及 FPGA 平台的硬件验证。每一个实验项目除给出详细的实验目的、实验原理和实验内容外，还有 2～5 个子项目或子任务。

2．注重实用，避免大而全

一般认为 EDA 技术难学和学习费时的根源在于 VHDL 语言。对此，本书做了有针对性的安排：根据电子类专业的特点，放弃计算机语言的通常教学模式，打破目前 VHDL 教材通用的编排形式，以电子线路设计为基础，从实例的介绍中引出 VHDL 语句语法内容，通过少数几个简单、直观、典型的实例，将 VHDL 中核心和基本的内容解释清楚，读者在很短的时间内就能有效地掌握 VHDL 的主干内容，而不必花费大量的时间去“系统地”学习语法。本书从第 2 章开始简单介绍语法，第 3～5 章以大家熟悉的基本电路设计实例穿插介绍常用的语法，集中体现了这一教学思想和教学方法，一般读者可直接进入这些章节的学习，迅速掌握要点，并能顺利地进行相关习题的解答和实验，为进一步的学习与实践奠定一个良好的基础。

3．注重教学选材的灵活性和完整性相结合

本书的结构特点决定了授课学时数比较灵活，根据具体的专业特点、课程定位及学习者的前期教育程度等因素，大致在 30～54 学时。

本书第 6 章介绍基本的电路设计，第 7 章介绍综合性较强的设计案例。这样第 1 章介绍软件平台，第 2～5 章介绍 VHDL 语法，结合第 6、7 章构成一个整体。考虑到工业上的应用，本书第 8 章介绍 Verilog HDL 语法，学生结合前 7 章的学习可快速地掌握 Verilog HDL。第 9 章介绍 SOPC 技术，这部分主要以实验为主，希望在完成实验基础上初步掌握 SOPC 技术。

考虑到 EDA 技术课程的特质和本书的特色，具体教学可以是翻转型的，其中多数内容，特别是实践项目，都可放手让学生更多地自己去查阅资料、提出问题、解决问题，乃至创新与创造；而授课教师只需做一个启蒙者、引导者、鼓励者和学生成果的检验者与评判者。多数授课过程只需点到为止，不必拘泥细节、面面俱到。但有一个原则，即安排的实验学时数多多益善。

掌握 EDA 技术是走向社会的基本技能。开展"EDA 技术与应用"教学，适应了电子系统日趋数字化、复杂化和大规模集成化发展的需要，满足了社会对高技能人才日益增长的需求，为创新型人才的培养打下良好基础。

EDA 技术涉及面广、内容丰富，从教学和实用的角度看，主要应掌握如下 4 个方面的内容：①大规模可编程逻辑器件；②硬件描述语言；③软件开发工具；④实验开发系统。其中，大规模可编程逻辑器件是利用 EDA 技术进行电子系统设计的载体，硬件描述语言是利用 EDA 技术进行电子系统设计的主要表达手段，软件开发工具是利用 EDA 技术进行电子系统设计智能化的设计工具，实验开发系统则是利用 EDA 技术进行电子系统设计的下载工具及硬件验证工具。

本书各章编写分工为：第 1 章由杨沛编写，第 2～6 章由方洁编写，第 7 章由陈玮编写，第 8 章由刘佳榆编写，第 9 章由刘江海编写。刘江海负责全书的统稿。

由于编者水平有限，书中难免有不足之处，敬请读者批评指正。

编　者

目　录

第1章　EDA 工具软件 Quartus Prime 18.0

Quartus Prime 18.0 是由英特尔公司发布的一款 FPGA 开发软件，软件提供了系统级可编程单芯片（SOPC）用于设计一个完整的设计环境，软件包括精简版、标准版和专业版。该软件提供了设计英特尔 FPGA、SoC 和 CPLD 所需的各阶段功能，从设计输入和合成直至优化、验证和仿真。英特尔专业版软件支持英特尔 Stratix 10、英特尔 Arria 10 和英特尔 Cyclone 10GX 设备产品家族上的英特尔下一代 FPGA 和系统芯片的高级特性。

【教学目的】

（1）掌握 Quartus Prime 18.0 软件安装。

（2）熟悉 Quartus Prime 18.0 软件的使用方法。

1.1　安装 Quartus Prime 18.0 软件

Quartus Prime 18.0 是一款由英特尔公司设计开发的 FPGA 开发工具。该软件功能较多，从最开始的顶层设计，到每个模块的设计，再到最后的优化、仿真，每一个阶段都能得到验证。

1．系统配置要求

（1）CPU 为 Intel 酷睿 i3 以上，内存在 4GB 以上。

（2）完全安装 Intel FPGA 全部设计套装大约需要 38GB 的可用硬盘空间。

（3）Windows 10 64 位操作系统。

（4）具有 USB 接口，以便使用下载电缆。

2．软件安装方法

（1）在安装软件之前，从 Intel FPGA 下载中心下载以下软件并放入同一个文件夹。

① quartusSetup-18.0.0.614-windows.exe　2.16GB（主程序，必须安装）。

② quartusHelpSetup-18.0.0.614-windows.exe　304MB（帮助文件，强烈建议安装）。

③ cyclone-18.0.0.614.qdz 467MB（Cyclone Ⅳ器件库，至少安装一个，否则上面的 Quartus 无法正常使用）。

④ ModelSimSetup-18.0.0.614-windows.exe　1.11GB（波形仿真软件，强烈建议安装）。

（2）单击 QuartusSetup-18.0.0.614-windows.exe 运行安装向导，单击“Next”按钮，进入下一步，见图 1-1。

（3）在“License Agreement”对话框中选中“I accept the agreement”，单击“Next”按钮，进入下一步，见图 1-2。

（4）在“Installation directory”对话框中输入安装路径“D:\intelFPGA\18.0”，单击“Next”按钮，进入下一步，注意安装路径不能包含任何中文字符，见图 1-3。

（5）在“Select Components”对话框中勾选所有的安装组件，单击“Next”按钮，进入下一步，见图 1-4。

（6）在“Ready to Install”对话框中单击“Next”按钮，进入下一步，见图 1-5。

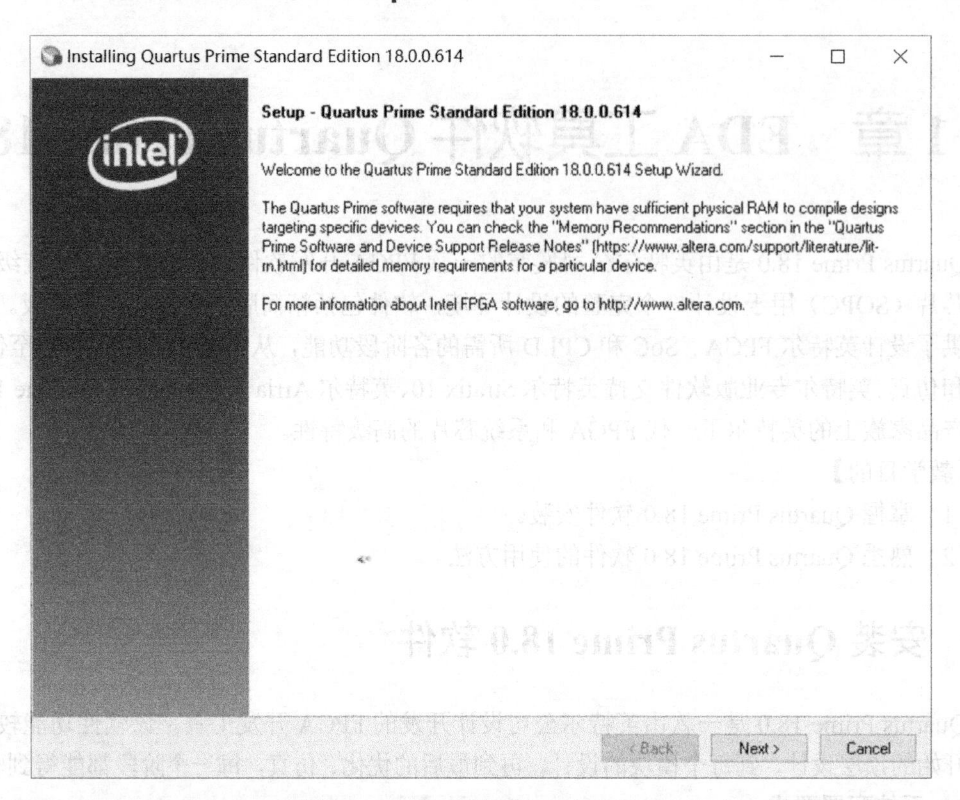

图 1-1 Quartus Prime 18.0 安装向导

Installing Quartus Prime Standard Edition 18.0.0.614

License Agreement

You can view the full license agreement at the link below or use --install_lic option from command-line to get the license agreement files before the installation. You must accept the terms of the agreement before continuing with the installation.
http://dl.altera.com/eula

QUARTUS PRIME AND INTEL FPGA IP LICENSE AGREEMENT, VERSION 18.0

Intel, Quartus and the Intel logos are trademarks of Intel Corporation or its subsidiaries in the US and other countries. Any other trademarks and trade names referenced here are the property of their respective owners.

DO NOT DOWNLOAD, INSTALL, ACCESS, COPY, OR USE ANY PORTION OF THE LICENSED SOFTWARE UNTIL YOU HAVE READ AND ACCEPTED THE TERMS AND CONDITIONS OF THIS AGREEMENT. BY INSTALLING, COPYING, ACCESSING, OR

Do you accept this license?
I accept the agreement
I do not accept the agreement

InstallBuilder
< Back Next > Cancel

图 1-2 “License Agreement”对话框

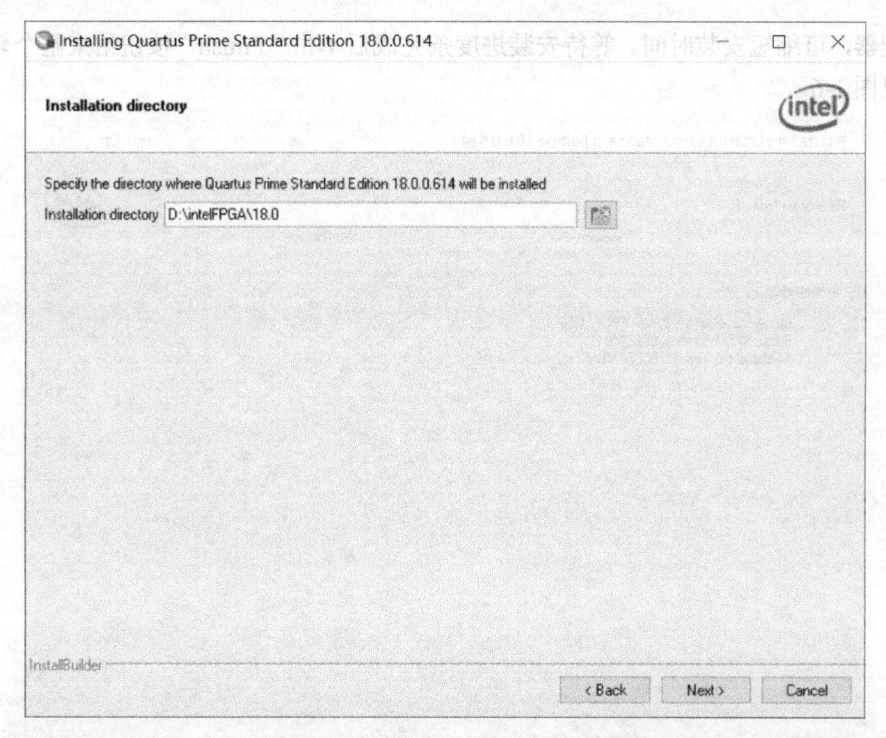

图 1-3 “Installation directory”对话框

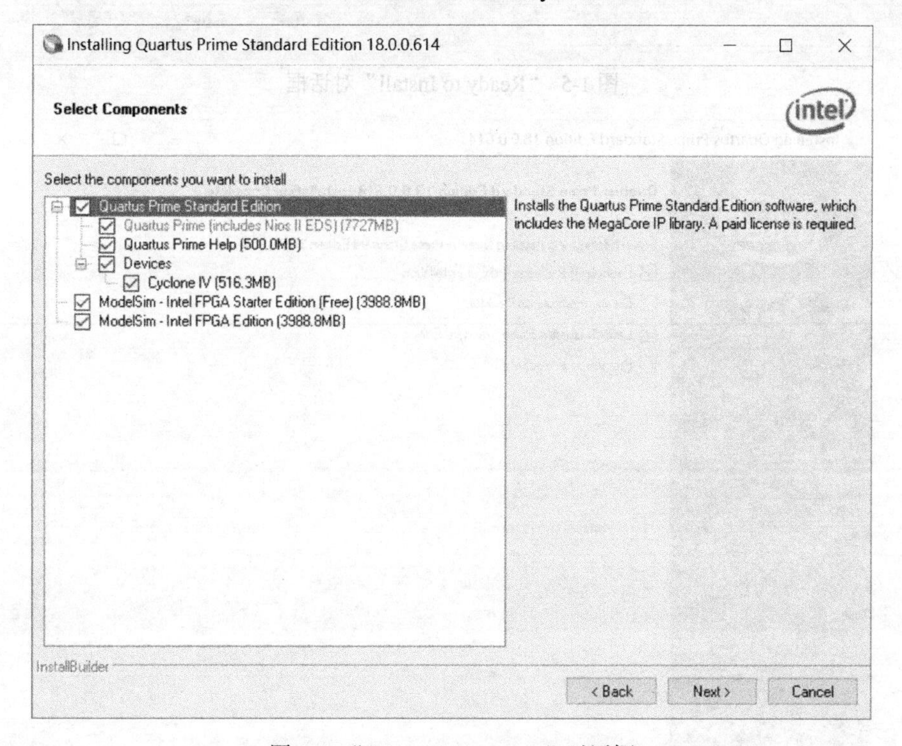

图 1-4 “Select Components”对话框

（7）等待软件自动安装，此过程时间较长。由于个人计算机的配置差异，软件安装时间会有差异，建议台式计算机在安装过程中开启“高性能模式”，笔记本电脑在安装过程中接通电源适配器，可缩短安装时间。等待安装进度条完成后单击“Finish”按钮结束整个软件安装步骤，见图 1-6。

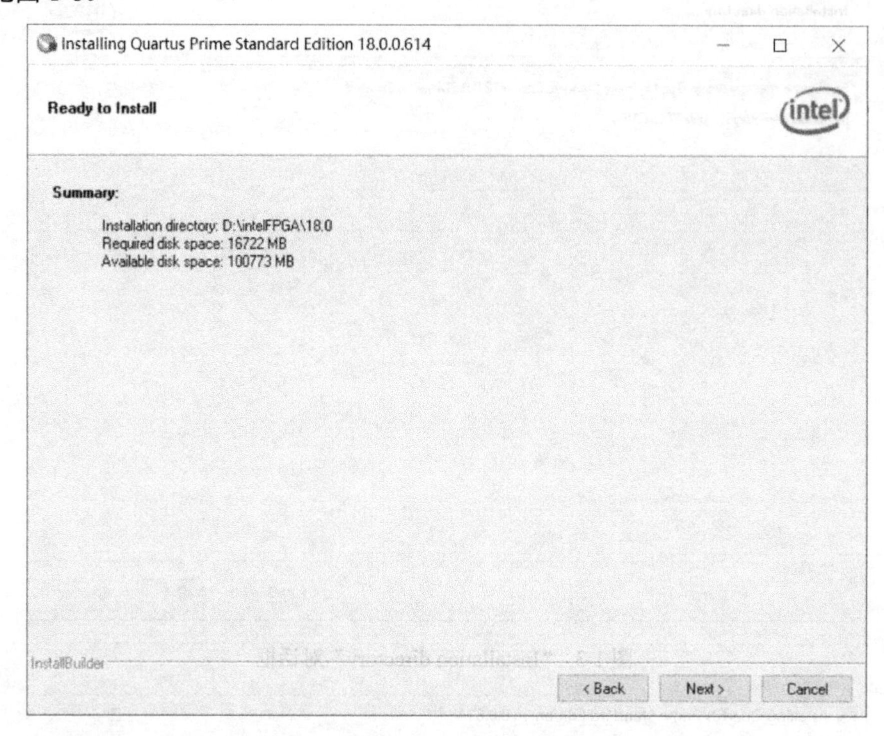

图 1-5 “Ready to Install”对话框

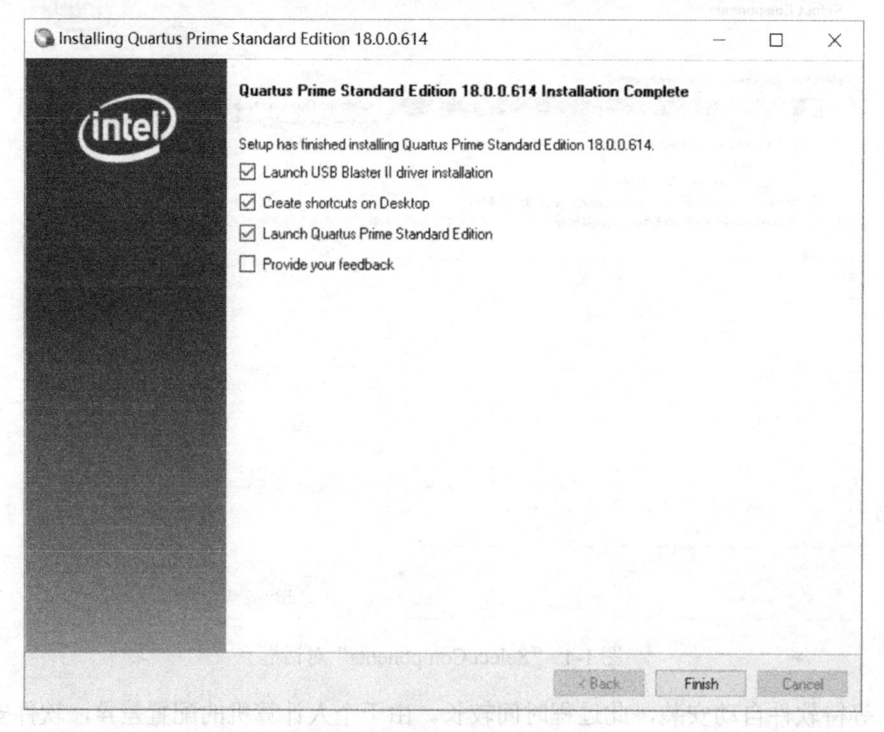

图 1-6 安装完成对话框

3．安装 license

（1）将“Quartus_18.0_破解器_Windows.exe”复制到软件安装路径“D:\intelFPGA\18.0\quartus\bin64”后，双击打开。

（2）打开 Windows 系统的“命令提示符”对话框，输入“ipconfig/all”命令并按 Enter 键，找到常用的网卡物理地址，见图 1-7。

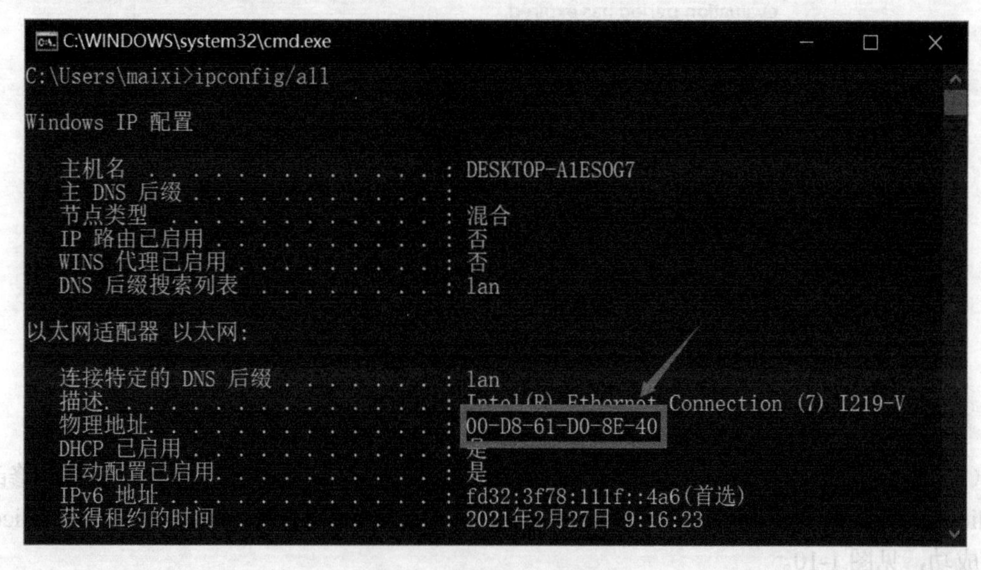

图 1-7 获取网卡物理地址

（3）将“license.dat”文件复制到“D:\intelFPGA”路径下并用“记事本”应用程序打开。将安装计算机的物理网卡地址（注意为纯数字与字母，不能带“-”）替换到文档中所有的“XXXXXXXXXXXX”中，保存后关闭文档，见图 1-8。

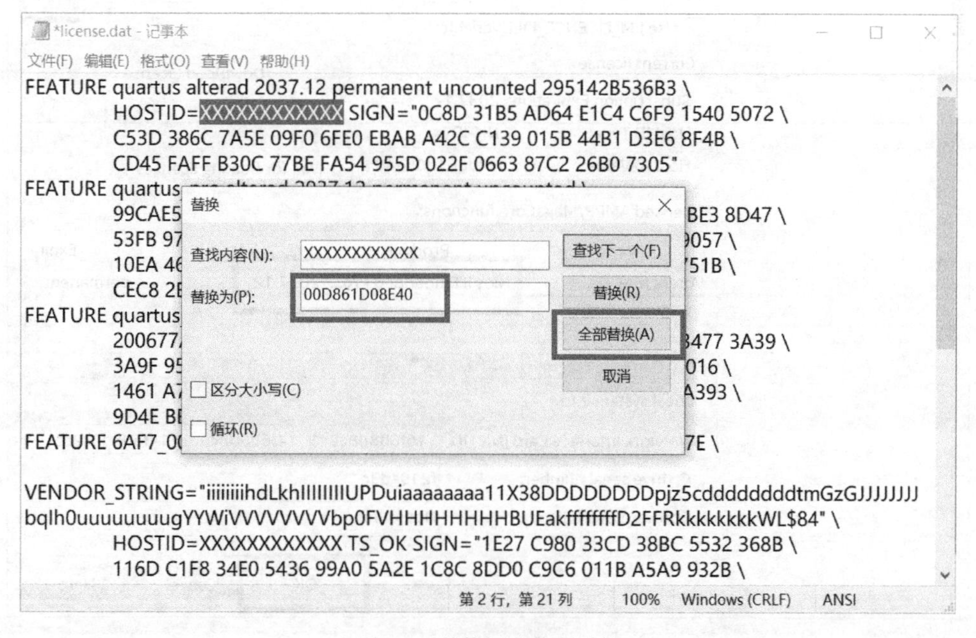

图 1-8 替换网卡物理地址

（4）打开“Quartus Prime 18.0.exe”主程序。选择“If you have a valid license file, specify the location of your license file”，单击“OK”按钮进入下一步，见图 1-9。

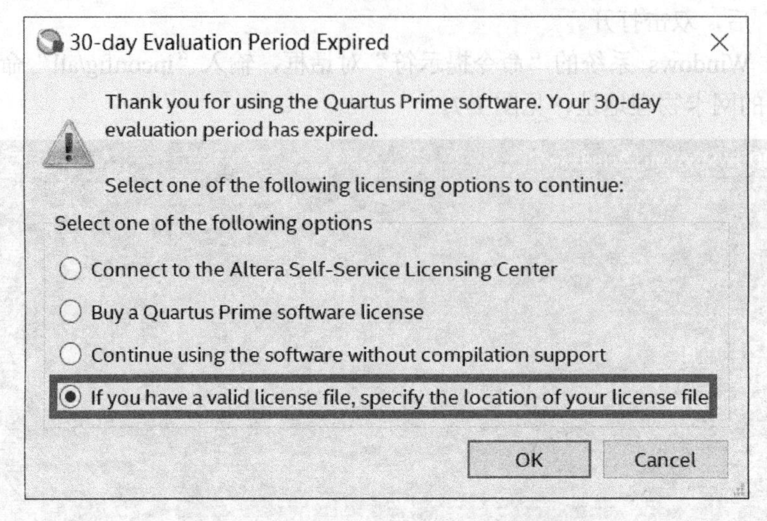

图 1-9 Quartus Prime 18.0 启动对话框

（5）单击“license file”路径栏右侧的“...”按钮，找到 D:\intelFPGA，选择刚才修改好的“license.dat”文件。此时对话框中会出现可以一直使用软件到 2037 年的提示，说明 license 添加成功，见图 1-10。

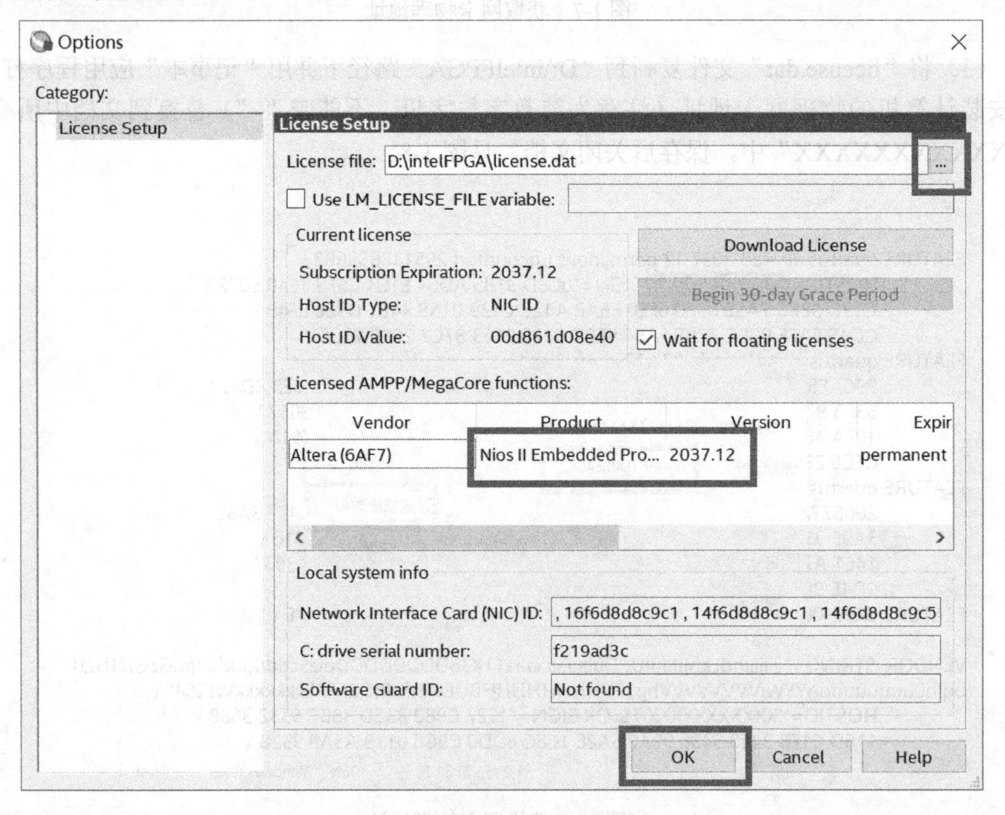

图 1-10 License Setup 对话框

1.2　Quartus Prime 18.0 软件使用向导

Quartus Prime 18.0 软件主界面见图 1-11。

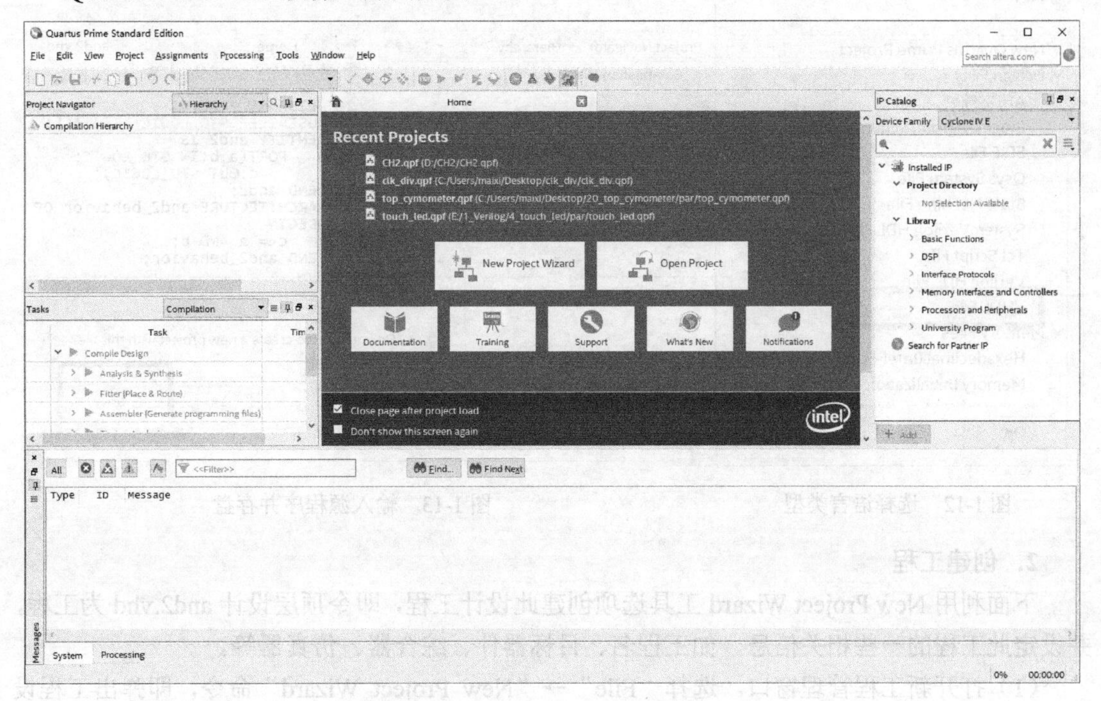

图 1-11　Quartus Prime 18.0 软件主界面

1．建立工作库文件夹和编辑设计文件

任何一项设计都是一项工程（project），都必须首先为此工程建立一个能放置与此工程相关的所有设计文件的文件夹。此文件夹将被 EDA 软件默认为工作库（work library）。一般来说，不同的设计项目最好放在不同的文件夹中，而同一工程的所有文件都必须放在同一文件夹中。

注意：不要将文件夹设在计算机已有的安装目录中，更不能将工程文件直接放在安装目录中。

在建立了文件后就可以将设计文件通过 Quartus Prime 18.0 的文本编译器编译并存盘，步骤如下：

（1）新建一个文件夹。首先利用资源管理器新建一个文件夹，这里假设本项设计的文件夹取名为 and2，在 D 盘中，路径为 D:\and2。注意：文件夹名不能用中文，最好也不要只用数字。

（2）输入源程序。打开 Quartus Prime 18.0，选择“File”→“New”命令，在“New”对话框的“Design Files”中选择编译文件的语言类型，这里选择“VHDL File”（见图 1-12）；然后在 VHDL 文本编译窗中输入源程序，见图 1-13。

（3）文件存盘。选择“File”→“Save As”命令，找到已设立的文件夹 D:\and2，存盘文件名应该与实体名一致，即 and2.vhd。当出现问句“Do you want to create ...”（见图 1-13）时，若单击“Yes”按钮，则直接进入创建工程流程；若单击“No”按钮，则可按以下的方法进入创建工程流程。本例单击“No”按钮。

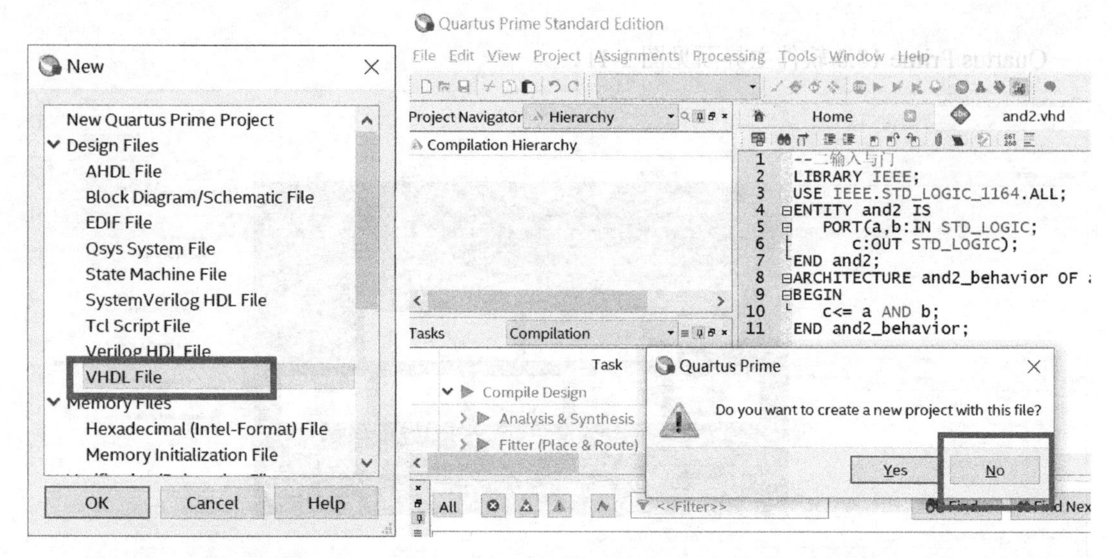

图 1-12　选择语言类型　　　　图 1-13　输入源程序并存盘

2．创建工程

下面利用 New Project Wizard 工具选项创建此设计工程，即令顶层设计 and2.vhd 为工程，并设定此工程的一些相关信息，如工程名、目标器件、综合器、仿真器等。

（1）打开新工程管理窗口。选择“File”→“New Project Wizard”命令，即弹出工程设置对话框，见图 1-14。

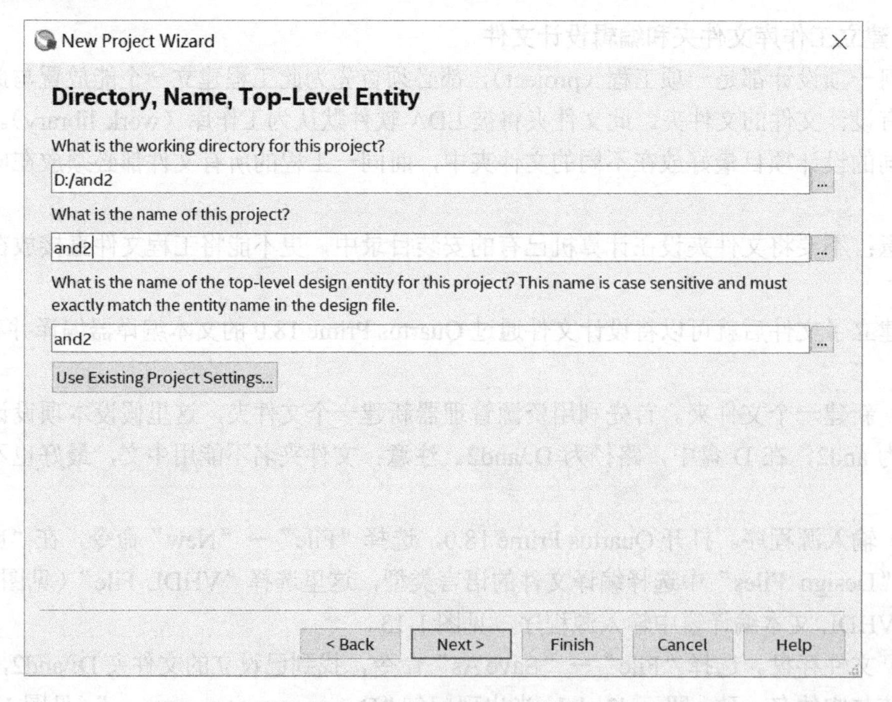

图 1-14　利用“New Project Wizard”创建工程 and2.vhd

单击此对话框最上一栏右侧的"..."按钮，找到文件夹 D:\and2，选中已存盘的文件 and2.vhd（一般应该设顶层设计文件为工程），再单击"打开"按钮。其中第一行的 D:\and2 表示工程所在的工作库文件夹，第二行的 and2 表示此项工程的工程名。工程名也可以取任何其他的名字，也可以直接用项目文件的实体名作为工程名，这里就是按这种方式取名的。第三行是当前工程顶层文件的实体名，这里即为 and2。

（2）将设计文件加入工程中。单击下方的"Next"按钮，在弹出的对话框中单击"File name"栏的"..."按钮，简化与工程相关的所有 VHDL 文件（如果有的话），并将其加入到此工程，即得到如图 1-15 所示的情况。加入此工程文件的方法有两种：第一种方法是单击"Add All"按钮，将设定的工程目录中的所有 VHDL 文件加入到工程文件栏中；第二种方法是单击"Add"按钮，从工程目录中选出相关的 VHDL 文件。

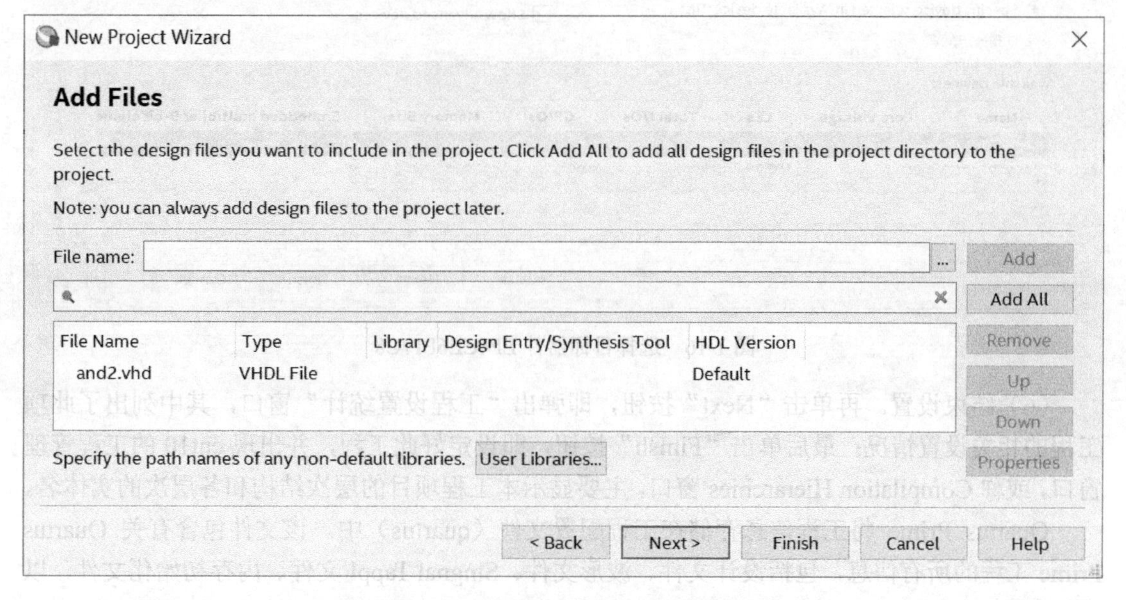

图 1-15　将所有相关的文件都加入到此工程

（3）选择仿真器和综合器类型。单击图 1-15 所示的"Next"按钮，这时弹出的窗口是选择仿真器和综合器类型的窗口，如果都选默认的"NONE"，就表示都选 Quartus Prime 中自带的仿真器和综合器。这里都选择默认项"NONE"。

（4）选择目标芯片。单击"Next"按钮，选择目标芯片。首先在"Family"栏中选择芯片系列，本例选择 Cyclone Ⅳ E 系列，并在此栏下单击"Yes"按钮，即选择一个确定目标器件；再次单击"Next"按钮，选择此系列的具体芯片 EP4CE6F17C8。这里 EP4CE6 表示 Cyclone Ⅳ系列及此器件的规模；F 表示 FBGA 封装；C8 表示速度级别。便捷的方法是通过图 1-16 所示界面直接选择芯片。

窗口右边的 3 个"列表"窗口为过滤选择：分别选择 Package 为 FBGA；Pin count 为 256 和 Core speed grade 为 8。

（5）工具设置。单击"Next"按钮后，弹出的下一个窗口是 EDA 工具设置窗口。这是除 Quartus Prime 18.0 自含的所有设计工具以外的外加工具，因此，如果都不做选择，则表示仅选择 Quartus Prime 18.0 自含的所有设计工具。

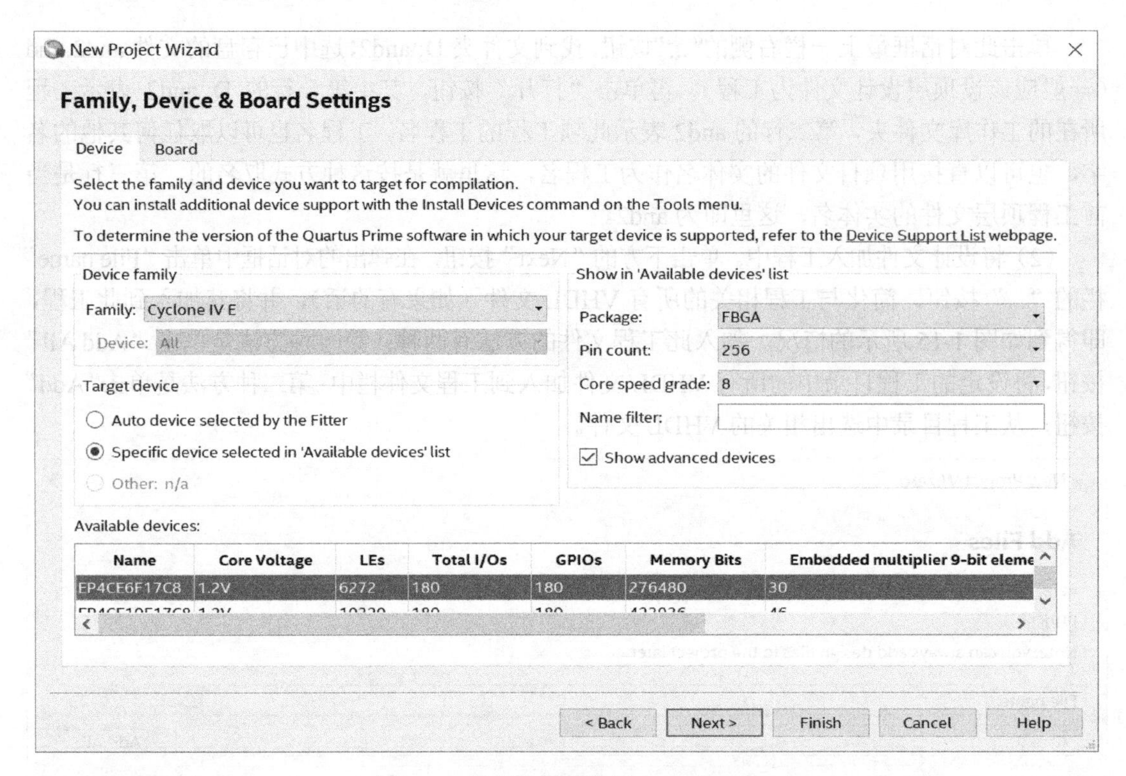

图 1-16 选择目标器件 EP4CE6F17C8

（6）结束设置。再单击“Next”按钮，即弹出“工程设置统计”窗口，其中列出了此项工程的相关设置情况；最后单击“Finish”按钮，即设定好此工程，并出现 cnt10 的工程管理窗口，或称 Compilation Hierarchies 窗口，主要显示本工程项目的层次结构和各层次的实体名。

Quartus Prime 将工程信息存储在工程配置文件（quartus）中。该文件包含有关 Quartus Prime 工程的所有信息，包括设计文件、波形文件、Singnal Tappl 文件、内存初始化文件，以及构成工程的编译器、仿真器和软件构件设置等。

建立工程后，可以使用“Settings”对话框（Assignments 菜单）的 Add/Remove 选项卡在工程中添加或删除、设计其他文件。在执行 Quartus Prime 的 Analysis & Synthesis 期间，Quartus Prime 将按 Add/Remove 选项卡中显示的顺序处理文件。

3．编译前设置

在对工程进行编译处理前，必须做好必要的设置。其步骤如下。

（1）选择 FPGA 目标芯片。目标芯片的选择也可以这样实现：选择 Assignments 菜单的 Settings 项，在弹出的对话框中选择 Category 项下的 Device。首先选择目标芯片为 EP4CE6F17C8（此芯片已在建立工程时选定了）。

（2）选择配置器件的工作方式。单击“Device and Pin Options...”按钮进入选择窗口，此时将弹出 Device and Pin Options 窗口，选择 General 项（见图 1-17）。

在“Options”栏内选中“Auto-restart configuration after error”，使对 FPGA 的配置失败后能自动重新配置。

（3）选择配置器件。如果希望编程配置文件能在压缩后下载到配置器件中（当配置器件向 Cyclone 器件配置时，Cyclone 器件能识别压缩过的配置文件，并对其进行实时解压），可在编译前做好设置。

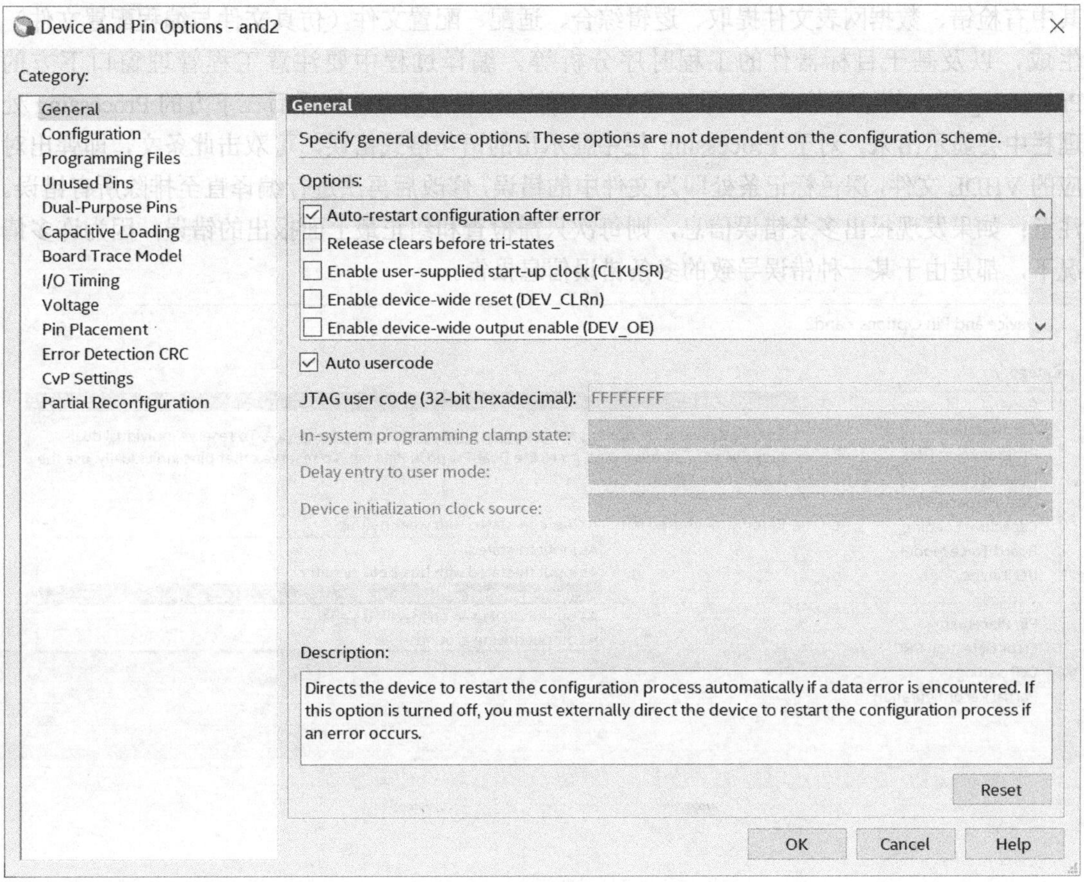

图 1-17　选择配置器件的工作方式

（4）选择目标器件闲置引脚的状态。选择图 1-18 所示窗口的“Unused Pins”项，在此项选中后，在旁边界面中可根据实际需要选择目标器件闲置引脚的状态，可选择为：输入状态（呈高阻态，推荐此项选择），或输出状态（呈低电平），或输出不定态，或不做任何选择。在其他页也可做一些选择，各选项的功能可参考窗口下方的说明。

4．全程编译

Quartus Prime 18.0 的编译器是由一系列处理模块构成的，这些模块负责对设计项目的检错、逻辑综合、结构综合、输出结果的编辑配置，以及时序分析。在这一过程中，将设计项目适配到 FPGA/CPLD 目标器中，同时产生多种用途的输出文件，如功能和时序信息文件、器件编程的目标文件等。编译器首先检查出工程设计文件中可能的错误信息供设计者排除，然后产生一个结构化的以网表文件表达的电路原理图文件。

在编译前，设计者可以通过各种不同的设置，指导编译器使用各种不同的综合和适配技术（如时序驱动技术等），以便提高设计项目的工作速度，优化器件的资源利用率。而且在编译过程中及编译完成后，从编译报告窗口可以获得所有相关的详细编译结果，以利于设计者及时调整设计方案。

编译前首先选择“Processing”菜单的“Start Compilation”命令，启动全程编译。这里所谓的全程编译（Compilation）包括以上提到的 Quartus Prime 18.0 对设计输入的多项处理操作，其中有检错、数据网表文件提取、逻辑综合、适配、配置文件（仿真文件与编程配置文件）生成，以及基于目标器件的工程时序分析等。编译过程中要注意工程管理窗口下方的 Processing 栏中的编译信息。如果工程中的文件有错误，则启动编译后在下方的 Processing 处理栏中会显示出来。对于 Processing 栏中显示出的语句格式错误，可双击此条文，即弹出对应的 VHDL 文件，深色标记条处即为文件中的错误，修改后再次进行编译直至排除所有错误。注意：如果发现报出多条错误信息，则每次只需检查和纠正最上面报出的错误，因为许多情况下，都是由于某一种错误导致的多条错误信息报告。

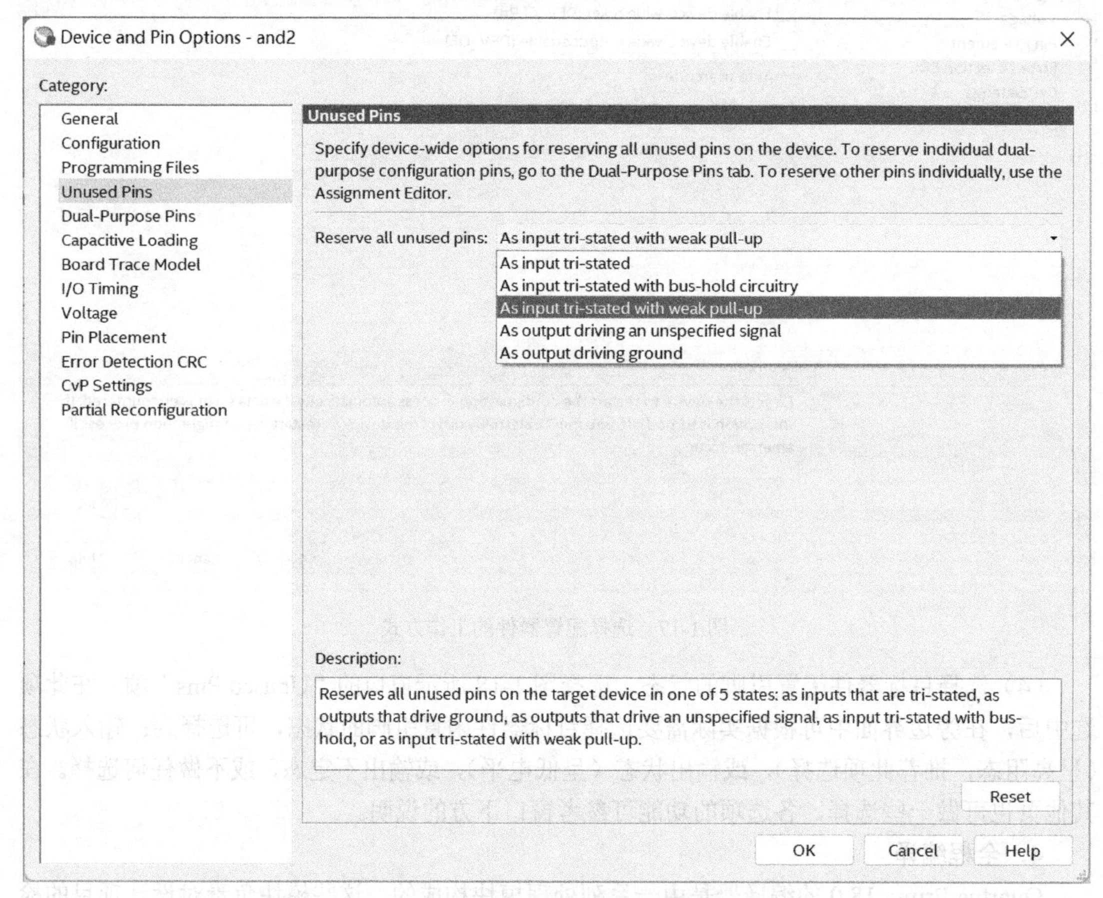

图 1-18 选择配置器件和编程方式

如果编译成功，则可以见到如图 1-19 所示的工程管理窗口的左上角显示的工程 cnt10 的层次结构，和其中结构模块耗用的逻辑宏单元数；在此栏下是编译处理流程，包括数据网表建立、逻辑综合、适配、配置文件装配和时序分析等；最下栏是编译处理信息；中栏（Compilation Report 栏）是编译报告项目选择菜单，单击其中各项可以详细了解编译与分析结果。

5. 时序仿真

工程编译通过后，必须对其功能和时序特性进行仿真测试，以了解设计结果是否满足原设计要求。例如，VWF 文件方式的仿真流程的详细步骤如下。

（1）打开波形编辑器。选择“File”菜单的“New”命令，然后选择 Verification/Debugging

Files 项中的 University Program VWF（见图 1-20），单击“OK”按钮，即出现空白的波形编辑器（见图 1-21），注意将窗口扩大，以利于观察。

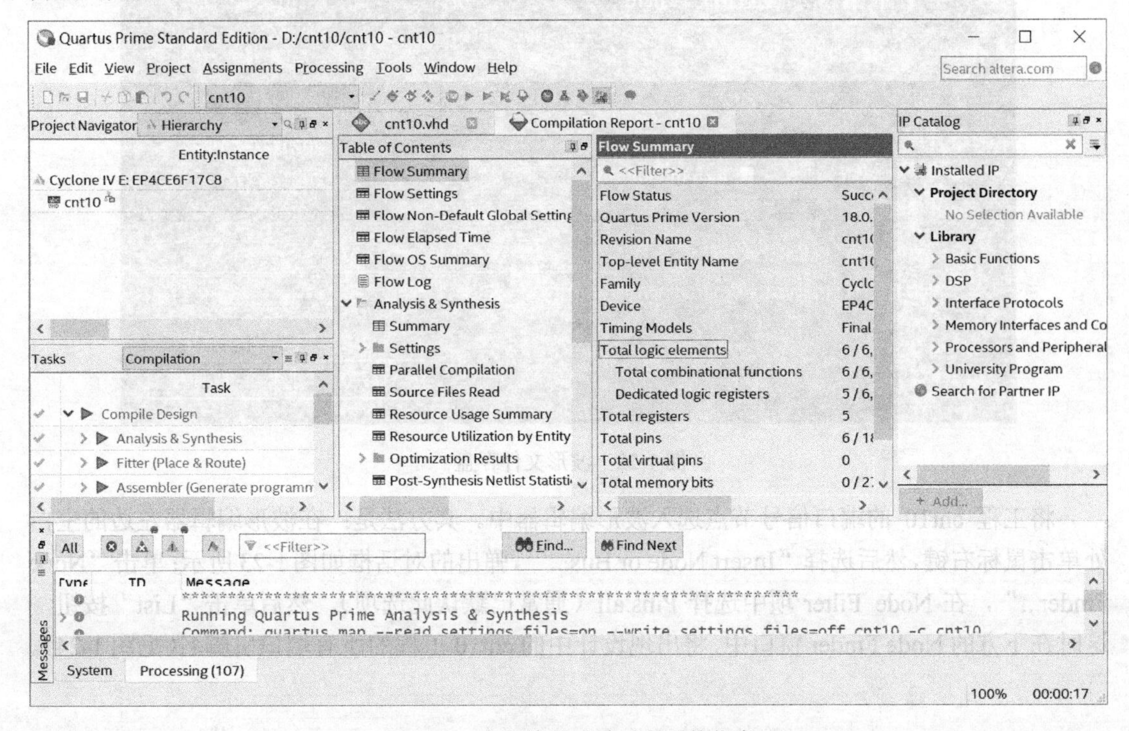

图 1-19 全程编译成功后出现的信息

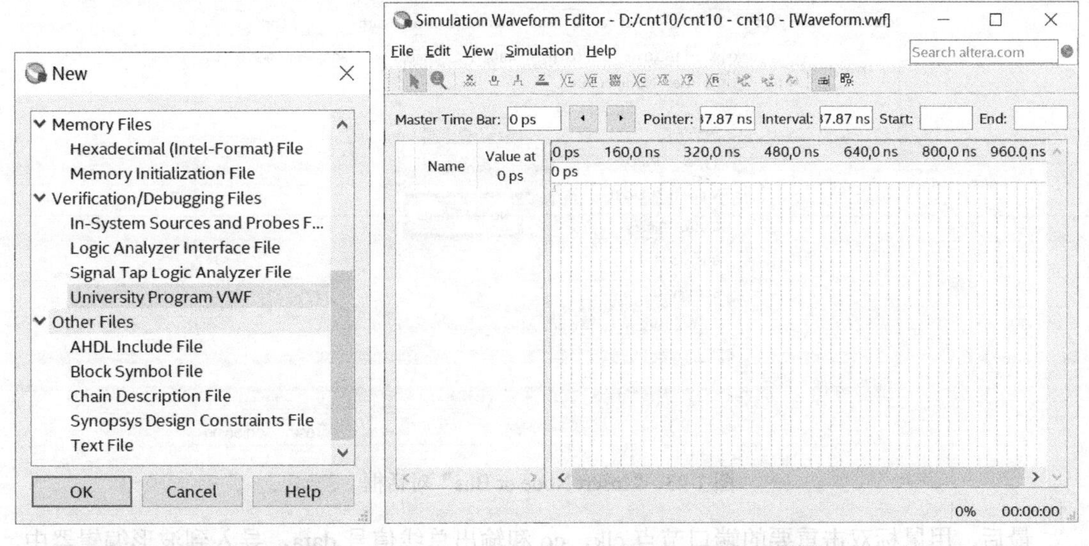

图 1-20 选择波形文件　　　　图 1-21 波形编辑器

（2）设置仿真时间区域。对于时序仿真来说，将仿真时间轴设置在一个合理的时间区域上是十分重要的。通常设置的时间范围为数十微秒。

（3）波形文件存盘。选择“File”的“Save As”命令，将默认名为 Waveform.vwf 的波形文件存入文件夹 D:\cnt10 中（见图 1-22）。

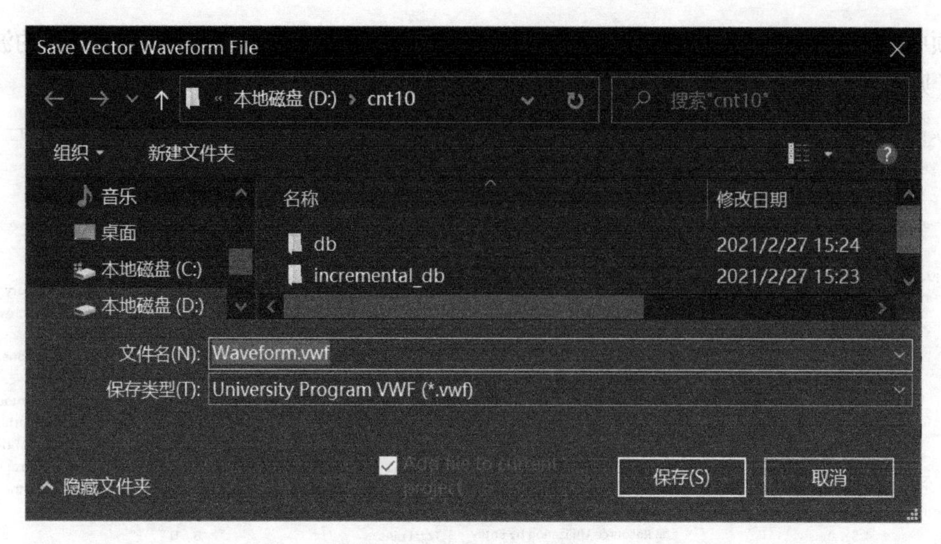

图 1-22　波形文件存盘

将工程 cnt10 的端口信号节点选入波形编辑器中。其方法是：在波形编辑器左边的空白处单击鼠标右键，然后选择“Insert Node or Bus...”，弹出的对话框如图 1-23 所示；单击“Node Finder...”，在 Node Filter 项中选择 Pins:all（通常已默认此选项），然后单击“List”按钮，这时在下方的 Node Finder 窗口中，将出现设计中的 cnt10 工程的所有端口引脚名（见图 1-24）。

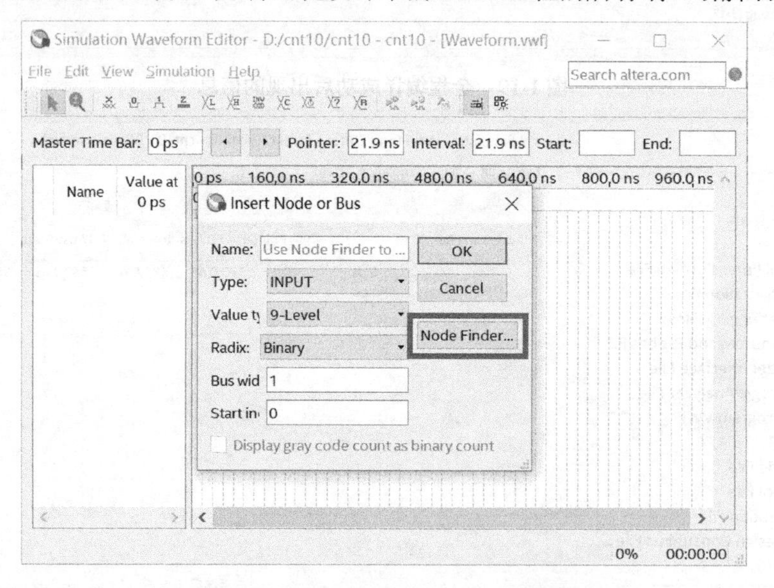

图 1-23 “Insert Node or Bus”对话框

最后，用鼠标双击重要的端口节点 clk，co 和输出总线信号 data，导入到波形编辑器中，结束后关闭 Node Finder 窗口。

（4）编辑输入波形（输入激励信号）。单击图 1-24 所示窗口的时钟信号名 clk 按钮，使之变成蓝色条，再单击左侧的时钟设置键，在 Clock 窗口中设置 clk 的时钟周期为 2.0μs；Clock 窗口的 Duty cycle 是占空比，默认为 50，即 50%占空比（见图 1-25）。最后设置好的激励信号波形如图 1-26 所示。

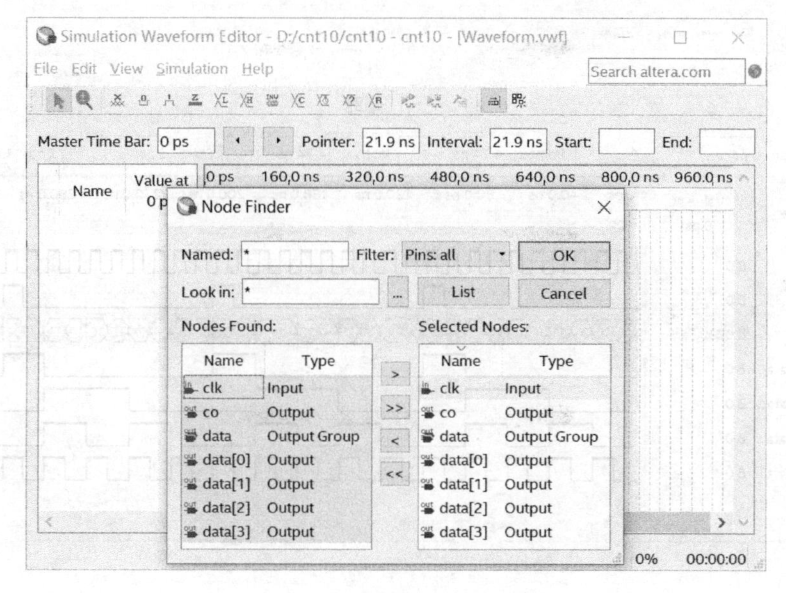

图 1-24　向波形编辑器导入信号节点

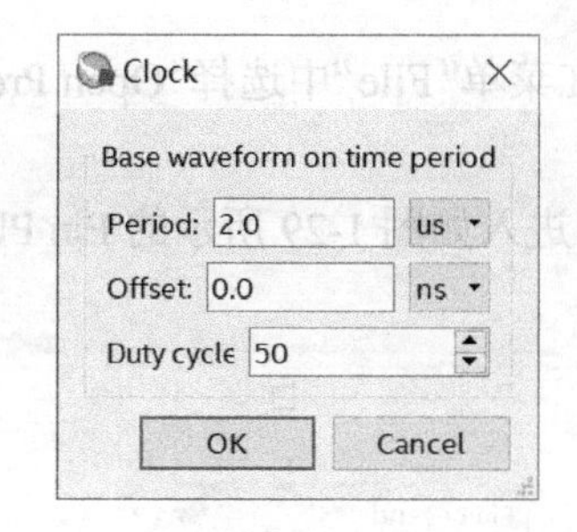

图 1-25　设置时钟 clk 的周期

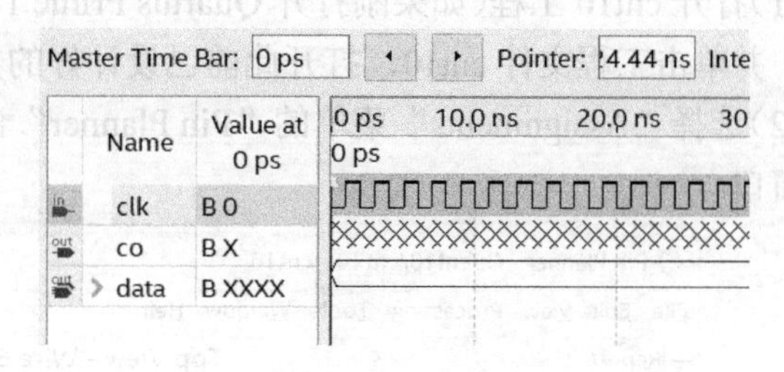

图 1-26　设置好的激励信号波形

（5）总线数据格式设置。单击如图 1-26 所示的输出信号“data”左边的“>”按钮，能展开此总线中的所有信号；如果双击此“>”按钮左边的信号标记，则将弹出对该信号数据格式设置的对话框（见图 1-27）。

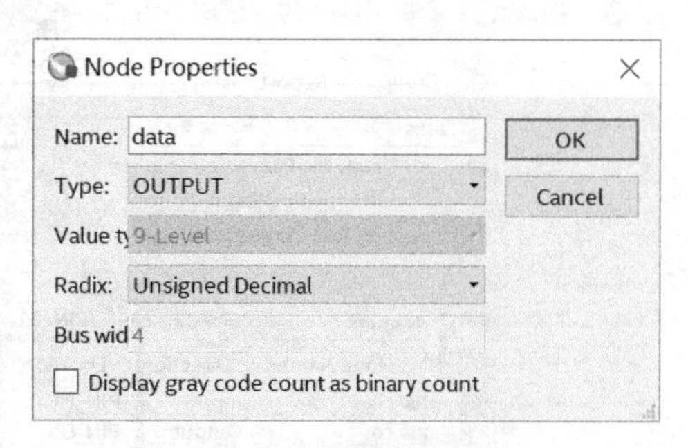

图 1-27　数据格式设置

（6）启动仿真器。在菜单“Simulation”项下选择“Run timing Simulation”，直到出现“Simulation Waveform Editor”对话框，仿真结束。

（7）观察仿真结果。仿真波形文件“Simulation Waveform Editor”通常会自动弹出（见图 1-28）。

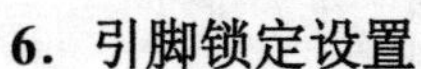

6. 引脚锁定设置

为了能对计数器进行硬件测试，应将其输入/输出信号锁定在芯片确定的引脚上，编译后下载。在硬件测试完成后，还必须对配置芯片进行编程，完成 FPGA 的最终开发。

选择好对应的硬件平台后，参阅相关芯片原理图，通过查阅图中的对照表，确定引脚分别为：主频时钟 clk 接 E1 脚；溢出 CO 接发光管 D5 脚；4 位输出数据总线 data[3.0]可由数码管 1 来显示，分别接 E5 脚，D4 脚，F5 脚，D6 脚。确定了锁定引脚编号后就可以完成以下引脚锁定操作。

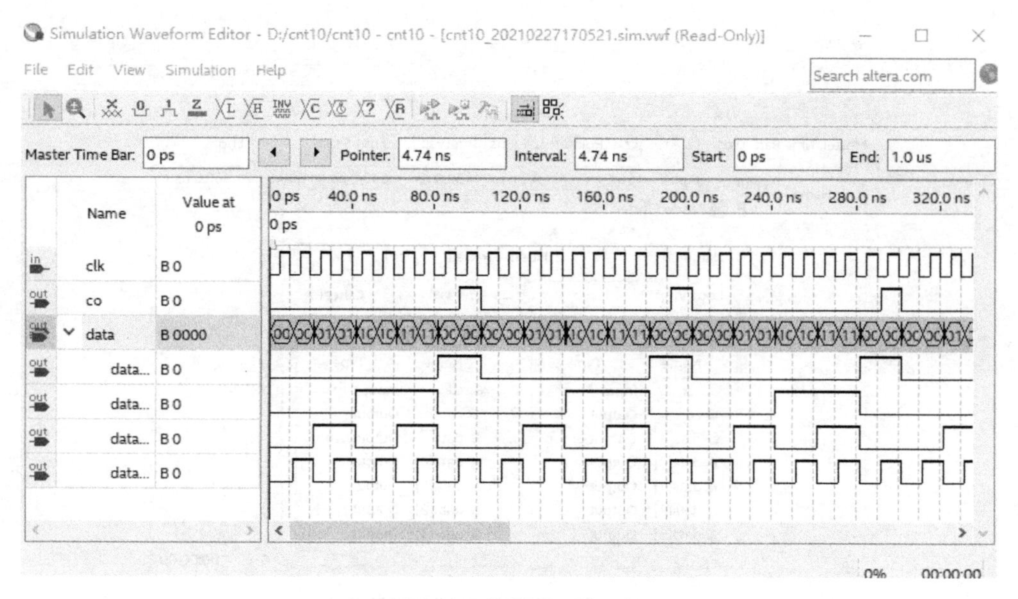

图 1-28 仿真波形输出

（1）打开 cnt10 工程（如果刚打开 Quartus Prime 18.0，应在菜单“File”中选择“Open Project”命令，并单击工程文件 cnt10，打开此前已设计好的文件）。

（2）选择“Assignments”菜单的“Pin Planner”命令，即进入如图 1-29 所示的 Pin Planner 编辑窗口。

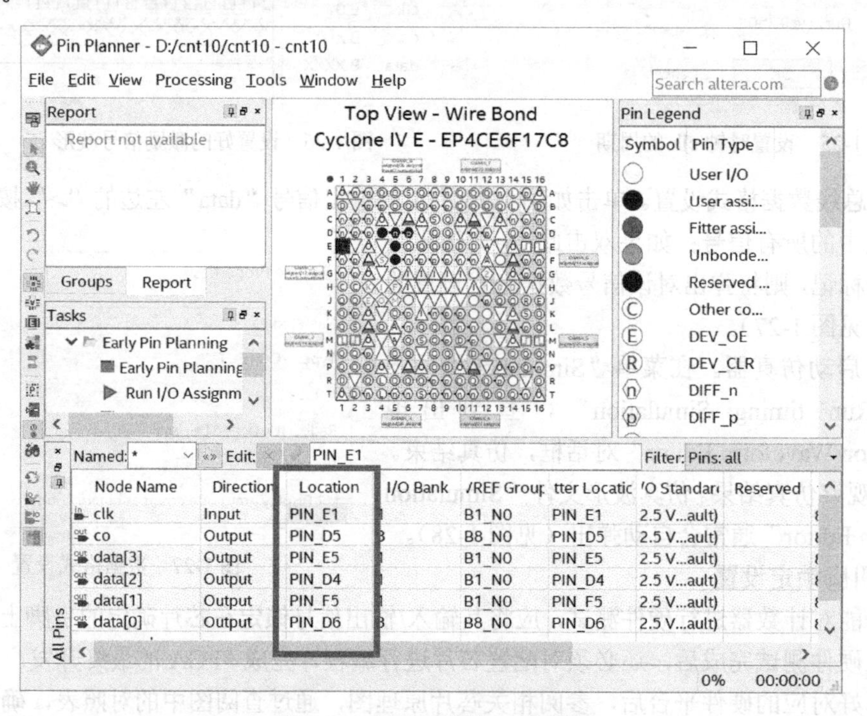

图 1-29 图形引脚锁定对话框

（3）在 Pin Planner 编辑窗口中，Node Name 为程序中的信号名称，Direction 为信号的输入输出方向，Location 就是要配置的器件引脚。把确定好的引脚编号输入到“Location”的框中。

7．配置文件下载

将编译产生的 SOF 格式配置文件配置进 FPGA 中，然后进行硬件测试。硬件测试的步骤如下。

（1）打开编程窗口和配置文件。首先将下载器分别接入到实验系统与个人计算机，打开电源。在“Tools”菜单中选择“Programmer”命令，弹出如图 1-30 所示的编程窗口。在“Mode”项中有 4 种编程模式可以选择：JTAG、Passive Serial、Active Serial Programming 和 In-Socket Programming。为了直接对 FPGA 进行配置，在编辑窗口的编程模式（Mode）中选 JTAG（为默认），并选中下载文件右侧的第一小方框。注意要仔细核对下载文件的路径与文件名。如果此文件没有出现或有错，单击左侧“Add File”按钮，手动选择配置文件 cnt10. sof 文件。

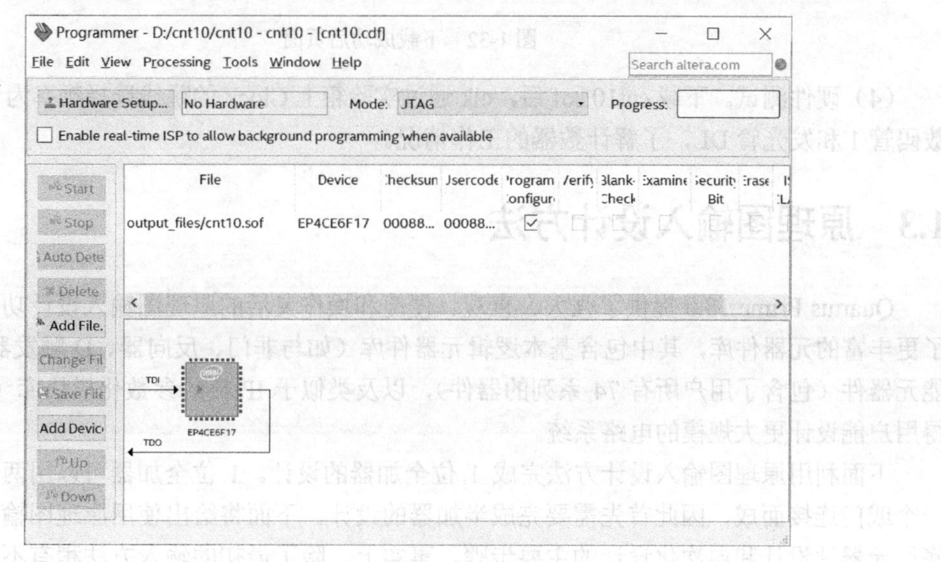

图 1-30　编程和配置文件

（2）选择下载器。单击“Hardware Setup...”在“Currently selected hardware”右侧的框中选择接入的 USB 下载器硬件，见图 1-31。

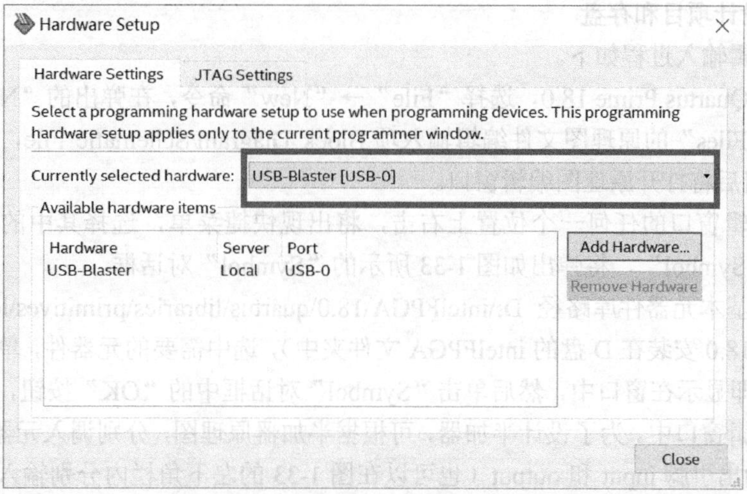

图 1-31　选择下载器

（3）单击“Start”按钮，即进入对目标器件 FPGA 的配置下载操作。当 Progress 显示100%，表示编程成功。注意，如果有必要，关闭，开启一次实验系统电源，再单击“Start”按钮，直至编程成功为止，见图 1-32。

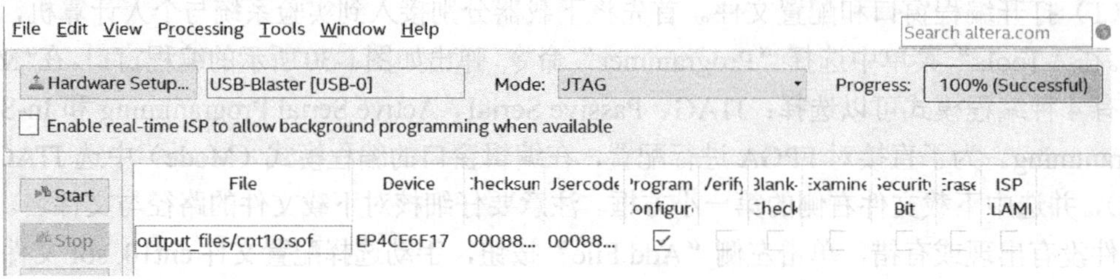

图 1-32 下载成功后页面

（4）硬件测试。下载 cnt10.sof 后，clk 通过实验箱上 Clock 的跳线选择频率为 4 Hz。观察数码管 1 和发光管 DL，了解计数器的工作情况。

1.3 原理图输入设计方法

Quartus Prime 18.0 提供了强大、直观、便捷和操作灵活的原理图输入设计功能，还配备了更丰富的元器件库，其中包含基本逻辑元器件库（如与非门、反向器、D 触发器等）、宏功能元器件（包含了用户所有 74 系列的器件），以及类似于 IP 核的参数化模块库（LPM），使得用户能设计更大规模的电路系统。

下面利用原理图输入设计方法完成 1 位全加器的设计。1 位全加器可以用两个半加器及一个或门连接而成，因此首先需要完成半加器的设计。下面将给出使用原理图输入方法进行底层元器件设计和层次化设计的主要步骤。事实上，除了最初的输入方法稍有不同外，主要流程与前面介绍的 VHDL 文本输入法完全一样。

1．为本项工程设计建立文件夹

假设本项设计的文件夹取名为 adder，路径为 D:\adder。

2．输入设计项目和存盘

原理图编辑输入过程如下。

（1）打开 Quartus Prime 18.0，选择“File”→“New”命令，在弹出的“New”对话框中选择“Design Files”的原理图文件编辑输入项 Block Diagram/Schematic File，见图 1-33，单击“OK”按钮后将打开原理图编辑窗口。

（2）在编辑窗口的任何一个位置上右击，将出现快捷菜单，选择其中的输入元器件项“Insert”→“Symbol”，将弹出如图 1-33 所示的“Symbol”对话框。

（3）找到基本元器件库路径 D:\intelFPGA\18.0\quartus\libraries\primitives\logic 项（假如 Quartus Prime 18.0 安装在 D 盘的 intelFPGA 文件夹中），选中需要的元器件，单击“打开”按钮，此元器件即显示在窗口中，然后单击“Symbol”对话框中的“OK”按钮，即可将元器件调入原理图编辑窗口中。为了设计半加器，可根据半加器原理图，分别调入元器件 and2、not、xnor 及输入/输出引脚 input 和 output（也可以在图 1-33 的左下角栏内分别输入需要的元器件名），并如图 1-34 所示用单击拖动的方法接好电路。然后分别在 input 和 output 的 PIN NAME

上双击使其变黑色，再用键盘分别输入各引脚名 a、b、co 和 so。

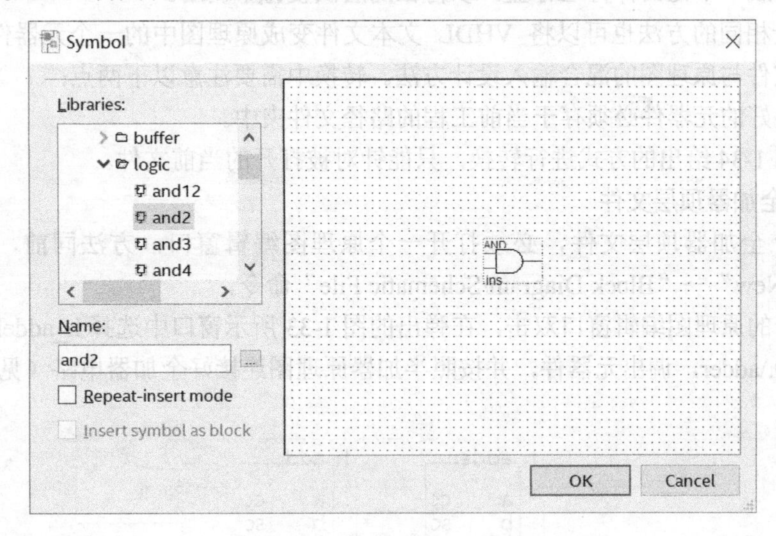

图 1-33 “Symbol”对话框

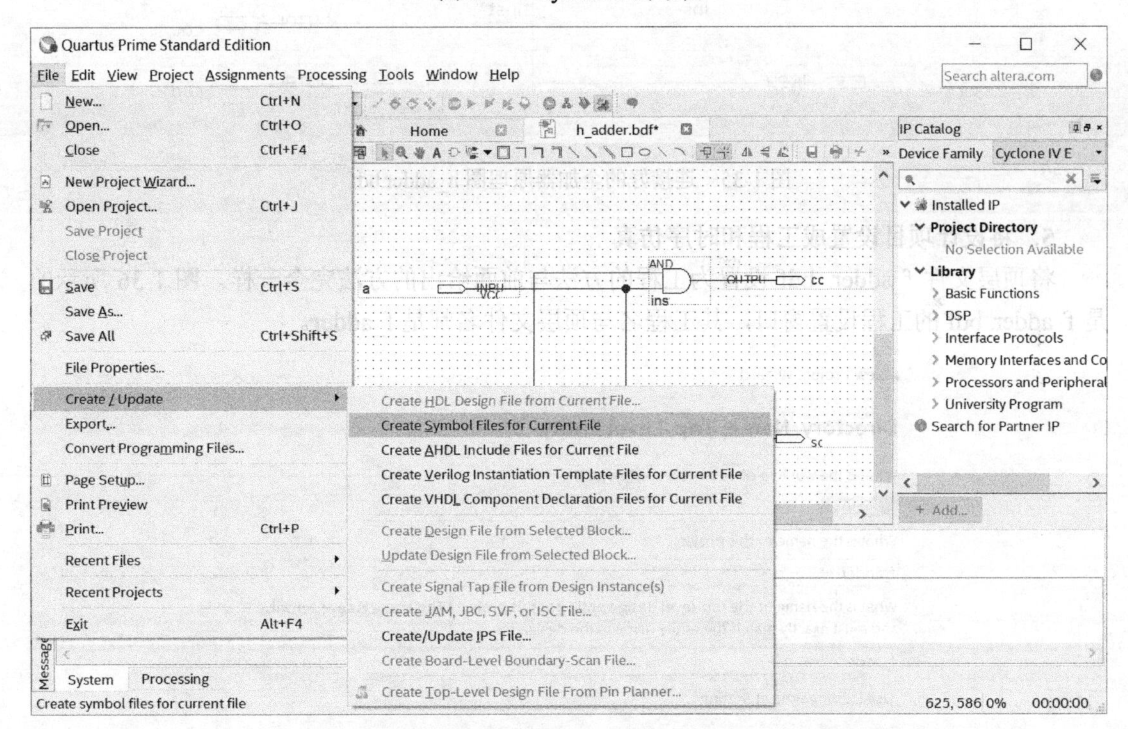

图 1-34　将所需元器件全部调入原理图编辑窗口中并连接好

（4）选择“File”→“Save As”命令，选择刚建立的目录 D:\adder，将已设计好的原理图文件取名为 h_adder. bdf（注意默认的后缀是. bdf），并存入此文件夹内。

3．将设计项目设置成可调用的元器件

为了构成全加器的顶层设计，必须将以上设计的半加器 h_adder.bdf 设置成可调用的元器件。方法如图 1-34 所示，在打开半加器原理图文件 h_adder.bdf 的情况下，选择“File”→“Create/Update”→“Create Symbol Files for Current File”命令，即可将当前文件

h_adder.bdf 变成一个元器件符号存盘，以待在高层次设计中调用。

使用完全相同的方法也可以将 VHDL 文本文件变成原理图中的一个元器件符号，实现 VHDL 文本文件与原理图的混合输入设计方法。转换中需要注意以下两点：

（1）转换好的元器件必须存于当前工程的路径文件夹中。

（2）按图 1-34 给出的方式进行转换，只能针对被打开的当前文件。

4．设计全加器顶层文件

为了建立全加器顶层文件，必须打开一个原理图编辑窗口，方法同前，即再次选择“File”→“New”→“Block Diagram/Schematic File”命令。

在新打开的原理图编辑窗口双击，在弹出的图 1-33 所示窗口中选择 h_adder. bdf 元器件所在的路径 D.\adder，调出元器件，并按照半加器原理图连接好全加器电路（见图 1-35）。

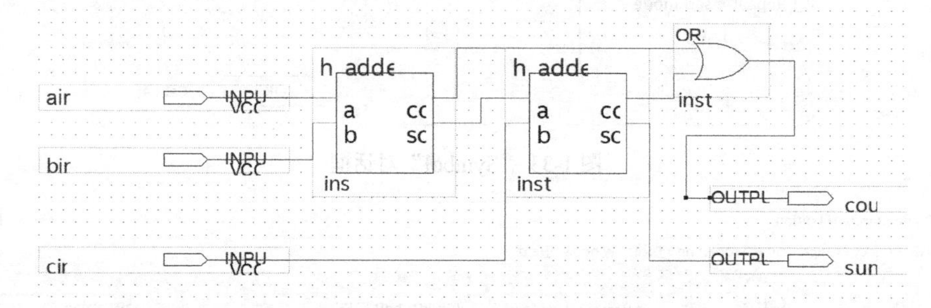

图 1-35　连接好的全加器原理图 h_adder.bdf

5．将设计项目设置成工程和时序仿真

将顶层文件 f_adder. bdf 设置为工程的方法与前面给出的方法完全一样。图 1-36 所示的是 f_adder. bdf 的工程设置窗口，其工程名与顶层文件名都是 f_adder。

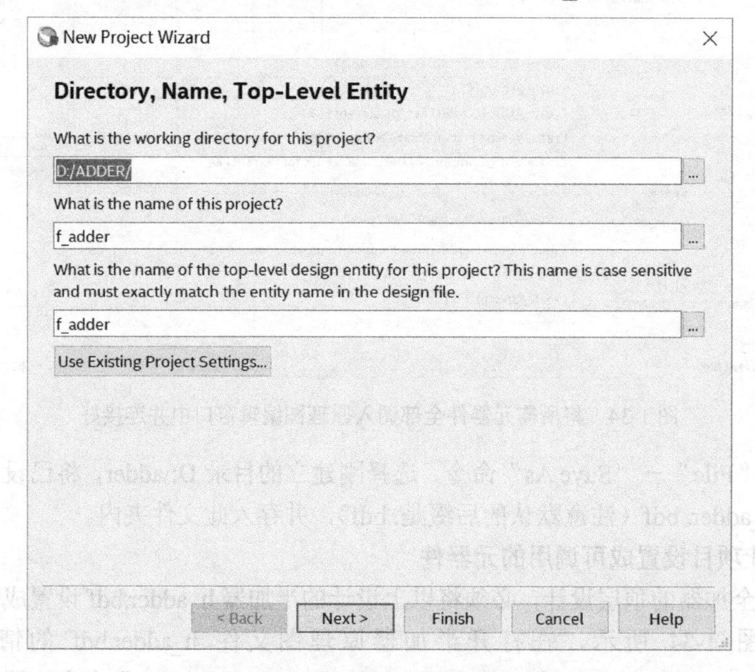

图 1-36　f_adder. bdf 工程设置窗口

图 1-37 所示为工程文件加入窗口。最后还要选择目标器件。工程完成后即可进行全程编译，此后的所有流程都与以上介绍的方法相同。图 1-38 所示的是全加器工程 f_adder 的仿真波形。

New Project Wizard

Add Files

Select the design files you want to include in the project. Click Add All to add all design files in the project directory to the project.

Note: you can always add design files to the project later.

File name:

File Name	Type	Library	Design Entry/Synthesis Tool	HDL Version
h_adder....	Block Diagram/Schematic File			
f_adder.bdf	Block Diagram/Schematic File			

Specify the path names of any non-default libraries. User Libraries...

Add / Add All / Remove / Up / Down / Properties

< Back　Next >　Finish　Cancel　Help

图 1-37　加入本工程所有文件

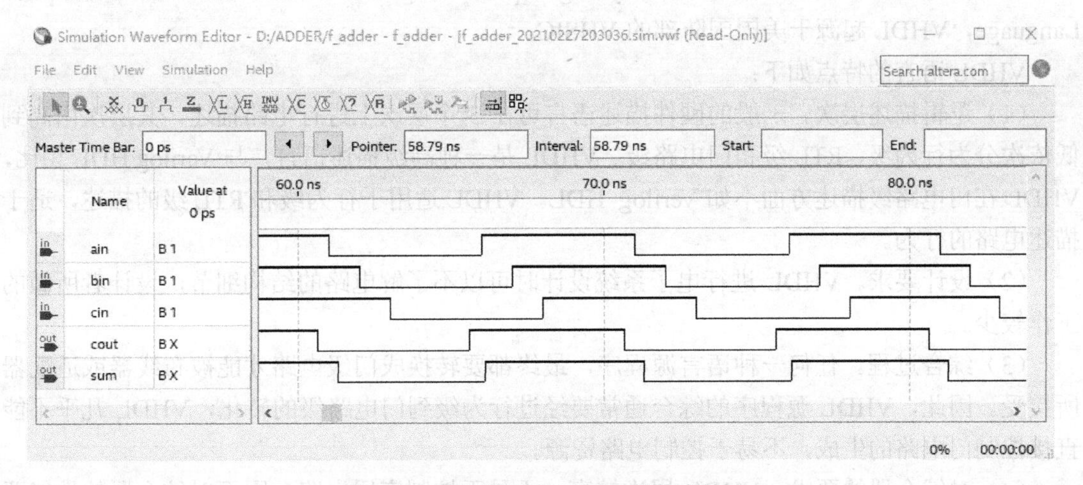

图 1-38　全加器工程 f_adder 的仿真波形

习　题

1．将 Quartus Prime 18.0 软件实际安装一遍，直到该软件能完全正常使用为止。

2．用 74148 和与非门实现 8421BCD 优先编码器，用 3 片 74139 组成一个 5-24 线译码器。

3．设计一个 7 人表决电路，参加表决者 7 人，同意为 1，不同意为 0。同意者过半则表决通过，绿灯亮；表决不通过，则红灯亮。

4．设计一个周期性产生二进制序列 01001011001 的序列发生器，用移位寄存器或用同步时序电路实现，并用时序仿真器验证其功能。

第2章　VHDL语言要素

在学习一门新的语言时，首先要掌握它的特点和语法结构，学习硬件描述语言VHDL也不例外。本章通过详细介绍VHDL的特点、语法、结构以及常用的语句使读者对VHDL程序的编写有深入的认识。

【教学目的】

（1）掌握VHDL语言的特点。

（2）熟悉VHDL语言的标识符、数据对象、数据类型和运算操作符。

2.1　VHDL简介

硬件描述语言VHDL的全称是Very-High-Speed Integrated Circuit Hardware Description Language，VHDL起源于美国国防部的VHSIC。

VHDL语言的特点如下：

（1）逻辑描述层次。一般的硬件描述语言可在3个层次上进行电路描述，其层次由高到低依次分为行为级、RTL级和门电路级。VHDL是一种高级描述语言，与Verilog HDL相比，VHDL在门电路级描述方面不如Verilog HDL。VHDL适用于行为级和RTL级的描述，适于描述电路的行为。

（2）设计要求。VHDL进行电子系统设计时可以不了解电路的结构细节，设计者所做的工作较少。

（3）综合过程。任何一种语言源程序，最终都要转换成门级电路才能被布线器或适配器所接受。因此，VHDL源程序的综合通常要经过行为级到门电路级的转化，VHDL几乎不能直接控制门电路的生成，不易于控制电路资源。

（4）对综合器的要求。VHDL层次较高，不易于控制底层电路，因而对综合器的性能要求较高。

由于VHDL是标准硬件描述语言，所以VHDL支持大量的EDA工具。

国际化程度：VHDL已经被大家所接受，在电子设计领域应用十分广泛，早在1987年就成为了IEEE标准和美国国防部确认的标准硬件描述语言。

VHDL主要用于描述数字系统的结构、行为、功能和接口。除了含有许多具有硬件特征的语句外，VHDL的语言形式和描述风格与句法十分类似于一般的计算机高级语言。VHDL的程序结构特点是将一项工程设计，或称设计实体（可以是一个元件、一个电路模块或一个系统）分成外部（或可视部分，即端口）和内部（或称不可视部分），即设计实体的内部功能和算法完成部分。在对一个设计实体定义外部界面后，一旦完成其内部开发，其他的设计就可以直接调用这个实体。这种将设计实体分成内外部分的概念是VHDL系统设计的基本特点。

应用VHDL进行工程设计的优点是多方面的，具体表现为以下几点：

（1）与其他的硬件描述语言相比，VHDL具有更强的行为描述能力。强大的行为描述能力是避开具体的器件结构，从逻辑行为上描述和设计大规模电子系统的重要保证。就目前流行的 EDA 工具和 VHDL 综合器而言，将基于抽象的行为描述风格的 VHDL 程序综合成为具体的 FPGA 和 CPLD 等目标器件的网表文件已不成问题，只是在综合与优化效率上略有差异。

（2）VHDL 具有丰富的仿真语句和库函数，使得在任何大系统的设计早期，就能检查设计系统的功能可行性，可以随时对系统进行仿真模拟，使设计者对整个工程的结构和功能可行性做出判断。

（3）VHDL 语句的行为描述能力和程序结构，决定了它具有支持大规模设计的分解和已有设计的再利用功能。符合市场需求的大规模系统的开发工作必须有多人甚至多个开发组共同并行工作才能高效、高速地完成，VHDL 中设计实体的概念、程序包的概念、设计库的概念为设计的分解和并行工作提供了有力支持。

（4）用 VHDL 完成一个确定的设计，可利用 EDA 工具进行逻辑综合和优化，并自动把 VHDL 描述设计转变成门电路级网表（根据不同的实现芯片）。这种方式突破了门电路级设计的瓶颈，极大地减少了电路设计的时间和可能发生的错误，降低了开发成本。利用 EDA 工具的逻辑优化功能，可以自动把一个综合后的设计变成一个更小、更高速的电路系统。反过来，设计者还可以容易地从综合和优化的电路获得设计信息，返回去更新修改 VHDL 设计描述，使之更加完善。

（5）VHDL 对设计的描述具有相对独立性。设计者进行独立的设计，可以不懂硬件的结构，也不必管最终设计的目标器件是什么。正因为 VHDL 的硬件描述与具体工艺技术和硬件结构无关，所以 VHDL 设计程序的目标器件有广阔的选择范围，其中包括各种系列的 CPLD、FPGA 及各种门阵列器件。

（6）由于 VHDL 具有类属描述语句和子程序调用功能，对于完成的设计，在不改变源程序的条件下，只需改变类属参量或函数，就能轻易地改变设计的规模和结构。

一个完整的 VHDL 程序（或称为设计实体）至少应包括 3 个基本组成部分：库、程序包使用说明、实体说明和实体对应的结构体说明。其中，库、程序包使用说明用于描述该设计用于打开（调用）本设计实体将要用到的库、程序包；实体说明用于描述该设计实体与外界的接口信号说明，是可视部分；结构体说明用于描述该设计实体内部工作的逻辑关系，是不可视部分。在一个实体中，可以含有一个或一个以上的结构体，而在每一个的结构体中又可以含有一个或多个进程以及其他的语句。根据需要，实体还可以有配置说明语句。配置说明语句主要用于以层次化的方式对特定的设计实体进行元件例化，或是为实体选定某个特定的结构体。

为了便于程序的阅读和调试，本书对 VHDL 程序设计特作如下约定：

（1）语句结构描述中方括号“[ ]”内的内容为可选内容。

（2）对于 VHDL 的编译器和综合器来说，程序文字的大小写是不加区分的。

（3）程序中的注释使用双横线“--”。

（4）为了便于程序的阅读与调试，书写和输入程序时，使用层次缩进格式，同一层次的对齐，低层次的、较高层次的缩进两个字符。

（5）考虑到 Quartus Ⅱ要求源程序文件的名字与实体名必须一致，因此为了使同一个 VHDL 源程序文件能适应各个 EDA 开发软件的使用要求，建议各个源程序文件的命名均与其实体名一致。

2.2 VHDL 语法基础

在 VHDL 中，对象包括 4 类：常量（constant）、信号（signal）、变量（variable）和文件（file）。对于每一个对象来说，都要定义它的类和类型，类指明对象属于常量、信号、变量和文件中的哪一类，类型指明了该对象具有哪种数据类型。

2.2.1 文法规则

1．标识符

标识符是书写程序时允许使用的一些符号（字符串），主要由 26 个英文字母、数字 0～9 及下画线“_”的组合构成，允许包含图形符号（如回车符、换行符等）。可以用来定义常量、变量、信号、端口、子程序或参数的名字。

标识符规则是 VHDL 中符号书写的一般规则。不仅对电子系统设计工程师是一个约束，还为各种各样的 EDA 工具提供了标准的书写规范，使之在综合仿真过程中不产生歧义，易于仿真。

VHDL 有两个标准版：VHDL'87 版和 VHDL'93 版。VHDL'87 版的标识符语法规则经过扩展后，形成了 VHDL'93 版的标识符语法规则。前一部分称为短标识符，扩展部分称为扩展标识符。VHDL'93 版含有短标识符和扩展标识符两部分。

短标识符由字母、数字以及下画线字符组成。短标识符的命名规则如下：

（1）第一个字符必须是字母。

（2）最后一个字符不能是下画线。

（3）不允许有连续两个下画线。

（4）在标识符中大、小写字母是等效的。

（5）VHDL 的保留字（关键字）不能用于标识符。

问题：什么是关键字？

在 VHDL 中把具有特定意义的标识符号称为关键字，只能作固定用途使用，用户不能将关键字作为一般标识符来使用，如 ENTITY、PORT、BEGIN、END 等。

例如：如下标识符是合法的。

```
tx_clk
Three_state_Enable
sel7D
HIT_1124
```

如下标识符是非法的。

```
_tx_clk              --标识符必须起始于字母
8B10B                --首字符不能是数字
large#number         --只能是字母、数字、下画线
link__bar            --不能有连续两个下画线
select               --关键字（保留字）不能用于标识符
rx_clk_              --最后字符不能是下画线
```

扩展标识符是VHDL'93版增加的，扩展标识符的命名规则如下：

（1）扩展标识符用反斜杠来定界。例如：\multi_scrcens\、\eda_centrol\等都是合法的扩展标识符。

（2）允许包含图形符号、空格符。例如：\mode A\、\$100\、\p%name\等。

（3）反斜杠之间的字符可以用保留字。例如：\buffer\、\entity\、\end\等。

（4）扩展标识符的定界符两个斜杠之间可以用数字打头。例如：\100$\、\2chip\、\4screens\。

（5）扩展标识符允许多个下画线相连。例如：\Four_screens\、\TWO_Computer_sharptor\。

（6）扩展标识符区分大小写。例如：\EDA\与\eda\不同。

（7）扩展标识符与短标识符不同。例如：\COMPUTER\与Computer不同。

2. 数值表示

VHDL中的数值可以用各种进制来表示，用“基”表示数字的规范书写格式如下：

```
被表示的数::=基#基于基的整数[.基于基的整数]#指数
```

说明：

（1）基表示进制，可以取2、8、10或16。#号为定界符，基为10时可省略定界符和基。

（2）基于基的整数：:=扩展数字{[下画线]扩展数字}。

（3）扩展数字：:=数字/字母

因为十六进制数中大于9以上的数字用A，B，C，D，E，F表示，此处数字不再是0～9共10个符号，而是扩展到0～F共16个符号表示数字，后者相对于前者称为扩展数字。

（4）指数：:=E[+]整数或E[–]整数

整数举例：十进制值为255的数，用基表示法，写为：

```
2#1111_1111#                    ——二进制表示法
80377#                          ——八进制表示法
160FF#                          ——十六进制表示法
```

实数0.5的表示：

```
2#0.100#   8#0.4#   16#0.8#   2#1#E-1   8#4#E-1   16#8#E-1
```

注意：相邻数字之间插入下画线只为增加可读性，对数值无影响。数字前面可加0，中间不能加0，基为10时通常省略定界符和基。

例如：

```
十进制：012,12_3,2E3;12.0,2.5E2;
```

3. 文法格式

在编写VHDL程序时要注意以下几点格式要求：

（1）关键字、标识符不区分大小写。

（2）注释文本以“——”开头，且只在该文本行有效。

（3）“;”为行分隔符，VHDL的语句行可写在不同文本行中。

（4）除关键字、标识符自身中间不能插入空格外，其他地方可插入任意数目空格。

2.2.2 数据对象

VHDL中凡是可以赋予一个值的对象都可称为数据对象。数据对象类似于一种容器，可以接受不同数据类型的数据。VHDL描述硬件电路的工作过程实际是信号经输入变化至输出的过程，因此VHDL中最基本的数据对象就是信号。另外还有两个数据对象:常量和变量。这3种常用的数据对象具有不同的物理意义，下面分别加以说明。

1．常量

常量（constant）中存放的是固定不变的值，可以在程序包、实体说明、结构体、子程序（函数，过程）和进程中定义。例如，在电路中常量的物理意义是电源值或地电平值；在计数器设计中，将模值存放于某一常量中，对不同的设计，改变常量的值，就可改变模值，修改起来十分方便。

常量定义的格式如下：

```
CONSTANT 常量名:数据类型:=表达式;
```

其中符号:=表示赋值运算，常量可以在定义的同时赋初值。下面是几个常量定义及赋值的例子：

```
CONSTANT FBUS : STD_LOGIC_VECTOR:="0010";
CONSTANT DATA : REAL:=5.0;
CONSTANT AGE : INTEGER:=3;
CONSTANT DELY : TIME:=10ns;
```

第一句定义常数FBUS的数据类型是标准位量型STD_LOGIC_VECTOR，它等于“0010”；第二句定义常数DATA的数据类型是实数型，值为5.0。后两句以此类推。

注意：数值和单位之间要留空格。

在程序中，常量是一个恒定不变的值，一旦做了数据类型和赋值定义后，在程序中就不能再修改，因而具有全局性。常量的使用范围取决于被定义的位置。在程序包中定义的常量具有最大全局化特征，可用在调用此程序包的所有实体中；定义在设计实体中的常量，其有效范围为这个实体所定义的所有结构体；而定义在某个结构体中的常量，只能用于此结构体；定义在结构体某一单元（如进程）的常量，则只能用在这一单元中。

VHDL要求所定义的常量数据类型必须与表达式的数据类型一致。例如：

```
CONSTANT VCC: REAL:="0101";
```

这条语句就是错误的，因为VCC的类型是实数（REAL），而其数值“0101”是位量（BIT_VECTOR）类型。常量的数据类型可以是标量类型或其他符合类型，但不能是文件类型（file）或存取类型（access）。

2．变量

变量（variable）用于数据的暂时存储。在VHDL语法规则中，变量只能在子程序和进程中使用。变量的定义形式与常量相似，可以在变量定义语句中赋初值，但变量初值不是必需的。

变量的定义格式如下：

```
VARIABLE 变量名: 数据类型 约束条件:=表达式:
```

例如：

```
VARIABLE S1, S2: INTEGER:=16;
VARIABLE COUNT: INTEGER RANGE 0 TO 7;
```

第一条语句中变量S1和S2都为整数类型，初值都是16；第二条语句变量COUNT没有指定初值，则取默认值。变量初值的默认值为该类型数据的最小值或最左端值，那么COUNT

初值为 0（最左端值）。

变量作为局部量，其适用范围仅限于定义变量的进程或子程序中。在这些语句结构中，同一变量的值将随变量赋值语句的运算而改变。

变量赋值语句的语法格式如下：

```
目标变量名:=表达式
```

变量赋值符号是“:=”，变量数值的改变是通过赋值来实现的。赋值语句右边的“表达式”必须是一个与“目标变量名”具有相同数据类型的数值，这个表达式既可以是一个数值，也可以是一个运算表达式。变量赋值语句左边的目标变量可以是单值变量，也可以是一个变量的集合，即数组型变量。

对变量的赋值是一种理想化的数据传输，是立即发生的，没有任何延迟，所以变量只有当前值。变量赋值语句属于顺序执行语句，如果一个变量被多次赋值，则根据赋值语句在程序中的位置，按照从上到下的顺序进行赋值，变量的值是最后一条赋值语句的值。

3. 信号

信号（signal）作为设计实体中并行语句模块间的信息交流通道，它的性质类似于连接线。其作为一种数值容器，不但可以容纳当前值，也可以保持历史值。这一属性与触发器的记忆功能有良好的对应关系。

信号有外部端口信号和内部信号之分。外部端口信号是设计单元电路的引脚或称为端口，在程序实体中定义，有 IN、OUT、INOUT 和 BUFFER 4 种信号流动方向，其作用是在设计的单元电路之间实现互连。外部端口信号供给整个设计单元使用，属于全局量。内部信号是用来描述设计单元内部的信息传输，除了没有外部端口信号的流动方向外，其他性质与外部端口信号一致。

事实上，除了没有方向说明以外，信号与实体的端口（port）概念是一致的。对于端口来说，其区别只是输出端口不能读入数据，输入端口不能被赋值，信号可以看成是实体内部的端口；反之，实体的端口只是一种隐形的信号，端口的定义实质上是作了隐式的信号定义，并附加了数据流动的方向，而信号本身的定义是一种显式的定义。因此，在实体中定义的端口，在其结构体中都可以看成是一个信号，并加以使用，而不必另作定义。

信号的定义语句格式如下：

```
SIGNAL 信号名：数据类型约束条件:=初始值；
```

例如：

```
SIGNAL a: INTEGER:=8;          --定义整数类型信号 a，并赋初值 8
SIGNAL qout: BIT:='0';         --定义位信号 qout 并赋初值'0'
```

信号“初始值”的设置不是必需的，而且初始值仅在 VHDL 的行为仿真中有效。信号的使用和定义范围是实体、结构体和程序包，在进程和子程序的顺序语句中不允许定义信号，但可以使用信号。在程序包中定义的信号，对于所有调用此程序包的设计实体都是可见的；在实体中定义的信号，在其对应结构体中都是可见的。

信号的赋值语句格式如下：

```
目标信号名<=表达式；
```

赋值语句中的表达式必须与目标信号具有相同的数据类型。

注意：信号定义语句中的初始赋值符号仍是“:=”，这是因为仿真的时间坐标是从初始赋值开始的，在此之前并无所谓延时时间。

信号和变量的主要区别如下：

（1）变量是一个局部量，只能用于进程或子程序中。信号是一个全局量，它可以用来进行进程之间的通信。

（2）变量赋值立即生效，不存在延时行为。信号赋值具有非立即性，信号之间的传递具有延时性。

（3）变量用作进程中暂存数据的单元。信号用作电路中的信号连线。

（4）在进程中只能将信号列入敏感表，而不能将变量列入敏感表。进程只对信号敏感，对变量不敏感，这是因为只有信号才能将进程外的信息带入进程内部，或将进程内的信息带出进程。

除了以上这些，由于信号是一个特殊的数据对象，在赋值语句的使用方面，两者也有很大不同。

4．文件

文件（files）是传输大量数据的载体，包括各种数据类型的数据。用 VHDL 描述时序仿真的激励信号和仿真波形输出，一般都要用文件类型。在 IEEE 1076 标准中，TEXIO 程序包中定义了文件 I/O 传输方法，调用这些过程就能完成数据传输。

2.2.3 数据类型

VHDL 是一种强类型的语言，只有相同数据类型的量才能相互传递和操作。VHDL 要求每个数据对象都具有唯一的数据类型，定义一个操作时必须同时指明其操作对象的数据类型。

VHDL 中的数据类型可以分为以下 4 类。

（1）标量型：包括实数类型、整数类型、枚举类型、时间类型。

（2）复合类型：可以由小的数据类型复合而成，如可由标量型复合而成。复合类型主要有数组型（Array）和记录型（Record）。

（3）存取类型：为给定的数据类型的数据对象提供存取方式。

（4）文件类型：用于提供多值存取类型。

根据数据类型的来源又可以分成预定义数据类型和用户自定义数据类型两大类。预定义的数据类型是 VHDL 最常用、最基本的数据类型，这些数据类型都已在 VHDL 的标准程序包 STANDARD 和 STD_LOGIC_1164 及其他的标准程序包中作了定义，并可在设计中随时调用。

如上所述，除了标准的预定义数据类型外，VHDL 还允许用户自己定义其他的数据类型以及子类型。通常，新定义的数据类型和子类型的基本元素一般仍属 VHDL 的预定义类型。尽管 VHDL 仿真器支持所有的数据类型，但 VHDL 综合器并不支持所有的预定义或用户自定义的数据类型，如 REAL、TIME 及 FILE 等数据类型。

1．标准预定义数据类型

VHDL 的标准预定义数据类型都是在 VHDL 标准程序包 STANDARD 中定义的，在实际使用中，已自动包含进 VHDL 的源文件中，因而不必通过 USE 语句以显示调用。

（1）整数数据类型。整数（INTEGER）类型的数包括正整数、负整数和零。整数类型与算术整数相似，可以使用预定义的运算操作符，如加“+”、减“−”、乘“*”、除“/”等进行算术运算。

在 VHDL 中，整数的取值范围是–2147483647～+2147483647，即可用 32 位有符号的二进制数表示。VHDL 仿真器通常将 INTEGER 类型作为有符号数处理，而 VHDL 综合器将 INTEGER 作为无符号数处理。这么大范围的数及其运算在 EDA 实现过程中将消耗大量的器件资源，而在实际应用中涉及的整数范围通常很小，例如一位十进制数码管只需显示 0～9。因此，在使用整数类型时，VHDL 综合器要求用 RANGE 子句为所定义的数限定范围，然后根据所限定的范围来决定表示此信号或变量的二进制的位数。

注意：VHDL 综合器无法综合未限定范围的整数类型的信号或变量。

（2）自然数和正整数类型。自然数（NATURAL）类型是整数的子集，正整数（POSITIVE）类型又是自然数类型的子集。自然数包括零和正整数，正整数只包括大于零的整数。

（3）实数数据类型。VHDL 的实数（REAL）类型也类似于数学上的实数，或称浮点数。实数的取值范围为–1.0E38～+1.0E38。书写时一定要有小数点（包括小数部分为 0 时）。通常情况下，实数类型仅能在 VHDL 仿真器中使用，VHDL 综合器则不支持实数，因为直接的实数类型的表达和实现相当复杂，目前在电路规模上难以承受。

注意：不能把实数赋给信号，只能赋给实数类型的变量。

（4）布尔数据类型。程序包 STANDARD 中定义的源代码如下：

```
TYPE BOOLEAN IS (FALSE,TRUE);
```

布尔（BOOLEAN）数据类型实际上是一个二值枚举型数据类型。它的取值如以上定义所示，即 FALSE（伪）和 TRUE（真）两种。综合器将用一个二进制位表示 BOOLEAN 型变量或信号，但它与位类型不同，没有数值的含义，不能进行算术运算，只能进行关系运算。

例如，当 a 大于 b 时，在 IF 语句中的关系运算表达式 a>b 的结果是布尔量 TRUE，反之为 FALSE。综合器将其变为信号值 1 或 0。

（5）位数据类型。位（BIT）数据类型属于枚举型，取值只能是 1 或 0。位数据类型的数据对象，如变量、信号等，可以参与逻辑运算，运算结果仍是位的数据类型。VHDL 综合器用一个二进制位表示 BIT。在程序包 STANDARD 中定义的源代码如下：

```
TYPE BIT IS ('0', '1');
```

位值用带单引号括起来的‘0’和‘1’表示，只代表电平的高低，与整数中的 0 和 1 意义不同。

（6）位矢量数据类型。位矢量（BIT_VECTOR）是基于 BIT 数据类型的数组，在程序包 STANDARD 中定义的源代码如下：

```
TYPE BIT_VECTOR IS ARRAY (Natural Range <>) OF BIT;
```

使用位矢量必须注明位宽，即在数组中的元素个数和排列，例如：

```
SIGNAL a : BIT_VECTOR (7 TO 0);
```

信号 a 被定义为一个具有 8 位位宽的矢量，它的最左位是 a(7)，最右位是 a(0)。

（7）字符数据类型。字符（CHARACTER）类型通常用单引号括起来，并且对大小写敏感，如‘B’不同于‘b’。字符可以是英文字母中任何一个大、小写字母，0～9 中任何一个数字以及空格，或者是一些特殊字符，如$, %，@等。

在 VHDL 程序设计中，标识符的大小写一般是不区分的，但用了单引号的字符的大小写是有区分的。

（8）字符串数据类型。字符串（STRING）是用双引号括起来的一个字符序列，也称为字符串向量或字符串数组。

例如：

```
VARIABLE string_var:STRING(0 TO 3);
String_var:="VHDL";
```

VHDL 综合器支持字符串数据类型，字符串常用于程序的提示或程序说明。

（9）时间数据类型。VHDL 中唯一的预定义物理类型是时间。完整的时间（TIME）类型包括整数和物理量单位两部分，而且整数和单位之间至少要有一个空格，如 10ns、20ms、33min。

STANDARD 程序包中也定义了时间。定义如下：

```
TYPE time IS RANGE -2147483647 to 2147483647
units
fs;
ps=1000 fs;
          ns=1000 ps;
          us=1000 ns;
          ms=1000 us;
          sec=1000 ms;
          min=60 sec;
          hr=60 min;
         end units;
```

（10）错误等级数据类型。错误等级（SEVERITY LEVEL）数据类型用来表示系统的工作状态，共有 4 种：NOTE（注意），WARNING（警告），ERROR（错误），FAILURE（失败）。系统仿真时，操作者可根据给出的这几种状态提示，了解当前系统的工作情况并采取相应对策。

2．IEEE 预定义标准逻辑位类型

上述 10 种数据类型都是在 VHDL 标准程序包 STANDARD 中定义的，在实际使用中，已自动包含进 VHDL 的源文件中，在编程时可以直接引用。另外还有两种预定义数据类型是定义在 IEEE 库 STD_LOGIC_1164 程序包中，使用时需要显示调用，加入下面的语句：

```
LIBRARY IEEE;
USE IEEE.STD_LOGIC_1164.ALL;
```

（1）标准逻辑位。标准逻辑位（STD_LOGIC）数据类型的定义如下：

```
TYPE std_logic IS
'U'           --未初始化的
'X'           --强未知的
'0'           --强 0
'1'           --强 1
'Z'           --高阻态
'W'           --弱未知的
'L'           --弱 0
'H'           --弱 1
'-'           --忽略
```

由定义可见，STD_LOGIC 是标准 BIT 数据类型的扩展，共定义了 9 种值，其可能的取值已非传统的 BIT 那样只有逻辑 0 和 1 两种取值。由于标准逻辑位数据类型的多值性，在编程时应当特别注意，因为在条件语句中，如果未考虑到 STD_LOGIC 的所有可能的取值情况，有的综合器可能会插入不希望的锁存器。

（2）标准逻辑矢量。标准逻辑矢量（STD_LOGIC_VECTOR）类型定义如下：

TYPE STD_LOGIC_VECTOR IS ARRY (NATURAL RANGE <>) OF STD_LOGIC;

显然，STD_LOGIC_VECTOR 是定义在 STD_LOGIC_1164 程序包中的标准一维数组，数组中的每一个元素的数据类型都是以上定义的标准逻辑位 STD_LOGIC。向标准逻辑矢量 STD_LOGIC_VECTOR 类型的数据对象赋值，必须严格考虑矢量的宽度，同位宽、同数据类型的矢量间才能进行赋值。

3．其他预定义数据类型

VHDL 综合工具配带的扩展程序包中，定义了一些有用的类型。例如 Synopsys 公司在 IEEE 库中加入的程序包 STD_LOGIC_ARITH 中定义了如下的数据类型：

· 无符号型（UNSIGNED）。

· 有符号型（SIGNED）。

· 小整型（SMALL INT）。

如果将信号或变量定义为这几种数据类型，就可以使用该程序包中定义的运算符。在使用之前，必须加入下面的语句：

```
LIBRARY IEEE;
USE IEEE.STD_LOGIC_ARITH_ALL;
```

UNSIGNED 类型和 SIGNED 类型是用来设计可综合的数学运算程序的重要类型，UNSIGNED 用于无符号数的运算，SIGNED 用于有符号数的运算。

（1）无符号数据类型。无符号（UNSIGNED）数据类型代表一个无符号的数值。在综合器中，这个数值被解释为一个二进制数，这个二进制数的最左位是其最高位。例如，十进制的 9 可表示如下：

```
UNSIGNED("1001")
```

如果要定义一个变量或信号的数据类型为 UNSIGNED，则其位矢长度越长，所能代表的数值就越大。例如一个 4 位变量的最大值为 15，一个 8 位变量的最大值则为 255，0 是其最小值。不能用 UNSIGNED 定义负数。以下是两个无符号数据定义的示例：

```
VARIABLE var : UNSIGNED (0 TO 15);
SIGNAL sig : UNSIGNED (7 DOWNTO 0);
```

其中：变量 var 有 16 位数值，最高位是 var(0)，而非 var(15)；信号 sig 有 8 位数值，最高位是 sig(7)。

（2）有符号数据类型。有符号（SIGNED）数据类型表示一个有符号的数值，综合器将其解释为补码，此数的最高位是符号位。例如：

```
SIGNED("0101")代表 +5,5
SIGNED("1011")代表 -5
```

若将上例的 var 定义为 SIGNED 数据类型，则数值意义不同，如：

```
VARIABLE var: SIGNED(0 TO 15);
```

其中，变量 var 有 16 位，最左位 var(0)是符号位。

在 IEEE 程序包中，NUMERIC_STD 和 NUMERIC_BIT 程序包中也定义了 UNSIGNED 类型及 SIGNED 类型。NUMERIC_STD 是针对于 STD_LOGIC 类型定义的，而 NUMERIC_BIT 是针对 BIT 类型定义的。在程序包中还定义了相应的运算符重载函数。有些综合器没有附带 STD_LOGIC_ARITH 程序包，此时只能使用 NUMBER_STD 和 NUMERIC_BIT 程序包。在 STANDARD 程序包中没有定义 STD_LOGIC_VECTOR 的运算符，而整数类型一般只在仿真时用来描述算法，或做数组下标运算，因此，UNSIGNED 和 SIGNED 的使用率是很高的。

4. 用户自定义数据类型

除了使用 VHDL 自带程序包中定义的数据类型外，VHDL 允许用户根据需要定义新的数据类型，这给设计者提供了极大的自由度。

利用 TYPE 语句可以定义新的数据类型，用户自定义数据类型主要有枚举类型、数组类型和用户自定义子类型 3 种。

TYPE 语句语法结构如下：

```
TYPE 数据类型名 IS，数据类型定义 OF 基本数据类型；
```

或

```
TYPE 数据类型名 IS 数据类型定义；
```

其中，“数据类型名”由设计者自定，此名将用于数据类型定义。“数据类型定义”部分用来描述所定义的数据类型的表达方式和表达内容。关键词 OF 后的“基本数据类型”是指“数据类型定义”中所定义的元素的基本数据类型，一般都是取已有的预定义数据类型，如 BIT、STD_LOGIC 或 INTEGER 等。

（1）枚举类型。枚举（ENUMERATED）类型是在数据类型定义中直接列出数据的所有取值。其格式如下：

```
TYPE 数据类型名 IS(取值 1,取值 2,…)；
```

例如在硬件设计时，表示一周内每天的状态，可以用 000 代表周一、001 代表周二，依此类推，直到用 110 代表周日。但这种表示方法对编写和阅读程序来说是不方便的。若改用枚举数据类型表示则方便得多，可以把一个星期定义成一个名为 week 的枚举数据类型：

```
TYPE week IS(Mon,Tue,Wed,Thu,Fri,Sat,Sun);
```

这样，周一到周日就可以用 Mon 到 Sun 来表示，非常直观方便。

（2）数组类型。数组（ARRAY）类型是将相同类型的数据集合在一起所形成的一个新数据类型，可以是一维的，也可以是多维的。数组类型定义格式如下：

```
TYPE 数据类型 IS ARRAY 范围 OF 数据类型；
```

例如：TYPE bus IS ARRAY (15 DOWNTO 0) OF STD_LOGIC；数组名称为 bus，共有 16 个元素，下标排序是 15, 14, …, 1, 0, 各元素可分别表示为 bus(15), …, bus(0), 各元素的数据类型为 STD_LOGIC。数组类型常在总线、ROM、RAM 中使用。

（3）用户自定义子类型。子类型 SUBTYPE 只是由 TYPE 所定义的原数据类型的一个子集，它满足原数据类型所有约束条件，原数据类型称为基本数据类型。

子类型 SUBTYPE 的语句格式如下：

```
SUBTYPE 子类型名 IS 基本数据类型 [约束范围]；
```

子类型的定义只在基本数据类型上作一些约束，并没有定义新的数据类型。子类型中基本数据类型必须是在前面已通过TYPE定义的类型。例如：

```
SUBTYPE digits IS INTEGER RANGE 0 to 9;
```

其中，INTEGER是标准程序包中已定义过的数据类型，子类型digits只是把INTEGER约束到只含10个值的数据类型。

事实上，在程序包STANDARD中，自然数类型（NATURAL）和正整数类型（POSITIVE）都是整数类型（INTEGER）的子类型。例如：

```
TYPE INTEGER IS -2147483647 TO  +2147483647;
SUBTYPE NATURAL IS INTEGER RANGE 0 TO +2147483647;
SUBTYPE POSITIVE IS INTEGER RANGE 1 TO +2147483647;
```

利用子类型定义数据对象除了可以提高程序的可读性和易处理性，还有利于提高综合的优化效率。

2.2.4 运算操作符

VHDL的各种表达式由操作数和操作符组成，其中，操作数是各种运算的对象，而操作符规定运算的方式。

1. 操作符种类及对应的操作数类型

在VHDL中，一般有4类操作符，即逻辑操作符（Logic Operator）、关系操作符（Relational Operator）、算术操作符（Arithmetic Operator）和符号操作符（Sign Operator），前3类操作符是完成逻辑和算术运算的最基本的操作符的单元。

各种操作符所要求的操作数的类型详见表2-1，操作符之间的优先级见表2-2。

表2-1 VHDL操作符列表

类　型	操作符	功　能	操作数数据类型
算术操作符	+	加	整数
	–	减	整数
	&	并置	一维数组
	*	乘	整数和实数（包括浮点数）
	/	除	整数和实数（包括浮点数）
	MOD	取模	整数
	REM	取余	整数
	SLL	逻辑左移	BIT或布尔型一维数组
	SRL	逻辑右移	BIT或布尔型一维数组
	SLA	算术左移	BIT或布尔型一维数组
	SRA	算术右移	BIT或布尔型一维数组
	ROL	逻辑循环左移	BIT或布尔型一维数组
	ROR	逻辑循环右移	BIT或布尔型一维数组
	**	乘方	整数
	ABS	取绝对值	整数

（续）

类　型	操作符	功　能	操作数数据类型
关系操作符	=	等于	任何数据类型
	/=	不等于	任何数据类型
	<	小于	枚举与整数类型，及对应的一维数组
	>	大于	枚举与整数类型，及对应的一维数组
	<=	小于或等于	枚举与整数类型，及对应的一维数组
	>=	大于或等于	枚举与整数类型，及对应的一维数组
逻辑操作符	AND	与	BIT，BOOLEAN，STD_LDGIC
	OR	或	BIT，BOOLEAN，STD_LDGIC
	NAND	与非	BIT，BOOLEAN，STD_LDGIC
	NOR	或非	BIT，BOOLEAN，STD_LDGIC
	XOR	异或	BIT，BOOLEAN，STD_LDGIC
	XNOR	异或非	BIT，BOOLEAN，STD_LDGIC
	NOT	非	BIT，BOOLEAN，STD_LDGIC
符号操作符	+	正	整数
	−	负	整数

表 2-2　VHDL 操作符优先级

运 算 符	优 先 级
NOT，ABS，**	最高优先级
*，/，MOD，REM	
+（正号），−（负号）	⇧
+，−，&	
SLL，SLA，SRL，SRA，ROL，ROR	
=，/=，<，<=，>，>=	最低优先级
AND，OR，NAND，NOR，XOR，XNOR	

为了方便各种不同数据类型间的运算，VHDL 还允许用户对原有的基本操作符重新定义，赋予新的含义和功能，从而建立一种新的操作符，即重载操作符（Overloading Operator），定义这种重载操作符的函数称为重载函数。事实上，在程序包 STD_LOGIC_UNSIGNED 中已定义了多种可供不同数据类型间操作的算符重载函数。Synopsys 的程序包 STD_LOGIC_ARITH、STD_LOGIC_UNSIGNED 和 STD_LOGIC_SIGNED 中已经为许多类型的运算重载了算术运算符和关系运算符，因此只要引用这些程序包，SIGNED、UNSIGNED、STA_LOGIC 和 INTEGER 之间即可混合运算；INTEGER、STD_LOGIC 和 STD_LOGIC_VECTOR 之间也可以混合运算。

2．各种操作符的使用说明

（1）严格遵循在基本操作符间操作数是同数据类型的规则；严格遵循操作数的数据类型必须与操作符所要求的数据类型完全一致的规则。

（2）注意操作符之间的优先级别。当一个表达式中有两个以上的运算符时，可使用括号将这些运算分组。

（3）VHDL共有7种基本逻辑操作符，对于数组型（如STD_LOGIC_VECTOR）数据对象的相互作用是按位进行的。

（4）关系操作符的作用是将相同数据类型的数据对象进行数值比较（=、/=）或关系排序判断（<、<=、>、>=），并将结果以布尔类型（BOOLEAN）的数据表示出来，即TRUE或FALSE两种。

就综合而言，简单的比较运算（=和/=）在实现硬件结构时，比排序操作符构成的电路芯片资源利用率要高。

3. 算术操作符

表2-1中所列的算术操作符可以分为求和操作符、求积操作符、符号操作符、混合操作符、移位操作符5类操作符。

（1）求和操作符包括加减操作符和并置操作符。加减操作符运算规则与常规的加减法是一致的，VHDL规定它们的操作数的数据类型是整数。对于位宽大于4的加法器和减法器，VHDL综合器将调用库元件进行综合。

在综合后，由加减运算符（+，–）产生的组合逻辑门所耗费的硬件资源的规模都比较大，但加减运算符的其中一个操作数或两个操作数都为整型常数，则只需很少的电路资源。

并置运算符&的操作数的数据类型为一维数组，可以利用并置运算符将普通操作数或数组组合起来形成新的数组。例如，“VH”&“DL”的结果为“VHDL”，“0”&“1”的结果为“01”，连接操作常用于字符串。但在实际运算过程中，要注意并置操作前后的数组长度应一致。

并置运算符主要适用于位和位矢量的连接，就是将并置运算符右边的内容接在左边的内容之后以形成一个新的数组。用&进行连接的方式很多，既可以将两个位连接起来形成一个位矢量，也可以将两个位矢量连接起来以形成一个新的位矢量，又可以将位矢量和位连接起来，如

```
a<=b & c;
```

注意：a为2bit，而b、c为1bit

（2）求积操作符包括*（乘），/（除），MOD（取模）和REM（取余）4种操作符。VHDL规定，乘与除的数据类型是整数和实数（包括浮点数）。在一定条件下还可对物理类型的数据对象进行运算操作。

虽然在一定条件下，乘法和除法运算是可以综合的，但从优化综合，节省芯片资源的角度出发，最好不要轻易使用乘除操作符。对于乘除运算可以用其他变通的方法来实现。

操作符MOD和REM的本质与除法操作符是一样的，因此，可综合的取模和取余的操作数必须是以2为底数的幂。MOD和REM的操作数数据类型只能是整数，运算结果也是整数。

（3）符号操作符“+”和“–”的操作数只有一个，操作数的数据类型是整数，操作符“+”对操作数不做任何改变，操作符“–”作用于操作数的返回值是对原操作数取负，在实际使用中，取负操作数需加括号，如：Z=X*(–Y);

（4）混合操作符包括乘方“**”操作符和取绝对值“ABS”操作符两种。VHDL规定，它们的操作数数据类型一般为整数类型。乘方（**）运算的左边可以是整数或浮点数，但右

边必须为整数，而且是在左边为浮点时，其右边才可以为负数。一般地，VHDL 综合器要求乘方操作符作用的操作数的底数必须是 2。

（5）6 种移位操作符号 SLL，SRL，SLA，SRA，ROL 和 ROR 都是 VHDL'93 标准新增的运算符。VHDL'93 标准规定移位操作符作用的操作数的数据类型应是一组数组，并要求数组中的元素必须是 BIT 或 BOOLEAN 的数据类型，移位的位数则是整数。在 EDA 工具所附的程序包中重载了移位操作符，以支持 STD_LOGIC_VECTOR 及 INTEGER 等类型。移位操作符左边可以是支持的类型，右边则必定是 INTEGER 型。如果操作符右边是 INTEGER 型常数，移位操作符实现起来比较节省硬件资源。

其中，SLL 是将矢量左移，右边跟进的位补零；SRL 的功能恰好与 SLL 相反；ROL 和 ROR 移位方式稍有不同，它们移出的位将依次填补移空的位，执行的是自循环式移位方式：SLA 和 SRA 是算术移位操作符，其移空位用最初的首位，即符号位来填补。

移位操作符的语句格式如下：

```
标识符号    移位操作符号  移位位数;
```

操作符可以用以产生电路。就提高综合效率而言，使用常量值或简单的一位数据类型能够生成较紧凑的电路，而表达式复杂的数据类型（如数组）将相应地生成更多的电路。如果组合表达式的一个操作数为常数，就能减少生成的电路。

习 题

1. VHDL 语言中数据对象有几种？各种数据对象的作用范围如何？各种数据对象的实际物理含义是什么？

2．什么叫标识符？VHDL 的基本标识符是怎样规定的？

3．信号和变量在描述和使用时有哪些主要区别？

4．VHDL 语言中的标准数据类型有哪几类？用户可以自己定义的数据类型有哪几类？并简单介绍各数据类型。

5．BIT 数据类型和 STD_LOGIC 数据类型有什么区别？

6．用户怎样自定义数据类型？试举例说明。

7. VHDL 语言有哪几类操作符？在一个表达式中有多种操作符时应按怎样的准则进行运算？下列 3 个表达式是否等效：①A<=NOT B AND C OR D；②A<=(NOT B AND C) OR D；③A<=NOT B AND (C OR D).

8．简述 6 种移位操作符 SLL、SRL、SLA、SRA、ROL 和 ROR 的含义及操作规定？并举例说明。

9. VHDL 有哪 3 种数据对象？详细说明它们的功能特点以及使用方法，举例说明数据对象与数据类型的关系。

10．数据类型 BIT、INTEGER 和 BOOLEAN 分别定义在哪个库中？哪些库和程序包总是可见的？

第3章　VHDL 基本结构

VHDL 语言主要用于描述数字系统的结构、行为、功能和接口。VHDL 将一个设计（元件、电路、系统）分为：外部（可视部分、端口）、内部（不可视部分、内部功能、算法）。

【教学目的】

（1）掌握 VHDL 语言程序基本结构、设计实体内容。

（2）掌握简单 VHDL 语言程序写法；掌握行为描述方式、数据流的风格写法、结构描述的风格写法。

（3）理解 VHDL 语言程序子结构。

3.1　VHDL 概述

3.1.1　VHDL 程序设计举例

当使用一个集成芯片时，根据数字电子技术的知识，至少需要了解 3 个方面的信息。

（1）该芯片符合什么规范，是谁生产的，大家是否认可？

（2）该芯片有多少引脚，每个引脚是输入还是输出，每个引脚对输入/输出有什么要求？

（3）该芯片各引脚之间的关系，以及能完成什么逻辑功能？

相应地，当使用 VHDL 语言设计一个硬件电路时，我们至少需要描述 3 个方面的信息。

（1）设计是在什么规范范围内设计的？即此设计符合某个设计规范，能得到大家的认可，这就是库、程序包使用说明。

（2）设计的硬件电路与外界的接口信号，这就是设计实体的说明。

（3）设计的硬件电路的内部各组成部分的逻辑关系以及整个系统的逻辑功能，这就是该设计实体对应的结构体说明。

1．设计思路

根据数字电子技术的知识，74LS00 是一个 4-2 输入与非门，即该芯片由 4 个二输入与非门组成，因此设计时可先设计一个二输入与非门（见图 3-1a），再由 4 个二输入与非门构成一个整体——MY74LS00（见图 3-1b）。

2．VHDL 源程序

（1）二输入与非门 NAND2 的逻辑描述。

```
LIBRARY IEEE;
USE IEEE.STD_LOGIC_1164.ALL;                --IEEE 库及其中程序包的使用说明
ENTITY YNAND2 IS
   PORT(A,B:IN STD_LOGIC;
        Y:OUT STD_LOGIC);
   END YNAND2;                              --实体 NAND2 的说明
```

```
ARCHITECTURE ART1 OF YNAND2 IS                         --实体 NAND2 的结构体 ART1 的说明
    BEGIN
      Y<=A NAND B;
    END ART1;
```

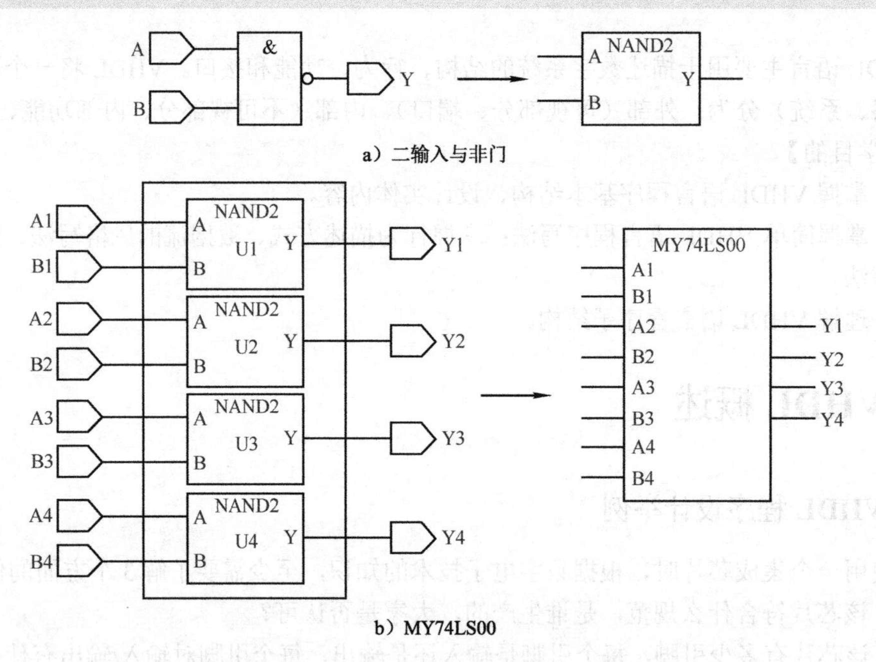

图 3-1 MY74LS00 的设计过程示意图

（2）MY74LS00 的逻辑描述。

```
LIBRARY IEEE;
USE IEEE.STD_LOGIC_1164.ALL;                      --IEEE 库及其中程序包的使用说明
ENTITY MY74LS00 IS
    PORT(A1,B1,A2,B2,A3,B3,A4,B4:IN STD_LOGIC;
                Y1,Y2,Y3,Y4:OUT STD_LOGIC);
          END MY74LS00;                            --实体 MY74LS00 的说明
ARCHITECTURE ART2 OF MY74LS00 IS                   --实体 MY74LS00 的结构体 ART2 的说明
    COMPONENT NAND2 IS                             --元件调用声明
      PORT(A,B:IN STD_LOGIC;
          Y:OUT STD_LOGIC);
    END COMPONENT NAND2;
BEGIN
U1:NAND2 PORT MAP(A=>A1,B=>B1,Y=>Y1);              --元件连接说明
U2:NAND2 PORT MAP(A=>A2,B=>B2,Y=>Y2);
U3:NAND2 PORT MAP(A3,B3,Y3);
U4:NAND2 PORT MAP(A4,B4,Y4);
    END ART2;
```

3．说明与分析

（1）整个设计包括两个设计实体，分别为NAND2和MY74LS00，其中，实体MY74LS00为顶层实体。

（2）实体NAND2定义了二输入与非门NAND2的引脚信号A、B（输入）和Y（输出），其对应的结构体ART1描述了输入与输出信号间的逻辑关系，即将输入信号A、B与非后传给输出信号端Y。

（3）实体MY74LS00及对应的结构体ART2描述了一个如图3-1b所示的4-2输入与非门。由其结构体的描述可以看到，它是由4个二输入与非门构成的。

（4）在MY74LS00接口逻辑VHDL描述中，根据图3-1b右侧的MY74LS00的原理图，实体MY74LS00定义了引脚的端口信号属性和数据类型。

（5）在结构体 ART2 中，COMPONENT→END COMPONENT 语句结构对所要调用的NAND2元件作了声明。

（6）实体MY74LS00引导的逻辑描述也是由3个主要部分构成的，即库、程序包使用说明，实体说明和结构体说明。

3.1.2 VHDL程序的基本结构

一般一个完整的VHDL源代码通常包括库（library）、程序包（package）、实体（entity）、结构体（architecture）和配置（configuation）5个部分。

一个相对完整的VHDL程序（或称为设计实体）见图3-2，至少应包括3个基本组成部分：库、程序包使用说明、实体说明及实体对应的结构体说明。

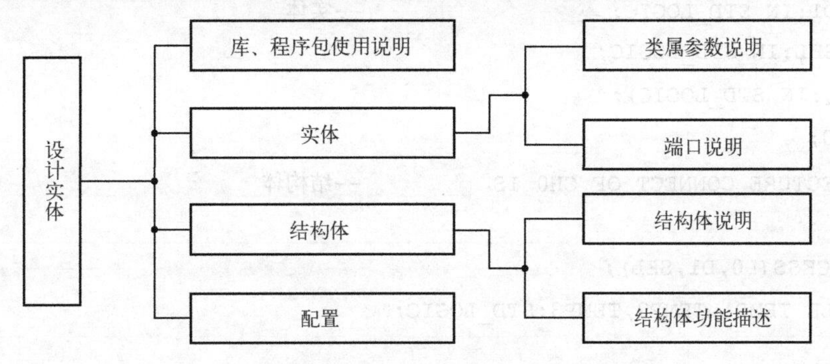

图3-2 VHDL程序的基本结构

本书主要讨论VHDL程序的基本组成模块：实体说明和结构体说明。

3.2 设计实体

设计实体是VHDL设计中的基本单元，它可以描述完整系统、电路板、芯片、逻辑单元或门电路。它不仅可以描述像微处理器那样的复杂电路，也能描述像门电路那样简单的电路，体现了VHDL描述的灵活性。

不管是复杂的设计实体，还是简单的设计实体，一个设计实体总是由两部分组成：实体和结构体。实体说明主要描述的是一个设计的外貌，即输入、输出接口以及一些用于结构体的参数定义；结构体则描述设计行为和结构，指定输入、输出之间的行为。

下面以一个二选一原理图及其VHDL描述为例分别加以说明，见图3-3。

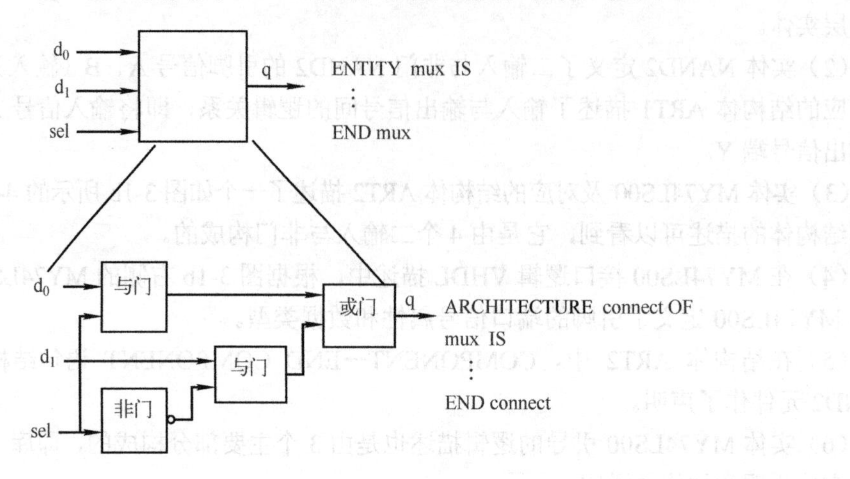

图3-3 二选一原理图

VHDL代码如下：

```
LIBRARY  IEEE;                                          --库
USE IEEE.STD_LOGIC_1164.ALL;
ENTITY CH0 IS
PORT(D0:IN STD_LOGIC;
      D1:IN STD_LOGIC;                                   --实体
      SEL:IN STD_LOGIC;
      Q:IN STD_LOGIC);
END CH0;
ARCHITECTURE CONNECT OF CH0 IS                          --结构体
BEGIN
   PROCESS(D0,D1,SEL);
VARIABLE TEMP1,TEMP2,TEMP3:STD_LOGIC;
BEGIN
TEMP1:=D0 AND SEL;
TEMP2:=D1 AND(NOT SEL);
TEMP3:=TEMP1 OR TEMP2;
Q<=TEMP3;
END PROCESS;
END CONNECT;
```

1．实体说明

实体说明主要描述的是一个设计的外貌，即对外的输入、输出接口以及一些用于结构体的参数定义。简单地说，就是定义了一个设计实体与其使用环境的接口。在VHDL语法中，一个设计实体的实体说明的结构如下：

```
ENTITY 实体名 IS
[类属参数说明];
[端口说明];
END 实体名;
```

类属参数说明主要用来为设计实体指定参数，如用来定义端口宽度、器件延时等。

实体说明中的每一个输入、输出信号称为端口，端口对应于电路图上的一个引脚。端口说明描述的是设计实体与外部的接口。具体来说，就是对端口名称、数据类型和模式的描述。

端口名称是端口的标识符，数据类型用于说明经过该端口信号的数据类型，模式用来说明端口信号的流动方向。

2. 端口说明

端口说明是对外部接口的描述，即对外部引脚信号名称、数据类型和输入、输出方向的描述。其格式如下：

```
PORT(端口名,[端口名]:方向  数据类型名;
…
端口名,[端口名]:方向  数据类型名);
```

端口的标识符按文件命名方法进行。在端口说明中，模式有5种：输入、输出、双向、缓冲和链接。

（1）输入模式（保留字是IN）：凡是用IN说明的，其驱动源是由外部向实体内部进行，信号自端口进入实体，而不能从该端口输出。

（2）输出模式（保留字是OUT）：凡是用OUT说明的，其驱动源是由实体向外部进行，信号从实体经端口输出，而不能通过该端口向实体内部输入信号。

（3）双向模式（保留字是INOUT）：凡是用INOUT说明的，其驱动源既可由外部向实体内部进行，也可由实体内部向外部进行，其输入的信号都可以经过该端口。

（4）缓冲模式（保留字是BUFFER）：在设计时，有时候需要使用一个端口同时作为实体内部的驱动即从内部反馈，这时可以将端口定义为缓冲模式。它与输出模式的区别就在于输出模式不能用于实体内部的反馈。但要注意，缓冲模式的端口只可以连接内部信号或另一个具有缓冲模式实体的端口，而且缓冲模式的端口只能有一个驱动源。

（5）链接模式（保留字是LINKAGE）：用来说明端口无指定方向，可以与任何方向的信号相连。

以上模式及其详细说明见表3-1。

表3-1 端口模式表

端口模式	端口模式说明（以设计实体为主体）
IN	输入，只读模式，将变量或信号信息通过该端口读入
OUT	输出，单向赋值模式，将信号通过该端口输出
INOUT	双向，可以通过该端口读入或写出信息
BUFFER	具有读功能的输出模式，可以读或写，只能有一个驱动源
LINKAGE	不指定方向，无论哪一个方向都可连接

3.3 结构体

结构体描述的是设计的行为和结构，即描述一个设计实体的功能。结构体描述了实体硬件的结构、硬件的类型和功能、元件的互连关系、信号的传输和变换以及动态行为等。

在设计过程中，设计人员常常将一个设计实体比喻成一个盒子，实体说明可以看作一个“黑盒子”，通过它只能了解其输入和输出，无法知道盒子的内容，而结构体则是描述盒子内部详细内容。

结构体指明了基本设计单元的行为、元件及内部连接的关系，其格式如下：

```
ARCHITECTURE 构造体名 OF 实体名 IS
[定义语句],内部信号,常数,数据类型,函数等定义;
BEGIN
[并行处理语句];
END 构造体名;
```

构造体名：按见名思义原则。

定义语句：介于 ARCHITECTURE 与 BEGIN 之间，用于构造体内信号、常数、数据的类型、函数的定义。

注意：信号对应于端口中的数据类型，只是没有方向。

并行处理语句：这些语句具体地描述了构造体的行为及其运算连接关系。

注意：并行语句与书写次序无关。

在 VHDL 中，允许设计人员采用不同的描述风格来进行设计实体中结构体的书写，3 种常用的描述方式有行为描述方式、数据流（或寄存器传输）描述方式和结构描述方式。这 3 种描述方式从不同角度对设计实体的行为和功能进行描述，在设计中有时候采用这 3 种描述方式组成的混合描述方式。

下面用 3 种描述方式对一个二选一电路进行讨论。

1. 行为描述方式

行为描述类似于高级编程语言，当要描述一个设计实体的行为时，无须知道具体电路的结构，只需要用一组状态来描述即可。行为描述的优点在于只需要描述清楚输入与输出的行为，而不需要花费更多的精力关注设计功能的门级实现。

下面以二选一程序为例来说明行为描述方式。VHDL 代码如下：

```
library IEEE;
use IEEE.std_logic_1164.all;
entity ch1 is
   port(d0:in std_logic;(定义 d0 的端口为输入)
        d1:in std_logic;
        sel:in std_logic;
        q:out std_logic);(定义 q 的端口为输出)
end ch1;
architecture connect of ch1 is
```

```
begin
process(d0,d1,sel)
variable temp1,temp2,temp3:std_logic;
begin
if sel='1' then temp3:=d0;
elsif sel='0' then temp3:=d1;
end if;
q<=temp3;
end process;
end connect;
```

注释：如果 sel='1'那么 temp3:=d0；如果 sel='0'那么 temp3:=d1，最终将赋值给 temp3。

2．数据流描述方式

数据流描述方式是对从信号到信号的数据流的路径形式进行描述，因此很容易逻辑综合，但要求设计者对电路有清晰的了解。下面以二选一程序为例来说明数据流描述方式。VHDL 代码如下：

```
library IEEE;
use IEEE.std_logic_1164.all;
entity ch2 is
   port(d0:in std_logic;
        d1:in std_logic;
        sel:in std_logic;
        q:out std_logic);
end ch2;
architecture connect of ch2 is
signal temp1,temp2,temp3:std_logic;
begin
temp1<=d0 and sel;            (d0与sel的结果赋值给temp1)
temp2<=d1 and (not sel);      (d1与not sel的结果赋值给temp2)
temp3<=temp1 or temp2;        (temp1或temp2的结果赋值给temp3)
q<=temp3;                     (temp3赋值给q)
end connect;
```

3．结构描述方式

结构描述方式是通过调用库中的元件或已设计好的模块来完成设计实体功能的描述。当引用库中不存在的元件时，必须首先进行元件的创建，然后将其放在工作库中，通过调用工作库来引用元件。在引用元件时，要先在结构体说明部分进行元件的说明。以二选一程序为例来说明结构描述方式。VHDL 代码如下：

```
library IEEE;
use IEEE.std_logic_1164.all;
```

```
entity ch3 is
port(d0:in std_logic;
     d1:in std_logic;
     sel:in std_logic;
     q:out std_logic);
end ch3;
architecture connect of ch3 is
component and2   --二输入与门器件调用声明并定义其端口
port(a:in std_logic;
     b:in std_logic;
     c:out std_logic);
end component;
component or2   --二输入或门器件调用声明并定义其端口
port(a:in std_logic;
     b:in std_logic;
     c:out std_logic);
end component;
component no2   --非门器件调用声明并定义其端口
port(a:in std_logic;
     c:out std_logic);
end component;
signal  temp1,temp2,temp3,t4:std_logic;
begin
u1:and2 port map(d0,sel,temp1);   (元件元件连接说明)
u2:no2 port map(sel,t4);
u3:and2 port map(d1,t4,temp2);
u4:or2 port map(temp1,temp2,temp3);
q<=temp3;
end connect;
```

在上述程序中，引用了库中的元件and2、or2和no2，引用元件时先在结构体说明部分用component语句进行元件and2、or2和no2的说明，然后在使用元件时用port map语句进行元件例化。由上可以看出，结构描述方式可以将已有的设计成果用到当前的设计中去，因而大大提高设计效率，是一种非常好的描述方式。对于可分解为若干个子元件的大型设计，结构描述方式是首选方案。

3.4 VHDL结构体的子结构

在一个设计的结构体中，有3种子结构：块（block）语句结构、进程（process）语句结构和子程序结构。

3.4.1 块语句结构

对于一个大规模的设计，传统的硬件电路设计通常包括一张总电路原理图和若干张子原理图。对于 VHDL 设计来说，一个设计的结构体对应于总电路原理图，那么块语句就对应着电路原理图中的子原理图。因此，不难看出一个结构体可以由若干个块语句组成，每个块语句可以看成是结构体的子模块，块语句将若干并发语句组在一起，形成一个子模块。

1. 块语句的结构

一个块语句的结构如下：

```
[块标号:] BLOCK [卫式表达式]
[接口说明];
[类属说明];
BEGIN
<块语句部分>;
END  BLOCK[块标号];
```

一个块语句结构，必须在关键词 block 前设置块标号。接口说明部分包含 port、generic、port map、generic map 等接口说明语句，对 block 接口的设置及外界信号的连接状况进行说明。与利用 protel 进行设计相比，这非常类似于原理图间的图示接口说明。

块说明部分可以定义 USE 语句、子程序语句、数据类型、子类型、常数、信号、元件。

块的类属说明和接口说明的作用范围受限于当前的 block，所有这些在 block 内部的说明不能适用于外部环境，即对外部环境是不透明的，但对于嵌套内层的块是透明的。

块语句部分可包含结构体中的任何可并行结构。示例代码如下：

```
library IEEE;
use IEEE.std_logic_1164.all;
entity ch4 is
port(d0,d1:in std_logic_vector(3 downto 0);
         s:in std_logic;
        y:out std_logic_vector(3 downto 0));
end ch4;
architecture dat of ch4 is
signal temp1,temp2,temp3:std_logic_vector(3 downto 0);
begin
label:block
begin
temp1(3)<=d0(3) and s;
temp1(2)<=d0(2) and s;
temp1(1)<=d0(1) and s;
temp1(0)<=d0(0) and s;
temp2(3)<=d1(3) and (not s);
temp2(2)<=d1(2) and (not s);
```

```
temp2(1)<=d1(1) and (not s);
temp2(0)<=d1(0) and (not s);
temp3<=temp1 or temp2;
y<=temp3;
end block label;
end dat;
```

2. 卫式块语句

block语句有一种特殊的控制方式：在block语句中包含一个卫式表达式，当卫式表达式为真时，执行block语句；当卫式表达式为假时，不执行block语句。这种通过卫式表达式来对block中的驱动器进行使能的block语句称为卫式块语句。

通过卫式块语句可以来描述一个D触发器，对于D触发器来说，只有当时钟clk有效时，输出端的值才会随着输入数据的变化而变化。示例代码如下：

```
library IEEE;
use IEEE.std_logic_1164.all;
entity ch4_1 is
port(d:in std_logic;
   clk:in std_logic;
  q,qb:out std_logic);
end ch4_1;
architecture dat of ch4_1 is
begin
label:block clk ='1'
begin
  q<=guarded d after 3 ns;
  qb<=guarded (not d) after 3 ns;
end  block label;
end dat;
```

3.4.2 进程语句结构

在设计实体的结构中，所有的处理语句都是并行处理语句。所谓并行处理语句就是用来描述一组并发行为，与书写次序无关；而进程语句是一个顺序语句，它与书写次序有关，即严格按照书写次序来顺序执行。

进程语句的结构如下：

```
[进程标号:]process[敏感信号表]
[进程语句说明部分];
begin
<进程语句部分>;
end  process [进程标号];
```

在进程语句结构中，进程语句部分所描述的各个语句都是按顺序执行的，它们与书写次序有关。在多个进程的结构体描述中，进程标号是区分各个进程的标志，但进程标号并不是必须的。一个结构体可以有多个process结构，每一个进程在其敏感信号参数表中定义的任意敏感参量发生变化时，都可以被激活或启动。而所有被激活的进程都是并行运行的，即process结构本身是并行语句。

一个进程有两种状态：等待状态和执行状态。当敏感信号表中的信号没有改变或者进程激励的条件不满足时，进程处于等待状态；当敏感信号表中的信号有改变或者进程激励的条件满足时，进程处于执行状态，顺序执行进程中的语句。

不难看出，进程语句的启动主要取决于敏感信号表中的信号发生变化或者进程激励的条件得到满足，进程就被启动。进程启动后，从begin到end process的语句将从上到下顺序执行一次，当最后一个语句执行完后，就返回进程语句的开始，等待下一次敏感信号表中的信号变化或者是进程激励的条件满足。进程语句可以被看成一个无限循环的模拟周期，进程的最后一个语句执行完后，就返回进程的第一个语句，等待下一次变化发生的语句。

下面举一个例子来具体说明进程语句是如何进行工作的。VHDL代码如下：

```
library IEEE;
use IEEE.std_logic_1164.all;
entity ch5 is
port(d0,d1,d2,d3:in std_logic_vector(7 downto 0);
          s1,s0:in std_logic;
               q:out std_logic_vector(7 downto 0));
end ch5;
architecture beh of ch5 is
begin
process(d0,d1,d2,d3,s0,s1)
variable tmp:integer range 0 to 4;
begin
tmp:=0;
if (s0='1') then tmp:=tmp+1;
end if;
if(s1='1') then
tmp:=tmp+2;
end if;
case tmp is
when 0 =>q<=d0;
when 1 =>q<=d1;
when 2 =>q<=d2;
when 3 =>q<=d3;
when others =>null;
end case;
end process;
end beh;
```

该进程语句对信号 d0、d1、d2、d3、s0 及 s1 敏感。这些信号中只要有一个信号发生变化，就将启动该进程语句。进程启动后，每个语句按照书写顺序从上到下执行一遍，执行完所有的语句后，进程语句挂起，等待着敏感信号的下一次变化。

前面曾提到过进程语句之间是并行的，而进程语句内部的是顺序语句。在 VHDL 中，一个设计实体中可以有多个结构体，每个结构体中可以有多个进程语句，多个进程语句之间是并行关系。下面就是一个进程同步的例子。VHDL 代码如下：

```
library IEEE;
use IEEE.std_logic_1164.all;
entity ch6 is
port(d,clk:in std_logic;
      q1,q2:out std_logic);
end ch6;
architecture beh of ch6 is
begin
    process
    begin
         wait  until  clk='1';
      q1<=d;
    end process;
process
    begin
          wait until clk='0';
       q2<= not d;
    end  process;
end beh;
```

同一个结构体中不仅可以有多个进程存在，而且同一个结构体中的多个进程之间可以一边进行通信，一边并行地同步执行。下述源代码描述了两个进程之间的通信，并通过时钟信号使两个进程并行地同步执行。VHDL 代码如下：

```
library IEEE;
use IEEE.std_logic_1164.all;
use IEEE.std_logic_arith.all;
use IEEE.std_logic_unsigned;
entity ch7 is
port(clk:in std_logic;
     irq:out std_logic);
end ch7;
architecture beh of ch7 is
signal cou:std_logic_vector(3 downto 0);
```

```
  begin
     process
     begin wait until clk='1';
   cou<=cou+'1';
     end process;
  process
     begin
        wait until clk='1';
  if(cou="1111") then
     irq<='0';
  else
     irq<='1';
  end if;
     end process;
  end beh;
```

在VHDL中常用时钟信号来同步进程。其方法就是结构体中的几个进程共用同一个时钟进行激励，以启动进程。

3.5 库和程序包

3.5.1 库

1. 库的定义

库（LIBRARY）是经编译后的数据的集合，它存放集合定义、实体定义、结构体定义和配置定义等。

2. 库的使用

在VHDL语言中，库的说明语句总是放在实体单元前面，而且库语言一般必须与USE语言同用。

库的语句格式如下：

```
LIBRARY 库名;
```

这一语句相当于为其后的设计实体打开了以此库名命名的库，以便设计实体可以利用其中的程序包。例如：

```
LIBRARY  IEEE;        --打开IEEE库
```

USE语句指明库中的程序包，USE语句的使用有两种常用格式：

```
USE 库名.程序包名.项目名;
USE 库名.程序包名.ALL;
```

第一语句格式的作用是，向本设计实体开放指定库中的特定程序包内所选定的项目；第二语句格式的作用是，向本设计实体开放指定库中的特定程序包内所有的内容。

库语言一般必须与USE语言同用，一旦说明了库和程序包，整个设计实体都可进入访问或调用。例如：

```
LIBRARY IEEE;  --打开 IEEE 库
USE IEEE.STD_LOGIC_1164.ALL;
--打开 IEEE 库中的 STD_LOGIC_1164 程序包的所有内容
USE IEEE.STD_LOGIC_UNSIGNED.ALL;
--打开 IEEE 库中的 STD_LOGIC_UNSIGNED 程序包的所有内容
```

3．库的分类

VHDL 程序设计中常用的库有 5 种。

（1）IEEE 库。IEEE 库是 VHDL 设计中最常见的库，它包含有 IEEE 标准的程序包和其他一些支持工业标准的程序包。

（2）STD 库。VHDL 语言标准定义了两个标准程序包，即 STANDARD 和 TEXTIO 程序包，它们都被收入在 STD 库中。

（3）WORK 库。WORK 库是用户的 VHDL 设计的现行工作库，用于存放用户设计和定义的一些设计单元和程序包。因此，它自动满足 VHDL 语言标准，在实际调用中，不必以显式预先说明。

（4）VITAL 库。VITAL 库是各 FPGA、CPLD 生产厂商提供的面向 ASIC 的逻辑门库。使用 VITAL 库，可以提高 VHDL 门级时序模拟的精度，因而只在 VHDL 仿真器中使用。

（5）用户自定义的库。

3.5.2 程序包

为了使已定义的常数、数据类型、元件调用说明以及子程序能被更多的 VHDL 设计实体方便地访问和共享，可以将它们收集在一个 VHDL 程序包（package）中。多个程序包可以并入一个 VHDL 库中，使之适用于更一般的访问和调用范围。这一点对于大系统开发，多个或多组开发人员并行工作显得尤为重要。

1．预定义程序包

常用的预定义程序包有以下 4 种。

（1）STD_LOGIC_1164 程序包。它是 IEEE 库中最常用的程序包，是 IEEE 的标准程序包。其中，包含了一些数据类型、子类型和函数的定义，这些定义将 VHDL 扩展为一个能描述多值逻辑（即除具有“0”和“1”以外还有其他的逻辑量，如高阻态“Z”、不定态“X”等）的硬件描述语言，很好地满足了实际数字系统的设计需求。

（2）STD_LOGIC_ARITH 程序包。它预先编译在 IEEE 库中，是 Synopsys 公司的程序包。此程序包在 STD_LOGIC_1164 程序包的基础上扩展了 3 个数据类型：UNSIGNED、SIGNED 和 SMALL_INT，并为其定义了相关的算术运算符和转换函数。

（3）STD_LOGIC_UNSIGNED 和 STD_LOGIC_SIGNED 程序包。这两个程序包都是 Synopsys 公司的程序包，都预先编译在 IEEE 库中。这些程序包重载了可用于 INTEGER 型及 STD_LOGIC 和 STD_LOGIC_VECTOR 型混合运算的运算符，并定义了一个由 STD_LOGIC_VECTOR 型到 INTEGER 型的转换函数。

（4）STANDARD 和 TEXTIO 程序包。这两个程序包是 STD 库中的预编译程序包。STANDARD 程序包中定义了许多基本的数据类型、子类型和函数。程序包的具体内容如下：

① 常数说明：主要用于预定义系统的宽度，如数据总线通道的宽度。

② 数据类型说明：主要用于说明在整个设计中通用的数据类型，如通用的地址总线、数据类型的定义等。

③ 元件定义：主要规定在 VHDL 设计中参与元件例化的文件（已完成的设计实体）对外的接口界面。

④ 子程序说明：用于说明在设计中任一处可调用的子程序。

2. 自定义程序包

自定义程序包的一般语句结构如下：

```
      --程序包首
PACKAGE  程序包名  IS                       --程序包首开始
程序包首说明部分；
END [PACKAGE][程序包名];                     --程序包首结束
      --程序包体
PACKAGE BODY 程序包名  IS                    --程序包体开始
程序包体说明部分以及包体内容；
END [PACKAGE BODY][程序包名];                --程序包体结束
```

3. 程序包首

程序包首的说明部分可收集多个不同的 VHDL 设计所需的公共信息，其中包括数据类型说明、信号说明、子程序说明及元件说明等。

在程序包结构中，程序包体并非是必须要有的，程序包首可以独立定义和使用。

程序包首的主要定义程序如下：

```
PACKAGE PAC1 IS                                 --程序包首开始
TYPE BYTE IS RANGE 0 TO 255;                    --定义数据类型 BYTE
SUBTYPE BYTE1 IS BYTE RANGE 0 TO 15;            --定义子类型 BYTE1
CONSTANT C1:BYTE :=255;                         --定义常数 C1
SIGNAL  S1 :BYTE1;                              --定义信号 S1
COMPONENT BYTE_ADDER IS                         --定义元件
  PORT(A,B:IN BYTE;
      C:OUT BYTE;
OVERFLOW:OUT BOOLEAN);
END COMPONENT BYTE_ADDER;
FUNCTION MY_FUNCTION(A:IN BYTE) RETURN BYTE;    --定义函数
END PACKAGE PAC1;                               --程序包首结束
```

下面是现行 WORK 库中定义程序包并立即使用的示例。

```
PACKAGE SEVEN IS                         --定义程序包
SUBTYPE SEGMENTS IS BIT_VECTOR(0 TO 6);
TYPE BCD IS RANGE 0 TO 9;
END PACKAGE SEVEN;
USE WORK.SEVEN.ALL;                      --打开程序包，以便后面使用
```

```
ENTITY DECODER IS
PORT(SR:IN BCD;
SC:OUT SEGMENTS);
END ENTITY DECODER;
ARCHITECTURE ART OF DECODER IS
BEGIN
WITH SR SELECT
  SC<= B"1111110" WHEN 0,
       B"0110000" WHEN 1,
       B"1101101" WHEN 2,
       B"1111001" WHEN 3,
       B"0110011" WHEN 4,
       B"1011011" WHEN 5,
       B"1011111" WHEN 6,
       B"1110000" WHEN 7,
       B"1111111" WHEN 8,
       B"1111011" WHEN 9,
       B"0000000" WHEN  OTHERS;
END ARCHITECTURE ART;
```

4. 程序包体

程序包体用于定义在程序包首中已定义的子程序的子程序体。程序包体说明部分的组成可以是 USE 语句（允许对其他程序包的调用）、子程序定义、子程序体、数据类型说明、子类型说明和常数说明等。对于没有子程序说明的程序包体可以省去。

程序包常用来封装属于多个设计单元分享的信息，程序包定义的信号、变量不能在设计实体之间共享。

3.6 配置

配置也是 VHDL 设计实体的一个基本单元，在综合或仿真中，可以利用配置语句为实体指定或配置一个结构体。例如，可以利用配置使仿真器为同一实体配置不同的结构体，以便设计者比较不同结构体的仿真差别，或者为例化的各元件实体配置指定的结构体，从而形成一个例化元件层次构成的设计实体。配置语句主要为实体指定一个结构体，或者为参与例化的元件实体指定所希望的结构体。

VHDL 综合器允许将配置规定为一个设计实体中的最高层次单元，但只支持对最顶层的实体进行配置。

配置的格式如下：

```
CONFIGURATION  配置名 OF 实体名 IS
        配置说明;
END[CONFIGURATION][配置名];
```

习　题

1．VHDL 程序一般包括几个组成部分？每部分的作用是什么？

2．什么叫进程语句？如何理解进程语句的并行性和顺序性的双重特性？

3．进程的启动条件是什么？如果进程有两个基本点敏感变量，其中一个由“0”变“1”，等待一段时间以后再由“1”变“0”；而另一个只由“1”变“0”改变一次，请问该进程将执行几遍？

4．进程中的语句顺序颠倒并不会改变所描述电路的功能，这种说法对吗？为什么？

5．什么叫子程序？过程语句用于什么场合？其所带参数是怎样定义的？函数语句用于什么场合？其所带参数是怎样定义的？

6．库由哪些部分组成？VHDL 语言中常见的有几种库？编程人员怎样使用现有的库？

7．一个包集合由哪两大部分组成？包集合体通常包含哪些内容？

8．什么是结构体的行为描述方式？它应用于什么场合？用行为描述方式所编写的 VHDL 程序是否都可以进行逻辑综合？

9．什么叫数据流描述方式？它和行为描述方式的主要区别有哪些？用数据流描述方式所编写的 VHDL 程序是否都可以进行逻辑综合？

10．什么是结构体的结构描述方式？实现结构描述方式的主要语句是哪两个？

11．写出图 3-4、图 3-5、图 3-6 所示电路的 VHDL 程序。

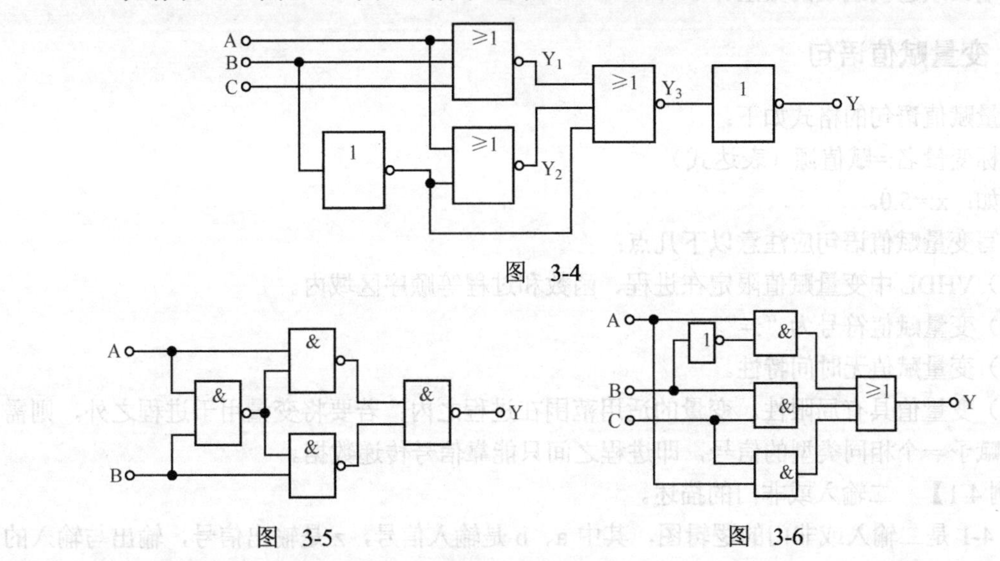

图 3-4

图 3-5　　图 3-6

12．说明端口模式 INOUT 和 BUFFER 有何异同点。

13．函数与过程的设计在功能上有什么区别？调用上有什么区别？

第4章　VHDL顺序语句

VHDL 的基本描述语言包括顺序语句（sequential statement）和并行语句（concurrent statement）。在数字逻辑电路系统设计中，这些语句从多个侧面完整地描述了系统的硬件结构和基本逻辑功能。

顺序语句只能出现在进程（PROCESS）、过程（PROCEDURE）和函数（FUNCTION）中，其特点与传统的计算机编程语句类似，是按程序书写的顺序自上而下一条一条地执行。利用顺序语句可以描述数字逻辑系统中的组合逻辑电路和时序逻辑电路。VHDL 的顺序语句有赋值语句、流程控制语句、等待语句、断言语句、返回语句、空操作语句6类。

【教学目的】

掌握 VHDL 赋值语句、流程控制语句、等待语句、断言语句、返回语句、空操作语句。

4.1 赋值语句

赋值语句的功能是将一个值或者一个表达式的运算结果传递给某一个数据对象，如变量、信号、端口或它们组成的数组。

4.1.1 变量赋值语句

变量赋值语句的格式如下：

目标变量名:=赋值源（表达式）

例如：x:=5.0。

书写变量赋值语句应注意以下几点：

（1）VHDL 中变量赋值限定在进程、函数和过程等顺序区域内。

（2）变量赋值符号为“:=”。

（3）变量赋值无时间特性。

（4）变量值具有局限性。变量的适用范围在进程之内；若要将变量用于进程之外，则需将该值赋予一个相同类型的信号，即进程之间只能靠信号传递数据。

【例 4-1】　二输入或非门的描述。

图 4-1 是二输入或非门的逻辑图，其中 a、b 是输入信号，z 是输出信号，输出与输入的逻辑关系表达式为

$$z=\sim(a+b)$$

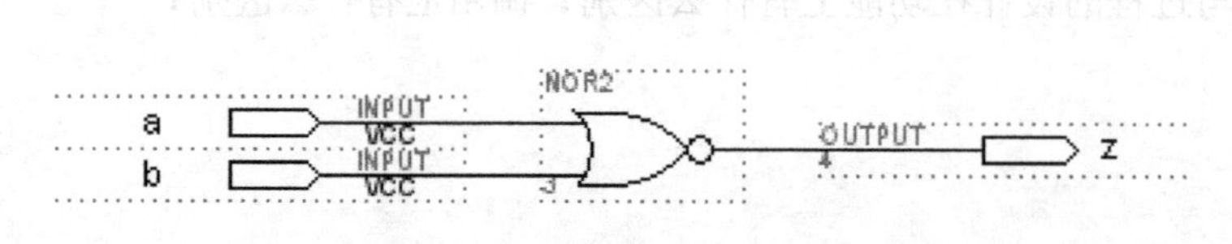

图 4-1　二输入或非门的逻辑图

或非门的VHDL描述如下：

```
library ieee;
use ieee.std_logic_1164.all;
entity my_nor2 is
port   (a,b:in std_logic;
        z:out std_logic
       );
end my_nor2;
architecture example of my_nor2 is
begin
   process (a,b)
   variable temp:std_logic;            --定义变量temp
   begin
      temp:=a nor b;                   --对变量temp赋值
      z<=temp;
   end process;
end architecture example;
```

4.1.2 信号赋值语句

信号赋值语句的格式如下：

目标信号名<=赋值源（表达式）

例如：x<='1'。

【例4-2】 4输入与非门电路的描述。

图4-2是4输入与非门的逻辑图，其中a、b、c、d是输入信号，z是输出信号，输出与输入的逻辑关系表达式为

$$z=\sim(a\cdot b\cdot c\cdot d)$$

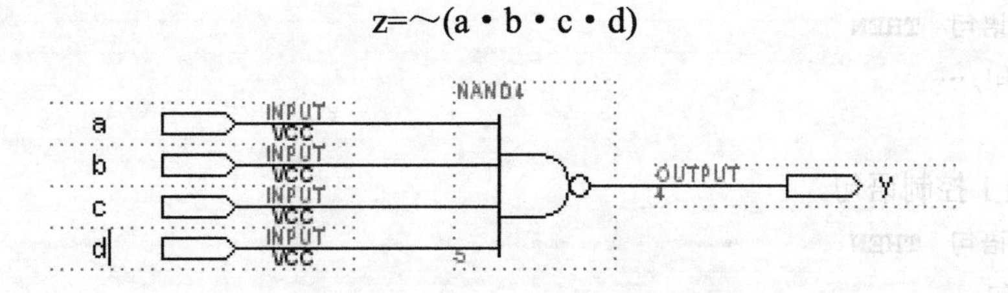

图4-2 4输入与非门逻辑图

4输入与非门电路的VHDL描述如下：

```
library ieee;
use ieee.std_logic_1164.all;
entity my_nand4 is
   port (a,b,c,d:in std_logic;
            z:out std_logic
        );
```

```
end my_nand4;
architecture example of my_nand4 is
signal temp:std_logic;                         --定义信号量 temp
begin
   process (a,b,c,d)
   begin
      temp<= not(a and b and c and d);         --对信号量赋值
   end process;
   z<=temp;
end example;
```

信号赋值语句可以出现在进程或结构体中，若出现在进程或子程序中则是顺序语句，若出现在结构体中则是并行语句。

对于数组元素赋值，可采用下列格式：

```
SIGNAL a,b:STD_LOGIC_VECTOR(1 TO 4);
   a<="1101";                       --为信号 a 整体赋值
   a(1 TO 2)<="10";                 --为信号 a 中部分数据位赋值
   a(1 TO 2)<=b(2 to 3);
```

4.2 流程控制语句

流程控制语句有 IF 语句、CASE 语句、LOOP 语句、NEXT 语句和 EXIT 语句 5 种。

4.2.1 IF 语句

IF 语句有 3 种格式。

（1）门闩控制语句。

```
IF  条件语句  THEN
…顺序语句;…
END IF;
```

（2）2 选 1 控制语句。

```
IF  条件语句  THEN
…顺序语句;…
ELSE
…顺序语句;…
END IF;
```

（3）IF 语句的多选择控制语句。

```
IF  条件语句  THEN
…顺序语句;…
ELSIF  条件语句  THEN
…顺序语句;…
```

```
ELSE
…顺序语句;…
END IF;
```

在这种多选择控制的 IF 语句中，设置了多个条件。当满足所设置的多个条件之一时，就执行该条件后的顺序语句。如果所有设置的条件都不满足，则执行 ELSE 和 END IF 之间的顺序语句。

IF 语句中至少应有一个条件语句，条件语句必须由 BOOLEAN 表达式构成。IF 语句根据条件语句产生的判断结果（TRUE 或 FALSE），有条件地选择执行其后面的顺序语句。

【例 4-3】 4 位带确认的全加器。

4 位带确认的全加器由 a[3..0]，b[3..0]作为两个加数输入信号，当按下确认按钮“OK”时，进行加法运算，sum[4..0]为输出信号。其逻辑图见图 4-3。

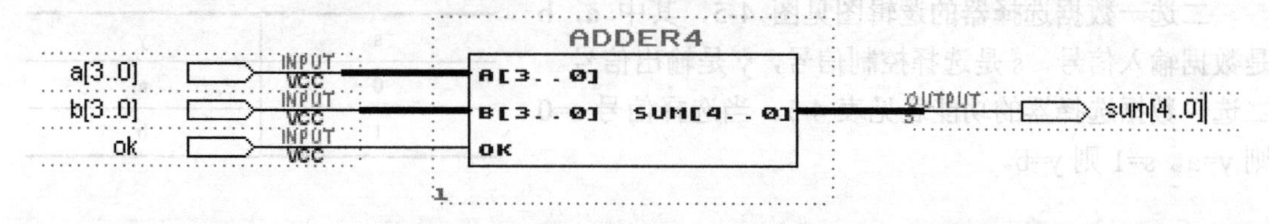

图 4-3 4 位带确认全加器的逻辑图

4 位带确认全加器的 VHDL 描述如下：

```
library ieee;
use ieee.std_logic_1164.all;
use ieee.std_logic_unsigned.all;
entity adder4 is
port   (a,b:in std_logic_vector(3 downto 0);
        ok:in std_logic;
        sum:out std_logic_vector(4 downto 0)
       );
end adder4;
architecture example of adder4 is
signal temp:std_logic_vector(4 downto 0);
begin
   process (ok)
   begin
      if ok='1' then
         temp<=a+b;
      end if;
   end process;
   sum<=temp;
end architecture example;
```

4 位带确认的全加器的仿真波形图见图 4-4。

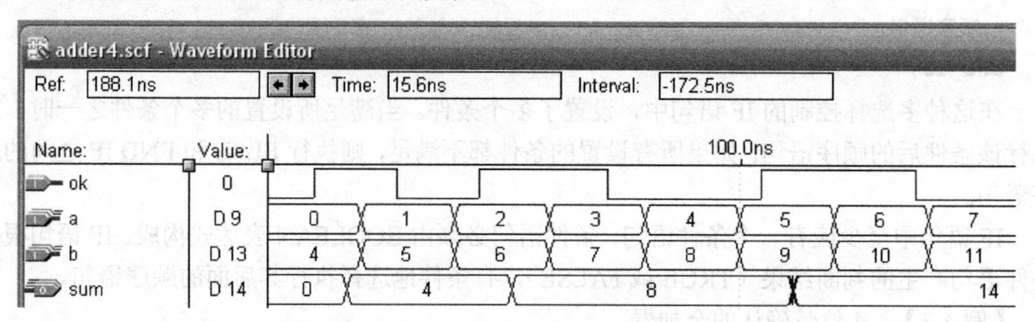

图 4-4 4 位带确认全加器的仿真波形图

【例 4-4】 二选一数据选择器。

二选一数据选择器的逻辑图见图 4-5，其中 a，b 是数据输入信号，s 是选择控制信号，y 是输出信号。二选一数据选择器的功能表见表 4-1。当选择信号 s=0 则 y=a，s=1 则 y=b。

表 4-1 二选一数据选择器的功能表

s	y
0	a
1	b

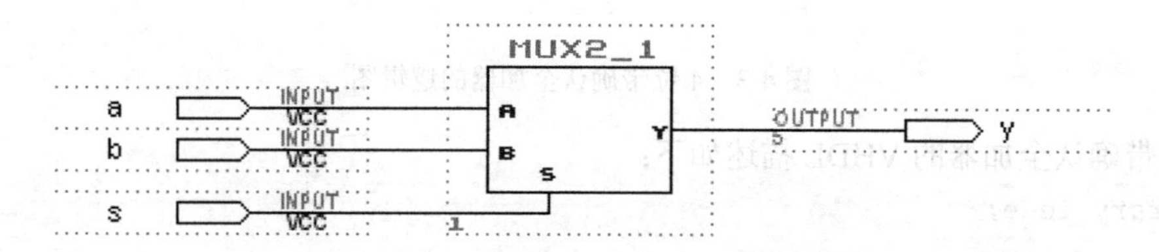

图 4-5 二选一数据选择器逻辑图

二选一数据选择器的 VHDL 描述如下：

```
library ieee;
use ieee.std_logic_1164.all;
entity mux2_1 is
port  (a,b:in std_logic;
       s:in std_logic;
       y:out std_logic
      );
end mux2_1;
architecture example of mux2_1 is
begin
   process (a,b,s)
   begin
      if s='0' then
           y<=a;
      else
           y<=b;
```

```
        end if;
    end process;
end architecture example;
```

【例 4-5】 8-3 线优先编码器。

8-3 线优先编码器的功能表见表 4-2。

表 4-2 8-3 线优先编码器的功能表

输入								输出		
a7	a6	a5	a4	a3	a2	a1	a0	y2	y1	y0
0	×	×	×	×	×	×	×	1	1	1
1	0	×	×	×	×	×	×	1	1	0
1	1	0	×	×	×	×	×	1	0	1
1	1	1	0	×	×	×	×	1	0	0
1	1	1	1	0	×	×	×	0	1	1
1	1	1	1	1	0	×	×	0	1	0
1	1	1	1	1	1	0	×	0	0	1
1	1	1	1	1	1	1	0	0	0	0

8-3 线优先编码器的 VHDL 描述如下：

```
library ieee;
use ieee.std_logic_1164.all;
entity coder8_3 is
port(   a:in std_logic_vector(7 downto 0);
        y:out std_logic_vector(2 downto 0)
    );
end coder8_3;
architecture example of coder8_3 is
begin
    process(a)
    begin
        If (a(7)='0') then y<="111";
      elsif (a(6)='0') then y<="110";
      elsif (a(4)='0') then y<="101";
      elsif (a(4)='0') then y<="100";
      elsif (a(3)='0') then y<="011";
      elsif (a(2)='0') then y<="010";
      elsif (a(1)='0') then y<="001";
      elsif (a(0)='0') then y<="000";
      else y<="000";
      end if;
```

```
    end process;
end example;
```

【例 4-6】 十进制循环加法计数器。

十进制循环加法计数器是指当时钟信号 clk 的上升沿来到时，计数器的状态加 1，如果计数器的原态是 9，则计数器返回到 0。

十进制循环加法计数器的 VHDL 描述如下：

```
library ieee;
use ieee.std_logic_1164.all;
use ieee.std_logic_unsigned.all;
entity cont10 is
port   (clk:in std_logic;
        cnt:out std_logic_vector(3 downto 0)
       );
end cont10;
architecture example of cont10 is
signal cnt_temp:std_logic_vector(3 downto 0);
begin
    process(clk)
    begin
       if clk'event and clk='1' then      --当clk的上升沿到来
          if cnt_temp="1001" then         --当计数器为9时，回0
             cnt_temp<="0000";
          else
             cnt_temp<=cnt_temp+1;
          end if;
       end if;
    end process;
    cnt<=cnt_temp;
end example;
```

十进制循环加法计数器的仿真波形图见图 4-6。

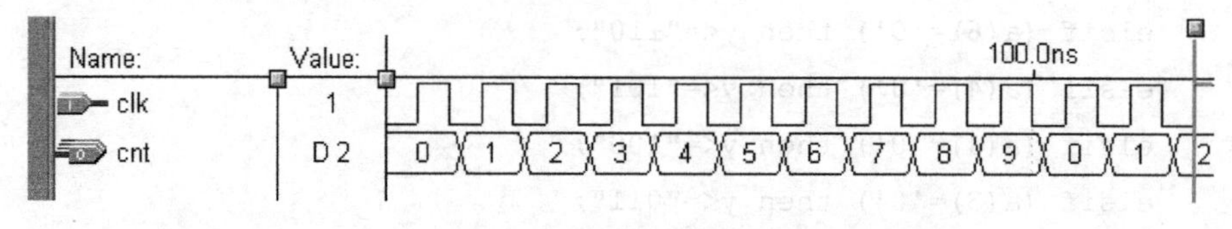

图 4-6 十进制循环加法计数器的仿真波形图

4.2.2 CASE 语句

CASE 语句是根据表达式的值，从多项顺序语句中选择满足条件的一项来执行的语句。CASE 语句的格式如下：

```
CASE 表达式 IS
WHEN 选择值 =>顺序语句;
WHEN 选择值 =>顺序语句;
     ⋮
WHEN OTHERS =>顺序语句;
END CASE;
```

WHEN 选择可以有以下 4 种表达方式：

（1）单个普通数值，即形如 WHEN 选择值=>顺序语句。

（2）并列数值，即形如 WHEN 值|值|值=>顺序语句。

（3）数值选择范围，即形如 WHEN 值 TO 值=>顺序语句。

（4）WHEN OTHERS=>顺序语句。

执行 CASE 语句时，首先计算表达式的值，然后执行在条件语句中找到的选择值与其值相同的语句，并执行该顺序语句。当表达式的值与所有的条件句的选择值都不相同时，则执行 OTHERS 后面的顺序语句。注意：条件语句中的“=>”不是操作符，它相当于 THEN 的作用。

在使用 CASE 语句时有 3 点需要注意：

（1）CASE 语句中的所有选择条件必须被枚举，不允许在 WHEN 语句中有相同的选择，否则编译将会给出语法出错的信息。

（2）所有 WHEN 后面的选择值在 CASE 语句中必须是表达式的所有取值，不能遗漏。如果 CASE 语句中的表达式包含多个值，一一列举十分烦琐，可以使用 OTHERS 来表示所有具有相同操作的选择。

（3）CASE 语句中的 WHEN 语句可以颠倒次序而不会发生错误，但保留字 OTHERS 必须放在最后面。

【例 4-7】 用 CASE 语句描述二输入与非门。

图 4-7 是二输入与非门的逻辑图，其真值表如表 4-3 所示，其中 a、b 是输入信号，y 是输出信号，输出与输入的逻辑关系表达式为

表 4-3 二输入与非门的真值表

a	b	y
0	0	1
0	1	1
1	0	1
1	1	0

$$y=\sim(a \cdot b)$$

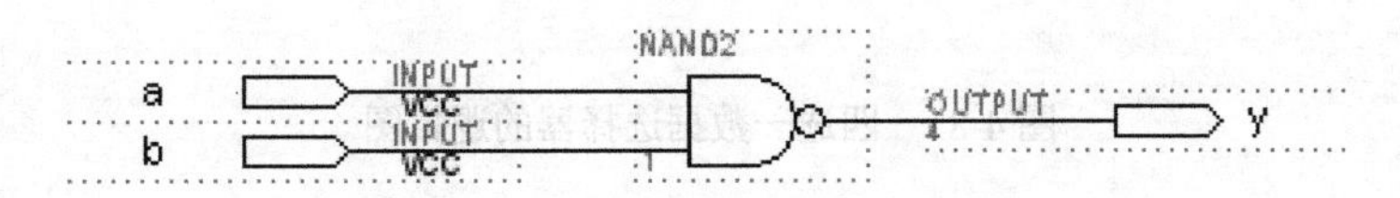

图 4-7 二输入与非门的逻辑图

二输入与非门用 CASE 语句的 VHDL 描述如下：

```
library ieee;
use ieee.std_logic_1164.all;
entity my_nand2 is
port(a,b:in std_logic;
      y:out std_logic);
```

```
end my_nand2;
architecture example of my_nand2 is
begin
process(a,b)
variable comb:std_logic_vector(1 downto 0);
begin
     comb:=a&b;
     case comb is
          when "00"=>y<='1';
          when "01"=>y<='1';
          when "10"=>y<='1';
          when "11"=>y<='0';
          when others=>y<='X';     --当 comb 没有被列出时，y 做未知处理
    end case;
 end process;
end example;
```

【例 4-8】 用 CASE 语句描述四选一数据选择器。

四选一数据选择器的逻辑图如图 4-8 所示，其真值表如表 4-4 所示。数据选择器在控制信号 s1 和 s2 的控制下，从输入数据信号 a、b、c、d 中选择一个并传送到输出。

表 4-4 四选一数据选择器的真值表

s1	s2	y
0	0	a
0	1	b
1	0	c
1	1	d

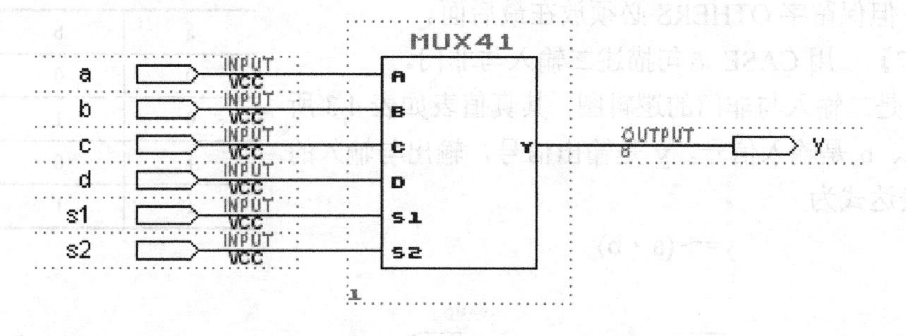

图 4-8 四选一数据选择器的逻辑图

四选一数据选择器用 CASE 语句的 VHDL 描述如下：

```
library ieee;
use ieee.std_logic_1164.all;
entity mux41 is
port   (a,b,c,d:in std_logic;
        s1,s2:in std_logic;
        y:out std_logic
       );
```

```
end mux41;
architecture example of mux41 is
signal temp:std_logic_vector(1 downto 0);
begin
   temp<=s1&s2;
   process(a,b,c,d,s1,s2)
   begin
      case temp is
         when "00"=>y<=a;
         when "01"=>y<=b;
         when "10"=>y<=c;
         when "11"=>y<=d;
         when others=>y<='X';
      end case;
   end process;
end example;
```

【例4-9】 用CASE语句描述3-8线译码器。

3-8线译码器通过3个输入信号a(2 downto 0)的不同组合，从8个输出端口y(7 downto 0)中选择一个作为有效输出端口。其功能见表4-5。

表4-5 3-8线译码器的功能表

输 入			输 出							
a2	a1	a0	y7	y6	y5	y4	y3	y2	y1	y0
1	1	1	1	0	0	0	0	0	0	0
1	1	0	0	1	0	0	0	0	0	0
1	0	1	0	0	1	0	0	0	0	0
1	0	0	0	0	0	1	0	0	0	0
0	1	1	0	0	0	0	1	0	0	0
0	1	0	0	0	0	0	0	1	0	0
0	0	1	0	0	0	0	0	0	1	0
0	0	0	0	0	0	0	0	0	0	1

3-8线译码器用CASE语句的VHDL描述如下：

```
library ieee;
use ieee.std_logic_1164.all;
entity encoder3_8 is
port  (a:in std_logic_vector(2 downto 0);
        y:out std_logic_vector(7 downto 0)
       );
end encoder3_8;
```

```
architecture example of encoder3_8 is
begin
   process(a)
   begin
     case a is
       when "000"=> y<="00000001";
       when "001"=> y<="00000010";
       when "010"=> y<="00000100";
       when "011"=> y<="00001000";
       when "100"=> y<="00010000";
       when "101"=> y<="00100000";
       when "110"=> y<="01000000";
       when "111"=> y<="10000000";
       when others=> y<="XXXXXXXX";
    end case;
   end process;
end example;
```

【例 4-10】 用 CASE 语句描述一个七段码的共阴。

七段码的共阴用 CASE 语句的 VHDL 描述如下：

```
LIBRARY IEEE;
USE IEEE.STD_LOGIC_1164.ALL;
USE IEEE.STD_LOGIC_ARITH.ALL;
USE IEEE.STD_LOGIC_UNSIGNED.ALL;
entity ch16 is
port(q:in std_logic_vector(3 downto 0);
   segment:out std_logic_vector(6 downto 0));
end ch16;
architecture trl of ch16   is
begin
process(q)
begin
case q is
when  "0000"=>segment<="0111111";
when  "0001"=>segment<="0000110";
when  "0010"=>segment<="1011011";
when  "0011"=>segment<="1001111";
when  "0100"=>segment<="1100110";
when  "0101"=>segment<="1101101";
when  "0110"=>segment<="1111101";
```

```
when  "0111"=>segment<="0100111";
when  "1000"=>segment<="1111111";
when  "1001"=>segment<="1101111";
when  others=>segment<="0000000";
end  case;
end  process;
end trl;
```

4.2.3 LOOP 语句

LOOP 语句是循环语句，它使一组顺序语句重复执行，执行的次数由设定的循环参数确定。LOOP 语句有 3 种使用方式，LOOP 语句可以用“标号”给语句定位，也可以不使用。

1．FOR-LOOP 语句

FOR-LOOP 语句的语法格式如下：

```
[标号:]FOR 循环变量 IN 范围 LOOP
…顺序语句;…                       --循环体
END LOOP[标号];
```

FOR-LOOP 循环语句适用于循环次数已定的程序，语句中的循环变量是一个临时变量，属于 LOOP 语句的局部变量，不必事先声明。这个变量只能作为赋值源，而不能被赋值，它由 LOOP 语句自动声明。

在 FOR-LOOP 循环语句中，关键字 IN 用来指定循环范围。循环范围有两种表示方式：“初值 TO 终值”和“初值 DOWNTO 终值”。

FOR-LOOP 循环从循环变量的初值开始，到终值结束，每执行一次循环，循环变量自动递增或递减 1。因此，循环次数=|终值－初值|+1。

【例 4-11】 8 位奇偶校验器的描述。

该 8 位奇偶校验器用 a 表示输入信号，它的长度为 8bit。在程序中，**FOR-LOOP** 语句输入 a 的值，逐位进行模 2 加法运算（异或运算），用循环变量控制模 2 加法的次数，使循环体执行 8 次。

该程序实现 8 位奇偶校验器的奇校验功能，当电路检测到输入“1”的个数为奇数时，输出 y=1；若为偶数，则输出 y=0。其 VHDL 描述如下：

```
library ieee;
use ieee.std_logic_1164.all;
entity p_check is
port(   a:in std_logic_vector(7 downto 0);
        y:out std_logic
   );
end p_check;
architecture example of p_check is
begin
   process(a)
```

```
    variable temp:std_logic;
    begin
        temp:='0';
        for n in 0 to 7 loop
            temp:=temp xor a(n);
        end loop;
        y<=temp;
    end process;
end example;
```

8 位奇校验器的仿真波形见图 4-9。

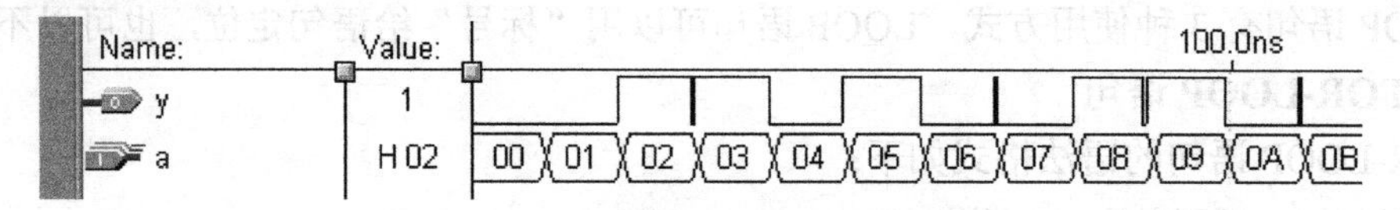

图 4-9　8 位奇校验器的仿真波形图

【例 4-12】　一个二进制数转换为十进制数的描述。

VHDL 描述如下：

```
LIBRARY IEEE;
USE IEEE.STD_LOGIC_1164.ALL;
USE IEEE.STD_LOGIC_ARITH.ALL;
USE IEEE.STD_LOGIC_UNSIGNED.ALL;
entity ch17 is
port (op:in std_logic_vector(7 downto 0);
        result:out integer range 0 to 255);
end ch17;
architecture maxpld of ch17 is
begin
process(op)
variable tmp:integer:=0;
begin
for I  in 7 downto 0 loop
tmp:=tmp*2;
if(op(i)='1') then
tmp:=tmp+1;
end if;
end loop;
result<=tmp;
end process;
end maxpld;
```

2．WHILE-LOOP 语句

WHILE-LOOP 语句的语法格式如下：

```
[标号:]WHILE 循环控制条件 LOOP
…顺序语句;…        --循环体
END LOOP[标号];
```

WHILE-LOOP 循环语句并没有给出循环次数，没有自动递增循环变量的功能，它的循环次数由循环控制条件控制。循环控制条件可以是任何布尔表达式，如 a=b，a>0 等。当条件为 TURE 时，执行循环体；否则，为 FALSE 时，跳出循环，执行循环体后面的语句。

【例 4-13】 用 WHILE-LOOP 语句实现【例 4-11】的奇偶校验器的 VHDL 描述。

VHDL 描述如下：

```
library ieee;
use ieee.std_logic_1164.all;
entity p_check_2 is
  port(   a:in std_logic_vector(7 downto 0);
          y:out std_logic
     );
  end p_check_2;
architecture example of p_check_2 is
begin
   process(a)
   variable temp:std_logic;
   variable n:integer;
   begin
      temp:='0';
      n:=0;
      while n<8 loop
         temp:=temp xor a(n);
         n:=n+1;
      end loop;
      y<=temp;
   end process;
end example;
```

3．LOOP 语句

LOOP 语句的语法格式如下：

```
[标号:] LOOP
…顺序语句;…        --循环体
END LOOP[标号];
```

单个 LOOP 语句是最简单的 LOOP 语句循环方式，这种循环语句需要引入其他控制语句（如 EXIT，NEXT 等）后才能确定，否则为无限循环。

例如：

```
LOOP
WAIT UNTIL  rising_edge(clk);
q<=d  AFTER 2ns;
END LOOP;
```

4.2.4 NEXT 语句

NEXT 语句主要用在 LOOP 语句内部控制循环。其语法格式如下：

```
NEXT [标号][WHEN 条件表达式];
```

NEXT 语句格式有 3 种。

『格式 1』：

```
NEXT
```

当 LOOP 内的顺序语句执行到 NEXT 语句时，无条件结束本次循环，跳回到循环体的开始位置，执行下一次循环。

『格式 2』：

```
NEXT  LOOP  标号
```

该语句功能是，结束本次循环，跳转到“标号”指定的位置循环。

『格式 3』：

```
NEXT  [标号]  WHEN 条件表达式
```

这种语句的功能是，当“条件表达式”的值为 TRUE 时，结束本次循环，否则继续循环。

例如：

```
WHILE data>1 LOOP
   data:=data+1;
NEXT WHEN data=3                         --条件成立且无标号，跳出循环
   tdata:=data*data;
END LOOP;
N1:FOR I IN 10 DOWNTO 1 LOOP
   N2:FOR j IN 0 TO I LOOP
   NEXT N1 WHEN i=j;                     --条件成立，跳到 N1 处
      matrix(i,j):=j*i+1;                --条件不成立，继续执行内层循环 N2
   END LOOP N2;
END LOOP N1;
```

4.2.5 EXIT 语句

EXIT 语句也是用来控制 LOOP 的内部循环，进行有条件或无条件的跳转控制。其语法格式如下：

```
EXIT[标号][WHEN 条件];
```

EXIT 语句格式有 3 种。

『格式 1』：

```
EXIT
```

无条件跳出循环，执行 END LOOP 下面的顺序语句。

『格式 2』：

```
EXIT 标号
```

无条件跳出循环，转到“标号”规定的位置执行顺序语句。

『格式 3』：

```
EXIT [LOOP 标号]  WHEN 条件表达式
```

当“条件表达式”的值为 TRUE 时，才跳出循环，否则继续执行循环。

EXIT 语句与 NEXT 语句的区别：EXIT 语句是从整个循环中跳出而结束循环；而 NEXT 语句是用来结束循环执行过程的某一次循环，并重新执行下一次循环。

4.3 WAIT 语句

WAIT（等待）语句在进程中，用来将程序挂起暂停执行，当此语句设置的结束挂起条件满足时，程序重新执行。WAIT 语句的语法格式如下：

```
WAIT[ON 敏感信号表][UNTIL 条件表达式][FOR 时间表达式];
```

WAIT 语句有 4 种语句格式。

『格式 1』：

```
WAIT;
```

该语句格式未设置结束挂起的条件，程序将无限等待。

『格式 2』：

```
WAIT ON 敏感信号表;
```

其功能是将运行的程序挂起，直至敏感信号表中的任一信号发生变化时结束挂起，进程重新开始执行。

例如：

```
PROCESS
BEGIN
Y<=a AND b;
WAIT ON a,b;
END PROCESS;
```

注意，当使用敏感信号等待语句 WAIT ON 时，含 WAIT 语句的进程 PROCESS 的括号中不能再加敏感信号，否则将引起错误。

『格式 3』：

```
WAIT UNTIL 条件表达式;
```

WAIT UNTIL 后面的条件表达式是布尔表达式，当表达式中的敏感信号发生变化，且表达式的值为 TRUE 时，结束挂起，重新启动进程。一般，只有 WAIT_UNTIL 格式的等待语句可以被综合器接受（其余语句格式只能在 VHDL 仿真器中使用），WAIT_UNTIL 语句有以下 3 种表达方式：

```
WAIT UNTIL  信号=Value;                          --(1)
```

```
WAIT UNTIL  信号'EVENT AND 信号=Value;             --(2)
WAIT UNTIL  NOT 信号'STABLE AND 信号=Value;        --(3)
```

例如：

```
WAIT UNTIL clock='1';
WAIT UNTIL rising_edge(clk);
WAIT UNTIL NOT clk'STABLE AND clk='1';
WAIT UNTIL clk='1' AND clk'EVENT;
```

【例 4-14】 不同情况下 WAIT UNTIL 语句在源代码中使用情况。

```
...
PROCESS
BEGIN
WAIT UNTIL clk='1';
ave<=a;
WAIT UNTIL clk='1';
ave<=ave+a;
WAIT UNTIL clk='1';
ave<=ave+a;
WAIT UNTIL clk='1';
ave<=(ave+a)/4;
END PROCESS;
```

【例 4-15】 不同情况下 WAIT UNTIL 语句在源代码中有复位信号和无复位信号两种使用情况。

```
PROCESS
BEGIN
 rst_loop:LOOP
  WAIT UNTIL clock='1' AND clock'EVENT;      --等待时钟信号
  NEXT rst_loop WHEN(rst='1');               --检测复位信号 rst
  x<=a;                                      --无复位信号，执行赋值操作
  WAIT UNTIL clock='1' AND clock'EVENT;      --等待时钟信号
  NEXT rst_loop When(rst='1');               --检测复位信号 rst
  y<=b;                                      --无复位信号，执行赋值操作
  END LOOP rst_loop;
END PROCESS;
```

【例 4-16】 双向移位寄存器的源代码。

```
LIBRARY IEEE;
USE IEEE.STD_LOGIC_1164.ALL;
entity shifter is
    port (data:in std_logic_vector(7 downto 0);
            shift_left:in std_logic;
```

```
            shift_right:in std_logic;
            clk:in std_logic;
            reset:in std_logic;
            mode:in std_logic_vector(1 downto 0);
            qout:buffer std_logic_vector(7 downto 0));
end shifter;
architecture behave of shifter is
  signal enable: std_logic;
  begin
  process
  begin
   wait until (rising_edge(clk));                            --等待时钟上升沿
    if (reset='1')  then  qout<="00000000";
     else  case mode is
       when "01"=>qout<=shift_right & qout(7 downto 1); --右移
       when "10"=>qout<=qout(6 downto 0) & shift_left;  --左移
        when "11"=>qout<=data;                           --并行加载
        when others=>NULL;
       end case;
     end if;
  end process;
end behave;
```

『格式4』:

```
WAIT FOR 时间表达式;
```

从执行到当前语句开始，在定义的时间段内，进程处于挂起状态，当超过这一段时间后，进程自动恢复执行。

例如:

```
WAIT FOR 4ns;
```

在实际使用中，可以将以上语句综合使用设置多个等待条件，其中包含敏感信号量、条件表达式和时间表达式。

4.4 ASSERT 语句

ASSERT（断言）语句只能在VHDL仿真器中使用，用于在仿真、调试程序时的人机对话。ASSERT语句的语法格式如下:

```
ASSERT 条件表达式 [REPORT 字符串][SEVERITY 错误等级]
```

ASSERT语句的功能是：当条件为TRUE时，向下执行另一个语句；当条件为FALSE时，输出“字符串”信息，并指出“错误等级”。例如:

```
ASSERT (S='1' AND R='1')
```

```
    REPORT "Both values of S and R are equal '1'"
    SEVERITY  ERROR;
```

其中，语句的错误等级包括：NOTE（注意），WARNING（警告），ERROR（错误）和FAILURE（失败）。

4.5 RETURN语句

RETURN（返回）语句是一段子程序结束后返回主程序的控制语句，书写格式有以下两种。

『格式1』：

```
RETURN;
```

『格式2』：

```
RETURN 表达式;
```

返回语句只能用于子程序中。第一种格式只能在过程中使用，它无条件结束过程，不返回任何值。第二种格式只能在函数中使用，函数返回值由表达式提供。每个函数必须包含一个或多个返回语句，但在函数调用时，只有一个返回语句将返回值带出。

【例4-17】

```
PROCEDURE rs(SIGNAL s,r:IN   STD_LOGIC;
               SIGNAL q,nq:INOUT STD_LOGIC) IS
 BEGIN
  IF(s='1' and r='1') THEN
   REPORT "Forbidden state:s and r are quual to '1'";
   RETURN;
   ELSE
   q<=s AND nq AFTER 4 ns;
  nq<=s AND  q AFTER 4 ns;
  END IF;
END PROCEDURE rs;
```

【例4-18】

```
function max(a,b:integer)  return  integer;
begin
    if(a>b) then return a;
        else return b;
end if;
end max;
```

4.6 NULL语句

NULL（空操作）不完成任何操作，它唯一的功能就是使程序执行下一个语句。由于CASE

语句要求对条件值全部列举，所以，NULL 语句常用于 CASE 语句中，利用 NULL 来表示其余所有与条件表达式不相同的条件下的操作行为。

【例 4-19】　CASE 语句中 NULL 语句的使用情况。

```
process (s)
begin
   case s is
      when '0'=>y<=a;
      when '1'=>y<=b;
      when others=>NULL;
   end case;
end process;
```

【例 4-20】　CASE 语句中 NULL 语句使用情况。

```
case tmp is
   when 0=>q<=d0;
   when 1=>q<=d1;
   when 2=>q<=d2;
   when 3=>q<=d3;
   when others=>null;
   end case;
```

习　　题

1. 在 CASE 语句中，在什么情况下可以不要 WHEN OTHERS 语句？在什么情况下一定要 WHEN OTHERS 语句？

2. FOR-LOOP 语句应用于什么场合？循环变量怎样取值？是否需要事先在程序中定义？

3. 分别用 IF 语句、CASE 语句设计一个 4-16 线译码器。

4. WAIT 语句有几种书写格式？哪些格式可以进行逻辑综合？

5. 试用'EVENT 属性描述一种用时钟 CLK 上升沿触发的 D 触发器及一种用时钟 CLK 下降沿触发的 JK 触发器。

6. 判断下面两个程序中是否有错误，若有则指出错误所在，给出完整程序并说明该程序完成的功能。

（1）LIBRARY IEEE;

```
USE IEEE.STD_LOGIC_1164.ALL;
ENTITY count3 IS
PORT(
    enable:IN STD_LOGIC;
    clk:IN STD_LOGIC;
    q:OUT STD_LOGIC_VECTOR(1 DOWNTO 0);
END count3;
```

```
ARCHITECTURE rt1 OF count3 IS
SIGNAL q_tmp:STD_LOGIC (1 DOWNTO 0);
BEGIN
process(clk)
begin
IF(clk'event and clk='1')then;

   if(enable='1')then
      if(q_tmp="10")then
 q_tmp<=(others=>'0');
      else
          q_tmp<=q_tmp+1;
      end if;
   end if;
end if;
q<=q_tmp;
end process;
end rt1;
```

（2）LIBRARY IEEE;

```
USE IEEE.STD_LOGIC_1164.ALL;
ENTITY dsp3 IS
PORT(enable:IN STD_LOGIC;
    clk:IN STD_LOGIC;
    out_38: out std_logic_vector(2 downto 0);
    segment:OUT STD_LOGIC_VECTOR(6DOWNTO0)
   );
END dsp3;
ARCHITECTURE rt1 OF dsp3 IS
COMPONENT count3
PORT(enable:IN STD_LOGIC;
     clk:IN STD_LOGIC;
    q:OUT STD_LOGIC_VECTOR(1 DOWNTO 0));
END COMPONENT;
SIGNAL q:STD_LOGIC_VECTOR(1 DOWNTO 0);
BEGIN
U0:count3 PORT MAP(enable,clk,q);
out_38<="000";
segment<="00111111" when q="00" else;
        "00000110" when q="01" else;
```

```
        "1011011";
END rt1;
```

7. 根据图 4-10 原理图写出相应的 VHDL 程序。

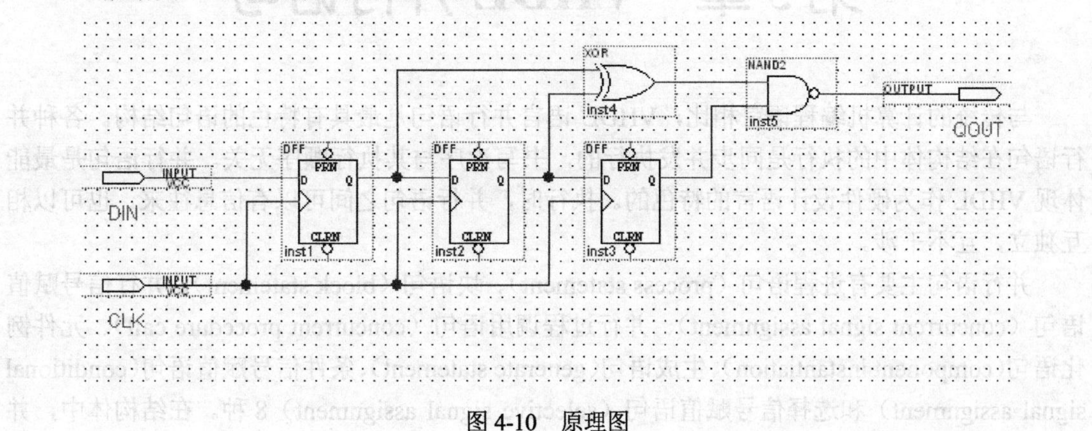

图 4-10　原理图

第5章　VHDL 并行语句

与传统的计算机编程语言相比，VHDL 语言并行语句是最具有特色的语句结构。各种并行语句在结构体中的执行是同步并发执行的，书写次序与其执行顺序无关。并行语句是最能体现 VHDL 作为硬件设计语言的特色的。执行时，并行语句之间可以有信息往来，也可以相互独立，互不干涉。

并行语句主要有进程语句（process statement）、块语句（block statement）、并行信号赋值语句（concurrent signal assignment）、并行过程调用语句（concurrent procedure call）、元件例化语句（component instantiation）、生成语句（generate statement）、条件信号赋值语句（conditional signal assignment）和选择信号赋值语句（selective signal assignment）8 种。在结构体中，并行语句的位置是：

```
ARCHITECTURE 结构体名 OF 实体名 IS
    说明语句
BEGIN
    并行语句
END ARCHITECTURE 结构体名;
```

【教学目的】

（1）掌握 VHDL 并行语句的进程语句、块语句、并行信号赋值语句、并行过程调用语句。

（2）理解 VHDL 并行语句的元件例化语句、生成语句、条件信号赋值语句和选择信号赋值语句。

5.1　进程语句

进程语句是具有 VHDL 语言特色的语句之一，也是最主要的并行语句，在 VHDL 程序设计中使用频率最高。进程语句是由顺序语句组成的，但其本身是并行语句，于是它具有并行行为和顺序行为双重特性，所以它能体现 VHDL 硬件描述语言风格。进程语句在结构体中使用的格式分为带敏感信号表格式和不带敏感信号表格式。

带敏感信号表的进程语句格式如下：

```
[进程标号:] PROCESS(敏感信号表)[IS]
[声明部分]
    BEGIN
    顺序语句;
END PROCESS [进程标号];
```

不带敏感信号表的进程语句格式如下：

```
[进程标号:] PROCESS  [IS]
[声明部分]
```

```
    BEGIN
    WAIT 语句;
    顺序语句;
END PROCESS [进程标号];
```

进程语句主要有以下特点：

（1）多进程之间并行执行，并可以存取实体或结构体中定义的信号。

（2）各进程之间通过信号传输进行通信。

（3）进程结构内部所有语句都是顺序执行的。

（4）进程的启动是由进程的敏感信号的变化激活的，无敏感信号时用 **WAIT** 语句代替敏感信号功能。但是在一个进程语句中不能同时存在敏感信号表和 WAIT 语句。

【例 5-1】　不含敏感信号表的进程。

```
ARCHITECTURE example OF test IS
BEGIN
    PROCESS
    BEGIN
        WAIT ON a;
        WAIT FOR 2ns;
        WAIT;
    END PROCESS;
END example;
```

在不含敏感信号表的进程中，可以将敏感信号隐式地列举在 WAIT 语句中。如果 WAIT 语句的条件满足或者敏感信号发生变化，则再次触发进程，使之重复执行。

【例 5-2】　半加器的描述。

图 5-1 是半加器的逻辑图，其中 a、b 是输入信号，so、co 是输出信号。

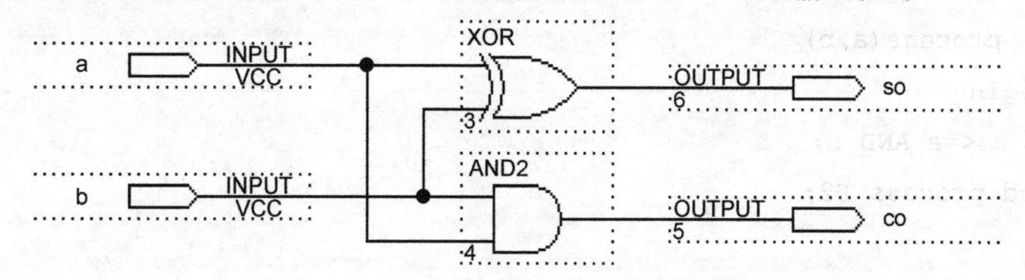

图 5-1　半加器的逻辑图

输出信号与输入信号之间的逻辑表达式是：

so<=a **XOR** b

co<=a **AND** b

半加器的 VHDL 描述如下：

```
library ieee;
use ieee.std_logic_1164.all;
entity half_adder is
port(  a,b:in std_logic;
```

```
        so,co:out std_logic);
    end half_adder;
    architecture example of half_adder is
    begin
       process(a,b)
       begin
          so<=a XOR b;
          co<=a AND b;
       end process;
    end;
```

也可以用多个进程来描述半加器。

【例 5-3】 用多进程的方式描述半加器。

```
    library ieee;
    use ieee.std_logic_1164.all;
    entity half_adder is
    port(  a,b:in std_logic;
           so,co:out std_logic);
    end half_adder;
    architecture example of half_adder is
    begin
    P1:  process(a,b)
       begin
         so<=a XOR b;
       end process P1;
    P2:   process(a,b)
       begin
         co<=a AND b;
       end process P2;
    end;
```

【例 5-4】 4 位异步清除循环加法计数器的描述。

在本例中，计数器的时钟信号是 clk，上升沿有效；复位信号是 rst，高电平有效。当复位信号 rst 无效时，计数器在 clk 的上升沿到来时，状态加 1，如果计数器的原态是 F（“1111”），则计数器回到 0（“0000”）。异步清除是指当复位信号有效时，将计数器状态清 0。该计数器的 VHDL 描述如下：

```
    library ieee;
    use ieee.std_logic_1164.all;
    use ieee.std_logic_unsigned.all;
    entity cnt is
    port(  clk,rst:in std_logic;
```

```
      cnt:out std_logic_vector(3 downto 0));
end cnt;
architecture example of cnt is
signal cnt_temp:std_logic_vector(3 downto 0);
begin
   process (clk,rst)
   begin
      if rst='1' then cnt_temp<="0000";          --复位信号有效，清零
      elsif clk'event and clk='1' then           --当时钟的上升沿到来时
         if cnt_temp="1111" then                 --循环计数
            cnt_temp<="0000";
         else
            cnt_temp<=cnt_temp+1;
         end if;
      end if;
      cnt<=cnt_temp;
   end process;
end;
```

4 位异步清除循环加法计数器的仿真波形见图 5-2。

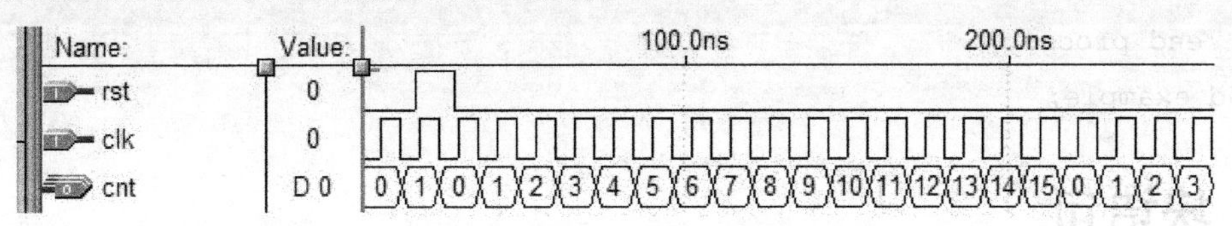

图 5-2　4 位异步清除循环加法计数器的仿真波形图

【例 5-5】　七段显示译码器。

七段显示译码器的作用是把 4 位二进制的机器码进行译码，使之能在八段数码管上正确地显示出来。其 VHDL 源程序如下：

```
library ieee;
use ieee.std_logic_1164.all;
use ieee.std_logic_unsigned.all;
entity dec7s is
port(  a:in std_logic_vector(3 downto 0);
       led7s:out std_logic_vector(7 downto 0));
end dec7s;
architecture example of dec7s is
begin
   process(a)
   begin
```

```
        case a is
        when "0000"=>led7s<="00111111";
        when "0001"=>led7s<="00000110";
        when "0010"=>led7s<="01011011";
        when "0011"=>led7s<="01001111";
        when "0100"=>led7s<="01100110";
        when "0101"=>led7s<="01101101";
        when "0110"=>led7s<="01111101";
        when "0111"=>led7s<="00000111";
        when "1000"=>led7s<="01111111";
        when "1001"=>led7s<="01101111";
        when "1010"=>led7s<="01110111";
        when "1011"=>led7s<="01111100";
        when "1100"=>led7s<="00111001";
        when "1101"=>led7s<="01011110";
        when "1110"=>led7s<="01111001";
        when "1111"=>led7s<="01110001";
        when others=>NULL;
    end case;
    end process;
end example;
```

5.2 块语句

块语句本身是并行语句，它的内部也是由并行语句构成。可以把块看作结构体中的子模块，这个子模块中包含了许多并行语句。在大型系统电路设计中，可以用块的方式把系统分解成若干子系统。

块语句的语法格式如下：

```
块名:BLOCK
    [声明部分]
    BEGIN
        …并行语句…;
END BLOCK 块名;
```

【例 5-6】 设计一个 CPU 模块。CPU 的结构由算数逻辑运算单元（ALU）和寄存器组 REG_8 组成，其中 REG_8 由 8 个 REG1，REG2，…，REG8 等子模块构成，用块语句实现其程序结构。

```
library ieee;
use ieee.std_logic_1164.all;
entity cpu is
```

```
port( clk,reset:in std_logic;                          --CPU 的时钟和复位信号
      addres:out std_logic_vector(31 downto 0);        --32 位地址总线
      data:out std_logic_vector(31 downto 0));         --32 位数据总线
end cpu;
architecture cpu_alu_reg_8 of cpu is
   signal ibus,dbus:std_logic_vector(31 downto 0); --声明全局信号量
begin

   alu:block                                           --alu 块声明
   signal qbus:std_logic_vector(31 downto 0);          --声明局域信号量
   begin
      ……                                               --alu 块行为描述语句
   end alu;

   reg_8:block
   signal Zbus:std_logic_vector(31 downto 0);          --声明局域信号量
   begin
      reg1:block                                       --reg_块中的子块
      signal Zbus1:std_logic_vector(31 downto 0); --声明子局域信号量
      begin
         ……                                            --reg1 子块的行为描述语句
      end reg1;
      ……
      ……
      reg8:block
         ……
      end reg8;
   end reg_8;
end cpu_alu_reg_8;
```

在结构体中声明的数据对象属于全局量，可以在各块结构中使用；在块结构中声明的数据对象属于局域量，它们只能在本块及所属的子块中使用。

块体是由许多并行语句构成的，其中包括进程语句。下例是用块语句编写的半加器，在块体中包含有两个进程。

【例 5-7】 用块语句描述半加器。

```
library ieee;
use ieee.std_logic_1164.all;
entity half is
port( a,b:in std_logic;
      so,co:out std_logic);
```

```
end half;
architecture example of half is
begin
    exam:block
    begin
        p1:process(a,b)
            begin
                so<=a xor b;
        end process p1;
        p2:process(a,b)
            begin
                co<=a and b;
        end process p2;
    end block exam;
end example;
```

5.3 并行信号赋值语句

并行信号赋值语句的赋值目标必须都是信号，它们在结构体内的执行是同时发生的，与它们的书写顺序没有关系。

并行信号赋值语句有简单信号赋值语句、条件信号赋值语句和选择信号赋值语句 3 种形式。

5.3.1 简单信号赋值语句

简单信号赋值语句是 VHDL 并行语句结构中最基本的单元。简单信号赋值语句在进程内部使用时，以顺序语句的形式出现；在结构体的进程之外使用时，以并行语句的形式出现。其语句格式如下：

赋值目标<=表达式;

例如：

```
output<=a AND b;
```

赋值目标必须是信号，它的数据类型必须与赋值符号右边表达式的数据类型一致。

例如：

```
architecture cpu_blk of cpu is
signal tmp2,s:std_logic;
begin
tmp2<=tmp1 and cin;
S<=tmp1 xor cin;
end cpu_blk;
```

只要 tmp1 和 cin 中的值有一个发生变化，即有事件发生，那么这两条语句就会立即并发执行。

5.3.2　条件信号赋值语句

条件信号赋值语句的格式如下：

```
赋值目标<=表达式 1         WHEN 赋值条件 1     ELSE
        表达式 2         WHEN 赋值条件 2     ELSE
       …
        表达式 n-1       WHEN 赋值条件 n-1 ELSE
表达式 n;
```

条件信号赋值语句说明如下：

（1）当 WHEN 的条件为真时，将表达式赋给目标信号；

（2）条件表达式的结果应为布尔值；

（3）条件信号赋值语句中允许包含多个条件赋值子句，每一赋值条件按书写的先后顺序逐项测定；

（4）最后一项条件表达式可以不跟条件子句，表明当以上各 WHEN 语句都不满足时，将此表达式的值 n 赋给信号；

（5）条件信号赋值语句允许赋值重叠，这一点与 CASE 语句不同。

结构体中的条件信号赋值语句的功能与在进程中的 IF 语句相同。在执行条件信号赋值语句时，每一赋值条件是按书写的先后关系逐项测定的，一旦发现赋值条件为 TRUE，就会立即将表达式的值赋给赋值目标。

【例 5-8】　用条件信号赋值语句描述四选一数据选择器。

```
library ieee;
use ieee.std_logic_1164.all;
entity mux41 is
port(  s1,s0:in std_logic;
       d3,d2,d1,d0:in std_logic;
       y:out std_logic);
end mux41;
architecture example of mux41 is
signal s:std_logic_vector(1 downto 0);
begin
   s<=s1 & s0;
   y<=d0 when s="00" else
     d1 when s="01" else
     d2 when s="10" else
     d3;
end example;
```

5.3.3　选择信号赋值语句

选择信号赋值语句的格式如下：

```
WITH 选择表达式 SELECT
赋值目标信号<=表达式 WHEN 选择值,
              表达式 WHEN 选择值,
       …
              表达式 WHEN 选择值,
             [表达式 WHEN OTHERS];
```

与CASE的功能类似，选择赋值语句对子句中的“选择值”进行选择，当某子句中“选择值”与“选择表达式”的值相同时，则将子句中“表达式”的值赋给目标信号。选择信号赋值语句不允许有条件重叠现象，也不允许条件涵盖不全的情况，因此，可在语句的最后加上“表达式 WHEN OTHERS”子句。需要注意的是，选择信号赋值语句的每个子句是以“,”结束的，只有最后一句才是以“;”结束的。

【例5-9】 用选择信号赋值语句实现四选一数据选择器。

```
library ieee;
use ieee.std_logic_1164.all;
entity mux41 is
port( s1,s0:in std_logic;
      d3,d2,d1,d0:in std_logic;
      y:out std_logic);
end mux41;
architecture example of mux41 is
signal s:std_logic_vector(1 downto 0);
begin
   s<=s1 & s0;
   with s select
   y<=d0 when "00",
     d1 when "01",
     d2 when "10",
     d3 when "11",
   'X' when others;
end example;
```

5.4 并行过程调用语句

在进程中允许对子程序调用，包括过程调用和函数调用。

5.4.1 过程调用语句

过程调用前需要将过程的实质内容装入程序包（package）内，通常情况下，包括过程首和过程体两个部分。过程首是过程的索引。

过程首的语句格式如下：

```
PROCEDURE 过程名(形参表);
```

过程体的语句格式如下：

```
PROCEDURE 过程名(形参表)IS
[声明部分]
BEGIN
顺序语句;
END 过程名;
```

过程调用的格式如下：

```
过程名(关联实参表);
```

例如：h_adder (a,b,sum);

调用一个过程时，首先将 IN 和 OUT 模式的实参值赋给要调用的过程中与之对应的形参，然后执行调用过程。最后将过程中 IN 和 OUT 模式的形参值赋给对应的实参。

例如：

```
PROCEDURE h_adder (SIGNAL a,b:IN STD_LOGIC;
                                    sum:OUT STD_LOGIC);  --过程首
PROCEDURE h_adder (SIGNAL a,b:IN STD_LOGIC;
                                    sum:OUT STD_LOGIC) IS  --过程体
   BEGIN
…;
END h_adder;
```

【例 5-10】 简单 1 位半加器。

首先将过程装入程序包。

```
library ieee;
use ieee.std_logic_1164.all;
package pak is
   procedure h_adder(a,b:in std_logic;
                          signal sum:out std_logic);    --过程首
   end;
package body pak is
   procedure h_adder(a,b:in std_logic;
                          signal sum:out std_logic) is  --过程体
   begin
      sum<=a xor b;                 --目标赋值对象必须是信号类型
   end;
end pak;
```

然后，在主程序中调用包中的过程。

```
library ieee;
use ieee.std_logic_1164.all;
```

```
use WORK.pak.all;                       --打开现行工作库，调入 pak 包
entity half_adder is
port(  a,b:in std_logic;
       sum:out std_logic);
end half_adder;
architecture example of half_adder is
begin
   h_adder(a,b,sum);                    --调用在包中定义的过程
end;
```

当过程调用语句出现在进程中时，属于顺序过程调用语句；若出现在结构体或块语句中时，则属于并行过程调用语句。每调用一次过程，就相当于插入一个元件。

注意：将过程装入程序包时，目标赋值对象必须是信号类型。

【例 5-11】 比较 a,b,c 的大小，运用过程调用语句写出源代码。

```
library ieee;
use ieee.std_logic_arith.all;
use ieee.std_logic_unsigned.all;
entity ch18 is
port(a,b,c:in std_logic_vector(7 downto 0);
   q:out std_logic_vector(7 downto 0));
end ch18;
architecture trl of ch18 is
procedure max(a,b:in std_logic_vector;
       c:out std_logic_vector) is
       variable  temp:std_logic_vector(7 downto 0);
begin
   if(a>b) then temp:=a;
       else temp:=b;
end if;
c:=temp;
end max;
begin
   process(a,b,c)
variable tmp1,tmp2:std_logic_vector(7 downto 0);
begin
max(a,b,tmp1);
max(tmp1,c,tmp2);
q<=tmp2;
end process;
end trl;
```

5.4.2 函数调用语句

函数调用前需要将函数的实质内容装入程序包中。函数分为函数首和函数体两部分。

函数首的语句格式如下：

```
FUNCTION 函数名 (形参表) RETURN 数据类型;
```

其中“数据类型”是声明返回值的数据类型。

函数体也是放在程序包的包体内，其格式如下：

```
FUNCTION 函数名(形参表) RETURN 数据类型 IS
[声明部分]
BEGIN
顺序语句;
RETURN [返回变量名];
END [函数名];
```

函数调用语句的格式如下：

```
函数名(关联参数表);
```

函数体包含一个对数据类型、常数和变量等的局部声明，以及用于完成规定算法的顺序语句。一旦函数被调用，就执行这部分语句，并将计算结果用函数名返回。

【例5-12】 用函数调用的方法设计简单1位半加器。

首先，将函数装入程序包中。

```
library ieee;
use ieee.std_logic_1164.all;
package pak is
    function h_adder(a,b:in std_logic)
                        return std_logic;  --函数首
    end;
package body pak is
    function h_adder(a,b:in std_logic)
                    return std_logic       is -函数体
    begin
        return a xor b;
    end;
end pak;
```

然后，在主程序中调用函数。

```
library ieee;
use ieee.std_logic_1164.all;
use WORK.pak.all;
entity half_adder is
port(  a,b:in std_logic;
        sum:out std_logic);
```

```
end half_adder;
architecture example of half_adder is
begin
   sum<=h_adder(a,b);              --调用在包中定义的函数
end;
```

5.5 元件例化语句

当设计实体是一个较大的电路系统时，如果将电路所有功能在一个实体内实现，那么可能会使代码变得相当复杂，并且难以修改。我们可以把这个复杂的电路系统想象成是由具有各自功能的小模块组成的，这些小模块相当于电路系统板上的芯片，而在当前设计的实体上插入这些“芯片”的插座。元件例化（Component）从简单电路描述开始，逐步完成复杂元件的描述，从而实现多个硬件系统的描述，实现“自上而下”或“自下而上”层次化的设计。

元件例化语句分为两部分：第一部分是元件声明；第二部分是原件例化。

（1）元件声明格式如下：

```
COMPONENT 元件名 IS                --元件声明
        GENERIC Declaration;       --参数声明
        PORT Declaration;          --端口声明
END COMPONENT 元件名;
```

（2）元件例化格式如下：

```
例化名:元件名 PORT MAP (信号[,信号关联式…]);    --元件例化
```

在元件声明中，GENERIC 用于该元件的可变参数的带入和赋值；PORT 则声明该元件的输入/输出端口的信号规定。

在元件例化中，“(信号[，信号关联式…])”部分完成元件引脚与插座引脚的连接关系，称为关联。关联的方法有位置映射、名称映射以及由它们构成的混合关联法。

位置映射法就是把例化元件端口声明语句中的信号名与 PORT MAP( )中的信号名书写顺序和位置一一对应。例如：

```
u1:and1 PORT MAP (a1,b1,y1);
```

名称映射法就是用“=>”符号将例化元件端口声明语句中的信号名与 PORT MAP( )中的信号名关联起来。例如：

```
u1:and1 PORT MAP (a=>a1,b=>b1,y=>y1);
```

用元件例化方式设计电路时，通常先完成各种元件的设计，并将这些元件声明包装在程序包中，然后通过元件例化产生需要的设计电路。

【例 5-13】 利用带进位的异步清除十进制加法计数器，设计一个计数范围为 0～99 的加法计数器。

该计数器是由两个十进制加法计数器通过元件例化方式产生的，见图 5-3。

第一步，设计十进制加法计数器。

```
library ieee;
```

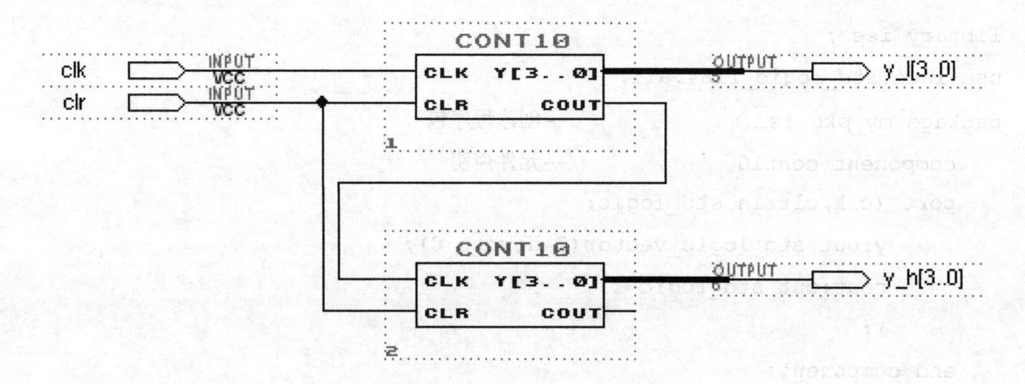

图5-3 0～99加法计数器

```
use ieee.std_logic_1164.all;
use ieee.std_logic_unsigned.all;
entity cont10 is
port(clk,clr:in std_logic;
      y:out std_logic_vector(3 downto 0);
      cout:out std_logic
     );
end cont10;
architecture example of cont10 is
signal y_temp:std_logic_vector(3 downto 0);
begin
   process(clk)
   begin
      if clr='1' then
         y_temp<="0000";
      elsif clk'event and clk='1' then
         if y_temp="1001" then
            y_temp<="0000";
            cout<='1';
         else
            y_temp<=y_temp+1;
            cout<='0';
         end if;
      end if;
   end process;
   y<=y_temp;
end example;
```

第二步，将设计的元件声明装入my_pkg程序包中。

```
library ieee;
use ieee.std_logic_1164.all;
package my_pkg is                    --创建程序包
   component cont10                  --元件声明
   port (clk,clr:in std_logic;
        y:out std_logic_vector(3 downto 0);
        cout:out std_logic
        );
   end component;
end my_pkg;
```

第三步，用元件例化产生如图 5-3 所示的电路。

```
library ieee;
use ieee.std_logic_1164.all;
use work.my_pkg.all;                 --打开程序包
entity cont_100 is
port(  clk,clr:in std_logic;
      y_l,y_h:out std_logic_vector(3 downto 0)
   );
end cont_100;
architecture example of cont_100 is
signal x:std_logic;
begin
   u1:cont10 port map(clk,clr,y_l,x);              --位置关联方式
   u2:cont10 port map(clk=>x,clr=>clr,y=>y_h); --名字关联方式
end example;
```

【例 5-14】 三进制计数器输出的数码管显示。

```
library ieee;
use ieee.std_logic_1164.all;
entity dsp3 is
port(enable:in std_logic;
    clk:in std_logic;
    out_38:out std_logic_vector(2 downto 0);
    segment:out std_logic_vector(5 downto 0)
   );
end dsp3;
architecture  rt1 of dsp3 is
component count3
port(enable:in std_logic;
```

```
    clk:in std_logic;
end component;
signal q:std_logic_vector(1 downto 0);
begin
u0:count3 port map(enable,clk,q);
out_38<="000";
segment<="00111111" when q="00" else
         "00000110" when q="01" else
         "1011011";
end rt1;
```

在该程序中用COMPONENT命令调用了三进制计数器的设计程序，其程序如下：

```
library ieee;
use ieee.std_logic_arith.all;
use ieee.std_logic_unsigned.all;
entity count3 is
port(
    enable:in std_logic;
    clk:in std_logic;
    q:out std_logic_vector(1 downto 0));
end count3;
architecture  rt1 of  count3 is
signal q_tmp:std_logic_vector(1 downto 0);
begin
process(clk)
begin
if(clk'event and clk='1')then
  if(enable='1')then
    if(q_tmp="10")then
 q_tmp<=(others=>'0');
    else
       q_tmp<=q_tmp+1;
    end if;
  end if;
end if;
q<=q_tmp;
end process;
end rt1;
```

三进制计数器输出的数码管显示的波形见图5-4。

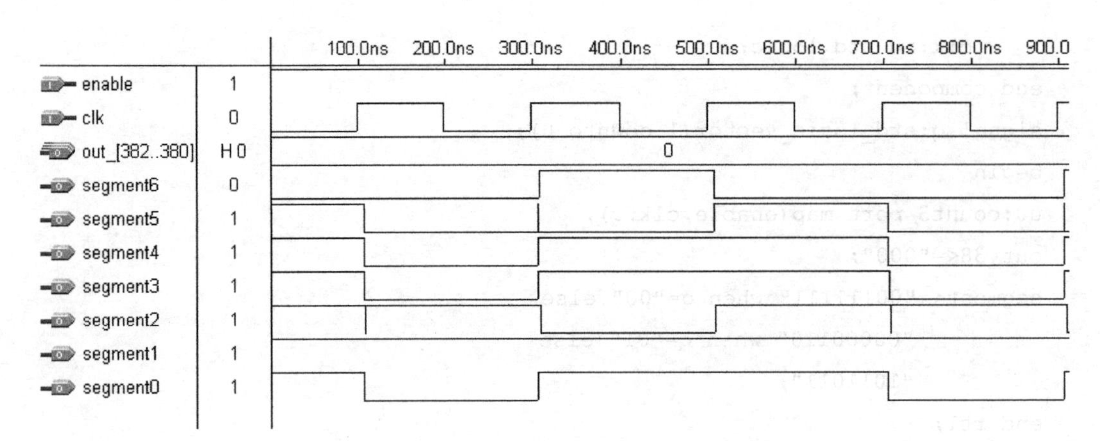

图 5-4 三进制计数器输出的数码管显示的波形

5.6 生成语句

生成语句（GENERATE）为设计中的循环部分或条件部分的确立提供了一种机制。生成语句有一种复制作用，在设计中只要根据某些条件，设计好某一元件或设计单位，就可以用生成语句复制一组完全相同的并行元件或设计单元电路结构。因此，生成语句可以简化为有规律设计结构的逻辑描述。

生成语句有两种格式：

『格式 1』：

```
[标号:]FOR 循环变量 IN 取值范围 GENERATE
[声明部分]
    BEGIN
    [并行语句];
END GENERATE [标号];
```

『格式 2』：

```
[标号:]IF 条件 GENERATE
[声明部分]
    BEGIN
    [并行语句];
END GENERATE [标号];
```

这两种语句格式都是由以下 4 个部分组成的：

（1）用 FOR 语句结构或者 IF 语句结构规定重复生成并行语句的方式。

（2）声明部分对元件数据类型、子程序、数据对象进行局部声明。

（3）并行语句部分是生成语句复制一组完全相同的并行元件的基本单元。并行语句包括前述的所有并行语句，甚至生成语句本身，即嵌套式生成语句结构。

（4）标号是可选项，在嵌套式生成语句结构中，标号的作用是十分重要的。

GENERATE 语句常用于计算机存储阵列、寄存器阵列、仿真状态编译机的设计过程中。

【例 5-15】 n 位二进制计数器的设计。

```
library ieee;
use ieee.std_logic_1164.all;
entity d_ff is
port(d,clk_s:in std_logic;
      q:out std_logic:='0';
      nq:out std_logic:='1'
   );
end d_ff;
architecture example of d_ff is
begin
   process(clk_s)
   begin
   if clk_s='1' and clk'event then
      q<=d;
      nq<=not d;
   end if;
end process;
end example;

library ieee;
use ieee.std_logic_1164.all;
entity n_coun is
generic (n:integer:=4);
port(in_1:in std_logic;
      q:out std_logic_vector(0 to n-1)
   );
end n_coun;
architecture example of n_coun is
component d_ff
port(d,clk_s:in std_logic;
      q,nq:out std_logic);
end component d_ff;
signal s:std_logic_vector(0 to n);
begin
   s(0)<=in_1;
   q1:for i in 0 to n-1 generate
      dff:d_ff port map (s(i),s(i),q(i),s(i+1));
   end generate;
end example;
```

【例 5-16】 CT74373 的设计。

CT74373 是三态输出的 8D 锁存器，其逻辑符号见图 5-5，逻辑电路结构图见 5-6。8D 锁存器是一种有规律的设计结构，用生成语句可以简化它的逻辑描述。

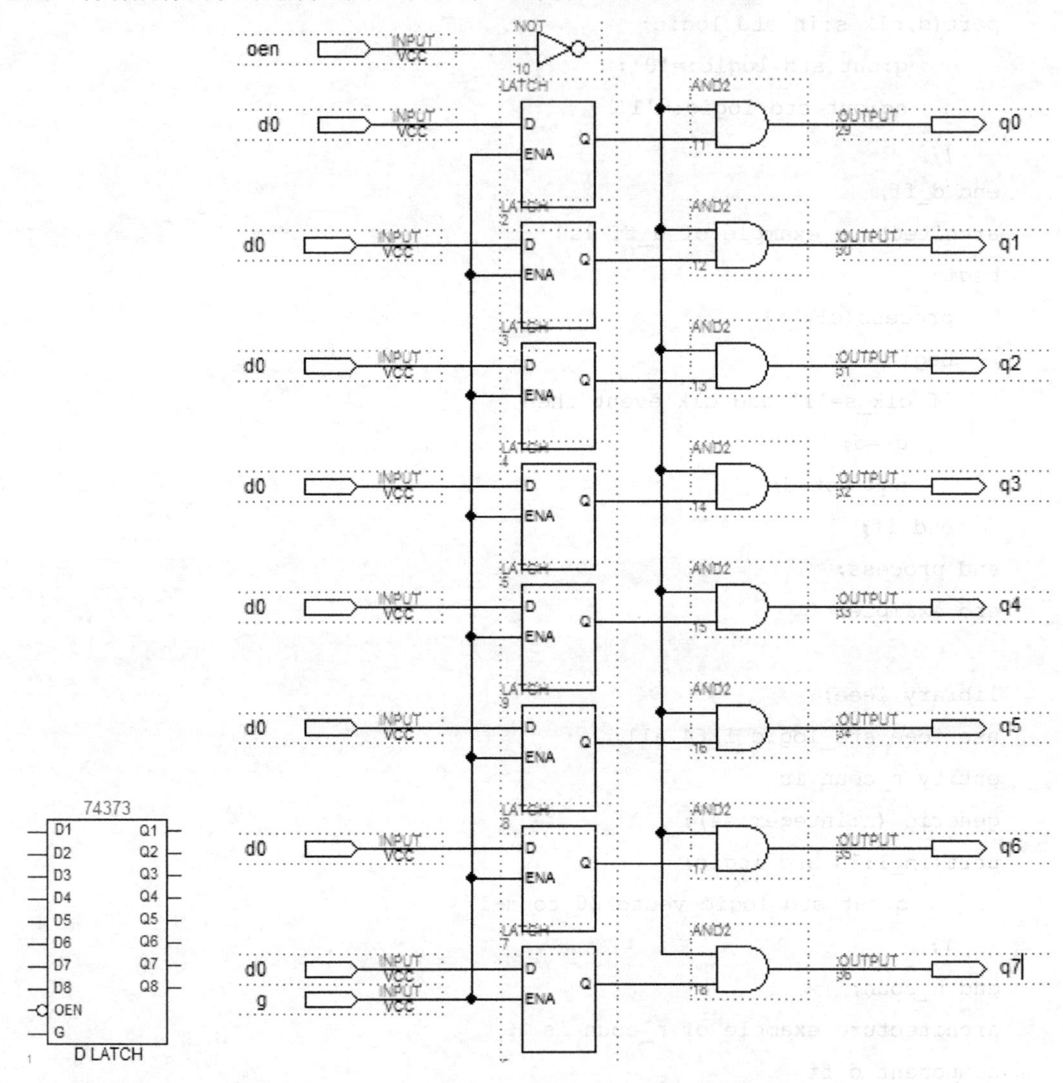

图 5-5 CT74373 的逻辑符号

图 5-6 CT74373 的逻辑电路结构图

本例设计分为三个步骤。第一步，设计 1 位锁存器 Latch1，并保存在磁盘工程目录中，以待调用。

```
library ieee;
use ieee.std_logic_1164.all;
entity latch1 is
port(  d:in std_logic;
       ena:in std_logic;
       q:out std_logic
    );
```

```
end latch1;
architecture example of latch1 is
begin
   process(d,ena)
   begin
      if ena='1' then
         q<=d;
      end if;
   end process;
end example;
```

第二步，将设计元件的声明部分装入 my_pkg 程序包中，便于在生成语句的元件例化。包含 latch1 元件的程序包的 VHDL 源程序如下：

```
library ieee;
use ieee.std_logic_1164.all;
package my_pkg is
component latch1                                       --元件声明
   port(  d:in std_logic;
          ena:in std_logic;
          q:out std_logic
      );
end component;
end my_pkg;
```

第三步，用生成语句重复 8 个 latch1。

```
library ieee;
use ieee.std_logic_1164.all;
use work.my_pkg.all;
entity ct74373 is
port(  d:in std_logic_vector(7 downto 0);   --声明8位输入信号
       oen:in bit;
       g:in std_logic;
       q:out std_logic_vector(7 downto 0)   --声明8位输出信号
   );
end ct74373;
architecture example of ct74373 is
signal sig_save:std_logic_vector(7 downto 0);
begin
   Getlacth:for n in 0 to 7 generate--用for_generate语句循环例化8个1位锁存器
         Latchx:latch1 port map(d(n),g,sig_save(n));        --关联
   end generate;
```

```
    q<=sig_save when oen='0'
    else "ZZZZZZZZ";                                        --输出高阻抗
    end example;
```

在源程序中，使用生成语句生成8个latch1元件后，再利用条件信号赋值语句，实现电路三态输出控制的描述。

习　题

1．分别用条件信号赋值语句、选择信号赋值语句设计一个4-16线译码器。

2．进程语句和并行赋值语句之间有什么关系？进程之间的通信是通过什么方式来实现的？

3．元件例化语句的作用是什么？元件例化语句包括几个组成部分？各自的语句形式如何？什么叫元件例化中的位置关联和名字关联？

4．看图5-7所示原理图，写出相应VHDL描述。

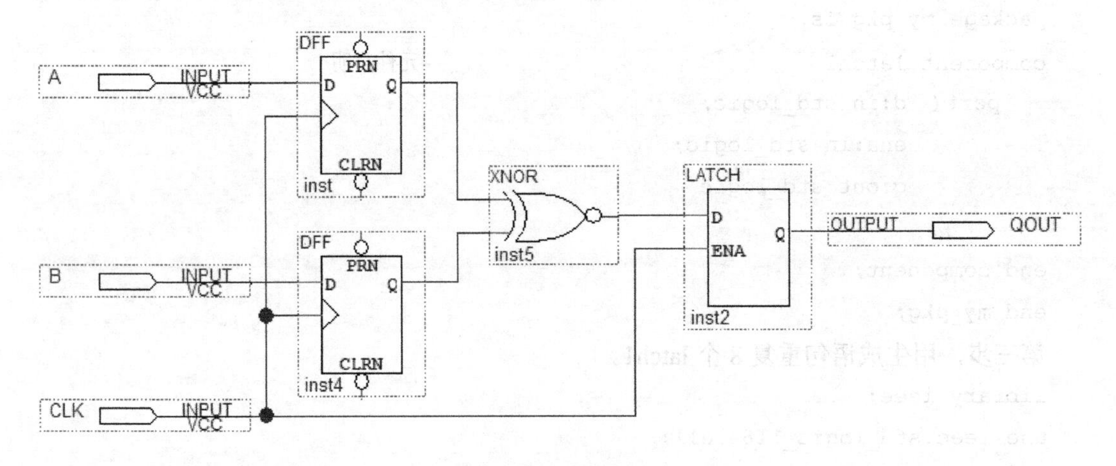

图5-7　原理图

5．阅读下列VHDL程序，画出原理图。

```
LIBRARY IEEE;
USE IEEE.STD_LOGIC_1164.ALL;
ENTITY three IS
   PORT
   (
      clk,d    :  IN   STD_LOGIC;
      dout,e   :  OUT  STD_LOGIC);
END;
ARCHITECTURE bhv OF three IS
   SIGNAL tmp:STD_LOGIC;
BEGIN
   P1:   PROCESS(clk)
```

```
    BEGIN
        IF rising_edge(clk) THEN
           Tmp<=d;
           dout<=not tmp;
        END IF;
    END PROCESS P1;
    e<=tmp xor d;
END bhv;
```

6. 比较 CASE 语句与 WITH_SELECT 语句，叙述它们的异同点。

7. 将以下程序段转换为 WHEN_ELSE 语句。

```
PROCESS (a,b,c,d)
  BEGIN
  IF a='0' AND b='1' THEN  next1<="1101";
      ELSIF  a='0' THEN  next1<=d;
      ELSIF  b='1' THEN  next1<=c;
        ELSE
        Next1<="1011";
  END  IF;
END PROCESS;
```

第6章　数字电路设计实例

前面几章介绍了 VHDL 基础，本章将介绍一些常用数字电路的设计方法。常用的数字逻辑电路有组合逻辑电路设计和时序逻辑电路。

组合逻辑电路：任一时刻的输出仅仅取决于当时的输入，与电路原来的状态无关，这样的数字电路叫作组合逻辑电路。用 VHDL 描述组合逻辑电路通常使用并行语句或进程。常见的组合逻辑电路有运算电路、编码器、译码器和数据选择器等。在前面几章的例子中已重点介绍过这些算法，本章不再赘述，以时序逻辑电路介绍为主。

时序逻辑电路：电路的输出结果除了与输入的信号有关外，还与过去的输出状态有关。时序逻辑电路框图见图 6-1。

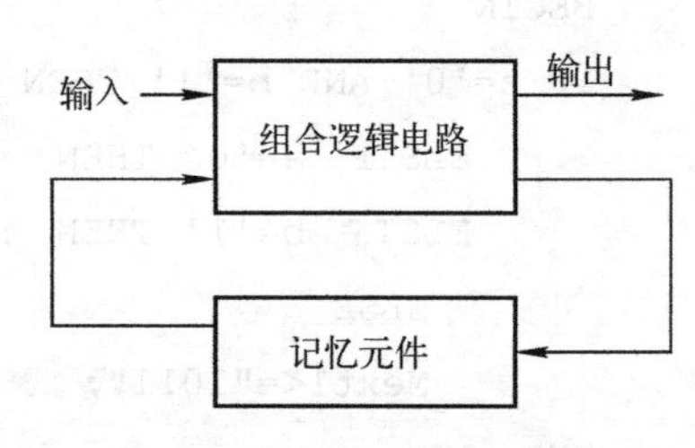

图 6-1　时序逻辑电路的框图

时序逻辑电路和组合逻辑电路差别在于，时序逻辑电路多了存储（记忆）元件这一功能部分，可以记录目前的输出信号状态，并与输入信号共同决定下一次输出信号的状态。

【教学目的】

（1）掌握常用数字元器件 VHDL 程序编写方法。

（2）理解中等规模电路设计思路和 VHDL 程序编写方法。

6.1　触发器

触发器是构成时序逻辑电路的基本逻辑部件。其特点如下：

（1）它有两个稳定的状态：0 状态和 1 状态。

（2）在不同的输入情况下，它可以被置成 0 状态或 1 状态。

（3）当输入信号消失后，所置成的状态能够保持不变。

所以，触发器可以记忆 1 位二值信号。根据逻辑功能的不同，触发器可以分为 RS 触发器、D 触发器、JK 触发器、T 触发器和 T′ 触发器；按照结构形式的不同，又可分为基本 RS 触发器、同步触发器、主从触发器和边沿触发器。

6.1.1　D 触发器的设计

在数字电路中，凡在 CP 时钟脉冲控制下，根据输入信号 D 情况的不同，具有置 0、置 1 功能的电路，都称为 D 触发器。下面分别对 D 触发器电路、特性方程、源代码进行分析。D 触发器的电路图见图 6-2。

D 触发器的电路特性方程如下：

$$Q^{n+1} = D \qquad \text{CP 下降沿时刻有效}$$

D 触发器的 VHDL 程序设计如下：

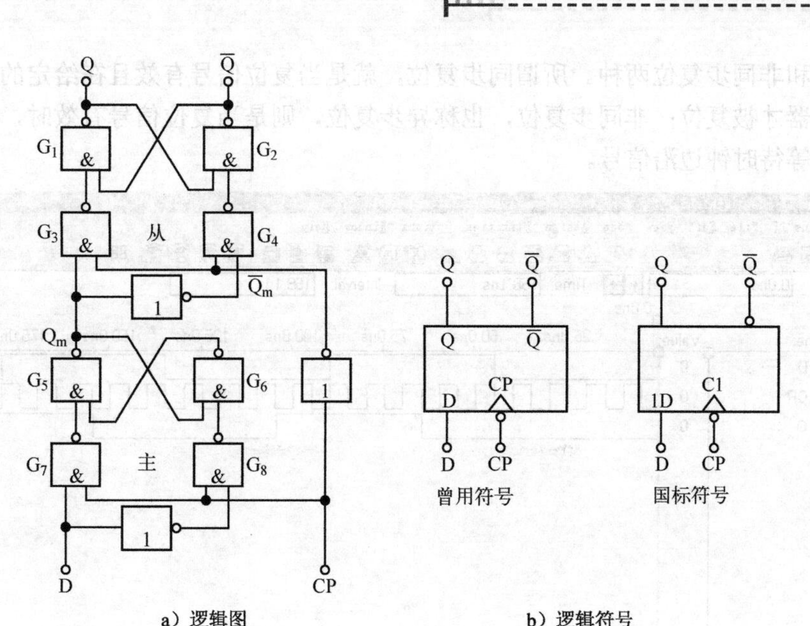

图6-2 D触发器

```
-- ****************************************************
LIBRARY IEEE;
USE IEEE.STD_LOGIC_1164.ALL;
USE IEEE.STD_LOGIC_ARITH.ALL;
USE IEEE.STD_LOGIC_UNSIGNED.ALL;
--****************************************************
ENTITY Example6_1_1 is
   PORT(
        CP,D:IN    STD_LOGIC;
          Q:OUT    STD_LOGIC);
END Example6_1_1;
--****************************************************
ARCHITECTURE a OF Example6_1_1 IS
BEGIN
      PROCESS (CP)
      BEGIN
            IF CP'event AND CP='1' THEN
                Q<=D;
            END IF;
      END PROCESS;
END a;
```

D触发器的波形见图6-3。

触发器的初始状态应由复位信号来设置。按复位信号对触发器复位的操作不同，可以分为同步复位和非同步复位两种。所谓同步复位，就是当复位信号有效且在给定的时钟边沿到来时，触发器才被复位；非同步复位，也称异步复位，则是当复位信号有效时，触发器就被复位，不用等待时钟边沿信号。

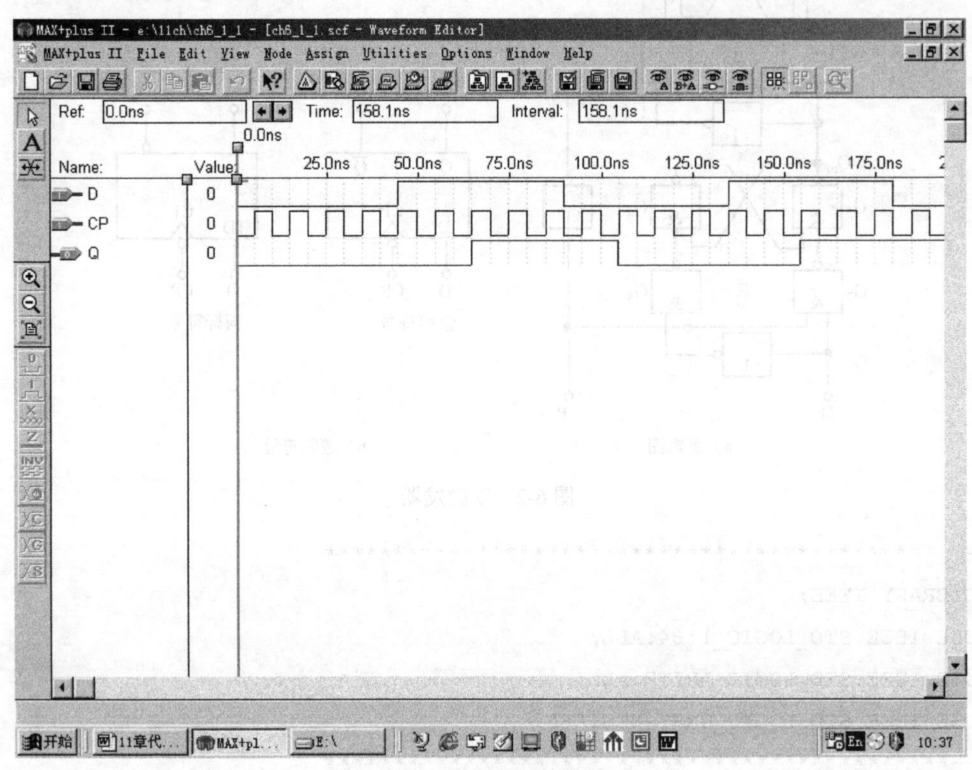

图 6-3 D 触发器的波形

【例 6-1】 带异步复位 D 触发器设计。

```
LIBRARY IEEE;
USE IEEE.STD_LOGIC_1164.ALL;
ENTITY dff2 IS
        PORT(D,CLK,clr: IN STD_LOGIC;
                   Q: OUT STD_LOGIC);
    END ENTITY dff2;
      ARCHITECTURE dffclr OF dff2 IS
        BEGIN
        PROCESS(CLK,clr)
          BEGIN
        IF(clr='0')THEN
          Q<='0'
    ELSIF(CLK'EVENT AND CLK='1')THEN
          Q<=D;
      END IF;
```

```
      END PROCESS;
   END dffclr;
```

【例 6-2】　带同步复位 D 触发器设计。

```
LIBRARY IEEE;
USE IEEE.STD_LOGIC_1164.ALL;
ENTITY dff3 IS
    PORT(D,CLK,clr: IN STD_LOGIC;
                   Q: OUT STD_LOGIC);
END ENTITY dff3;
ARCHITECTURE rt1 OF dff3 IS
  BEGIN
  PROCESS(CLK)
  BEGIN
  IF(CLK'EVENT AND CLK='1')THEN
   IF(clr='1')THEN
     Q<='0';
   ELSE;
     Q<=D;
  END IF;
END IF;
     END PROCESS;
END rt1;
```

【例 6-3】　带异步复位/置位 D 触发器设计。

```
LIBRARY IEEE;
USE IEEE.STD_LOGIC_1164.ALL;
ENTITY dff4 IS
    PORT(D,CLK,clr,pset:IN STD_LOGIC;
                       Q:OUT STD_LOGIC);
END ENTITY dff3;
ARCHITECTURE rt1 OF dff4 IS
BEGIN
PROCESS(CLK, PSET, CLR) IS
BEGIN
    IF(PSET='0')THEN            --置位信号为1，则触发器被置位
       Q<='1';
    ELSIF(CLR='0')THEN          --复位信号为1，则触发器被复位
       Q<='0';
    ELSIF(CLK'EVENT AND CLK='1')THEN
       Q<=D;
       END IF;
    END PROCESS;
END rt1;
```

6.1.2 T 触发器的设计

在数字电路中，凡在 CP 时钟脉冲控制下，根据输入信号 T 取值的不同，具有保持和翻转功能的电路，即当 T=0 时能保持状态不变，T=1 时一定翻转的电路，都称为 T 触发器。下面分别对 T 触发器电路、特性方程、源代码进行分析。T 触发器的特性见表 6-1。

表 6-1 T 触发器的特性表

T	Q^n	Q^{n+1}	功能
0	0	0	保持
0	1	1	
1	0	1	翻转
1	1	0	

Q^n 为现态：触发器接收输入信号之前的状态，也就是触发器原来的稳定状态。

Q^{n+1} 为次态：触发器接收输入信号之后所处的新的稳定状态。

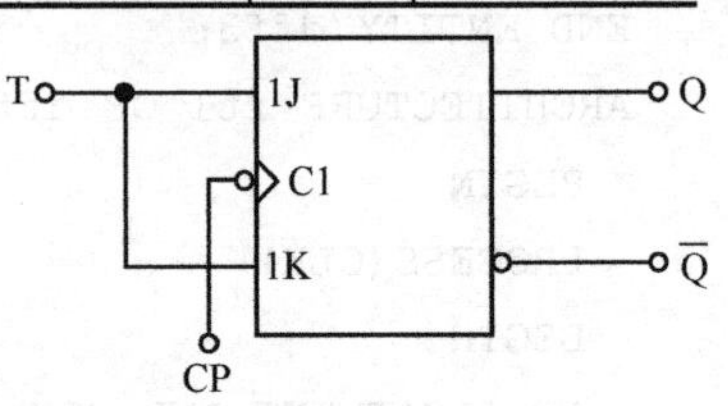

图 6-4 T 触发器的电路图

T 触发器的电路图见图 6-4。

T 触发器特性方程如下：

$$Q^{n+1} = T\overline{Q}^n + \overline{T}Q^n = T \oplus Q^n$$

T 触发器的 VHDL 程序设计如下：

```
-- *******************************************
LIBRARY IEEE;
USE IEEE.STD_LOGIC_1164.ALL;
USE IEEE.STD_LOGIC_ARITH.ALL;
USE IEEE.STD_LOGIC_UNSIGNED.ALL;
--*******************************************
ENTITY aaa is
   PORT(
         CP,t:IN STD_LOGIC;
        Q,qnn:OUT STD_LOGIC
       );
END aaa;
--*******************************************
ARCHITECTURE a OF aaa IS
   SIGNAL  Q_t,qN_t    :    STD_LOGIC;
BEGIN
       PROCESS (CP)
       BEGIN
             IF CP'event AND CP='1' THEN
                 if(t='1') then
             q_t<=not q_t;qn_t<=not qn_t;
                 else
                    q_t<=q_t;qn_t<=qn_t;eND IF;
                end if;
```

```
        END PROCESS;
        Q <= Q_t;qNn<=qn_t;
END a;
```

T 触发器的波形见图 6-5。

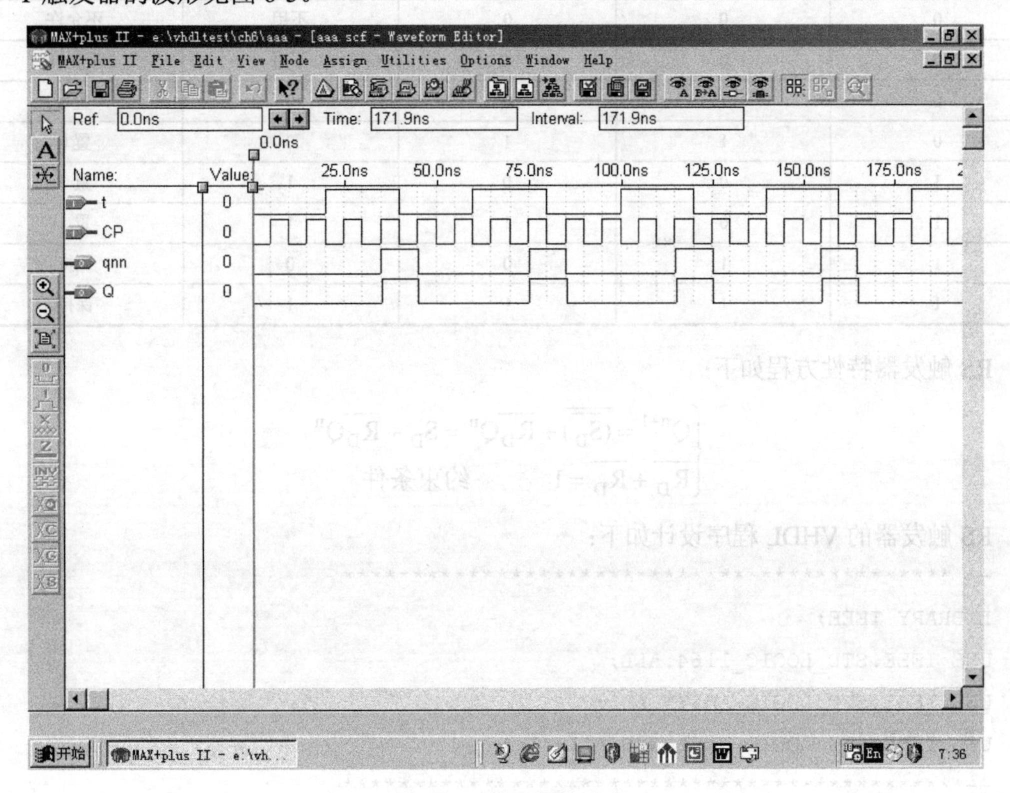

图 6-5 T 触发器的波形

6.1.3 RS 触发器的设计

在数字电路中，凡根据输入信号 R、S 情况的不同，具有置 0、置 1 和保持功能的电路，都称为 RS 触发器。

RS 触发器的特点：

（1）触发器的次态不仅与输入信号状态有关，而且与触发器的现态有关。

（2）电路具有两个稳定状态，在无外来触发信号作用时，电路将保持原状态不变。

（3）在外加触发信号有效时，电路可以触发翻转，实现置 0 或置 1。

（4）在稳定状态下两个输出端的状态和必须是互补关系，即有约束条件。

下面分别对 RS 触发器电路、特性方程、源代码进行分析。

RS 触发器的电路图见图 6-6。

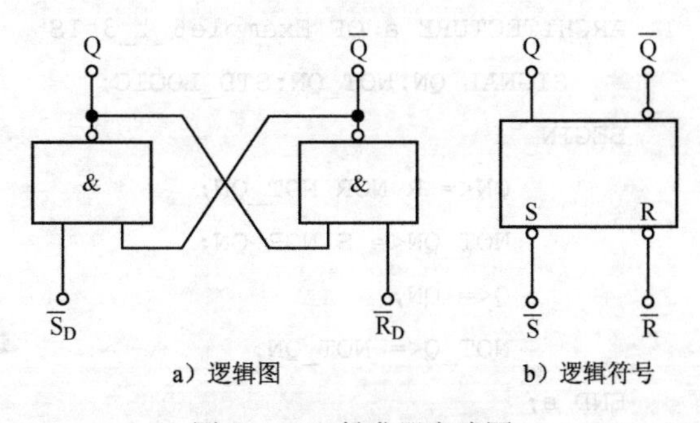

图 6-6 RS 触发器电路图

RS 触发器的特性表见表 6-2。

表 6-2 RS 触发器的特性表

$\overline{R_D}$	$\overline{S_D}$	Q^n	Q^{n+1}	功能
0	0	0	不用	不允许
0	0	1	不用	不允许
0	1	0	0	置 0
0	1	1	0	置 0
1	0	0	1	置 1
1	0	1	1	置 1
1	1	0	0	保持
1	1	1	1	保持

RS 触发器特性方程如下：

$$\begin{cases} Q^{n+1} = \overline{(\overline{S_D})} + \overline{R_D}Q^n = S_D + \overline{R_D}Q^n \\ \overline{R_D} + \overline{R_D} = 1 \qquad \text{约束条件} \end{cases}$$

RS 触发器的 VHDL 程序设计如下：

```
-- *******************************************
LIBRARY IEEE;
USE IEEE.STD_LOGIC_1164.ALL;
USE IEEE.STD_LOGIC_ARITH.ALL;
USE IEEE.STD_LOGIC_UNSIGNED.ALL;
--*******************************************
ENTITY Example6_1_3 is
   PORT(
              S,R:IN STD_LOGIC;
       Q,NOT_Q  :OUT STD_LOGIC
      );
END Example6_1_3;
--*******************************************
ARCHITECTURE a OF Example6_1_3 IS
   SIGNAL QN,NOT_QN:STD_LOGIC;
BEGIN
      QN<= R NOR NOT_QN;
      NOT_QN<= S NOR QN;
      Q<= QN;
      NOT_Q<= NOT_QN;
END a;
```

RS 触发器的波形见图 6-7。

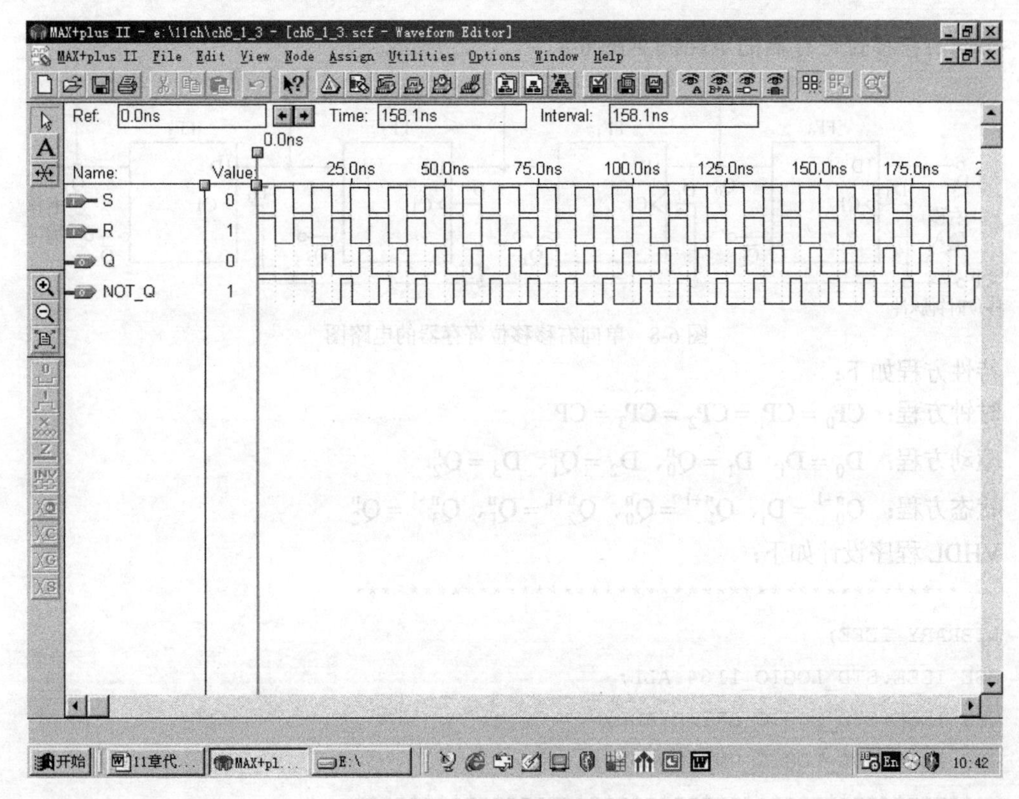

图 6-7　RS 触发器的波形

6.2　寄存器

在数字电路中，用来存放二进制数据或代码的电路称为寄存器。寄存器是由具有存储功能的触发器组合起来构成的。一个触发器可以存储 1 位二进制代码，存放 n 位二进制代码的寄存器，需用 n 个触发器来构成。按照功能的不同，可将寄存器分为基本寄存器和移位寄存器两大类。基本寄存器只能并行送入数据，需要时也只能并行输出。移位寄存器中的数据可以在移位脉冲作用下依次逐位右移或左移，数据既可以并行输入、并行输出，也可以串行输入、串行输出，还可以并行输入、串行输出，串行输入、并行输出，十分灵活，用途也很广。

6.2.1　串入-串出寄存器

移位寄存器可以用来寄存代码，还可以用来实现数据的串行-并行转换、数值的运算以及数据的处理等。根据移位方向，常把它分成左移寄存器、右移寄存器和双向移位寄存器 3 种。单向移位寄存器具有以下主要特点：

（1）单向移位寄存器中的数码，在 CP 脉冲操作下，可以依次右移或左移。

（2）n 位单向移位寄存器可以寄存 n 位二进制代码。n 个 CP 脉冲即可完成串行输入工作，此后可从 Q_0～Q_{n-1} 端获得并行的 n 位二进制数码，再用 n 个 CP 脉冲实现串行输出操作。

（3）若串行输入端状态为 0，则 n 个 CP 脉冲后，寄存器便被清零。

下面分别对单向移位寄存器电路、特性方程、源代码进行分析。

单向右移移位寄存器的电路图见图 6-8。

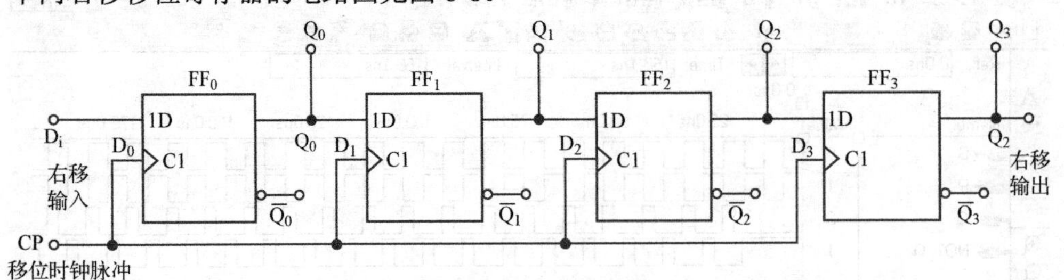

图 6-8 单向右移移位寄存器的电路图

特性方程如下：

时钟方程：$CP_0 = CP_1 = CP_2 = CP_3 = CP$

驱动方程：$D_0 = D_i$、$D_1 = Q_0^n$、$D_2 = Q_1^n$、$D_3 = Q_2^n$

状态方程：$Q_0^{n+1} = D_i$、$Q_1^{n+1} = Q_0^n$、$Q_2^{n+1} = Q_1^n$、$Q_3^{n+1} = Q_2^n$

VHDL 程序设计如下：

```
-- ***********************************************
LIBRARY IEEE;
USE IEEE.STD_LOGIC_1164.ALL;
USE IEEE.STD_LOGIC_ARITH.ALL;
USE IEEE.STD_LOGIC_UNSIGNED.ALL;
--***********************************************
ENTITY aaa is
   PORT(
            d,CP:in std_logic;
              Q:out std_logic);
END aaa;
--***********************************************
ARCHITECTURE a OF aaa IS
   SIGNAL  P1,P2,P3,P4 :    STD_LOGIC ;
BEGIN
      PROCESS (CP)
      BEGIN
            IF (CP'EVENT AND CP='1') THEN
                P1<=D;
P2<=P1;
P3<=P2;
P4<=P3;
END IF;
END PROCESS;
Q<=P4;
END a;
```

单向右移移位寄存器的波形见图6-9。

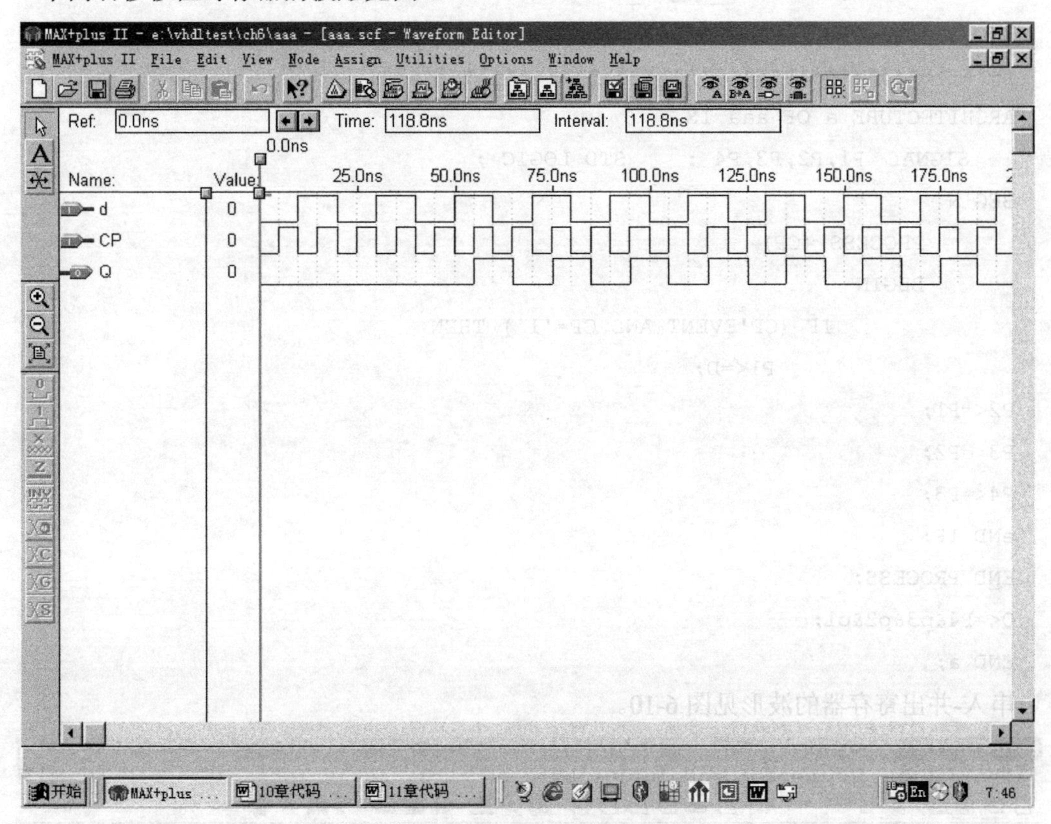

图6-9 单向右移移位寄存器的波形

6.2.2 串入-并出寄存器

串并转换是完成串行传输和并行传输之间转换的技术。移位寄存器可以实现并行和串行输入和输出。这些通常配置为“串行输入，并行输出”（SIPO）或“并行输入，串行输出”（PISO）。在锁存的移位寄存器中，串行数据首先被加载到内部缓冲寄存器中，然后在接收到加载信号时，缓冲寄存器的状态被复制到一组输出寄存器中。通常，串入-并出移位寄存器的实际应用是将数据从单线上的串行格式转换为多线上的并行格式。

串入-并出寄存器的VHDL程序设计如下：

```
-- *********************************************
LIBRARY IEEE;
USE IEEE.STD_LOGIC_1164.ALL;
USE IEEE.STD_LOGIC_ARITH.ALL;
USE IEEE.STD_LOGIC_UNSIGNED.ALL;
--*********************************************
ENTITY aaa is
   PORT(
         d,CP:in std_logic;
```

```
            Q:out std_logic_vector(3 downto 0));
END aaa;
--*********************************************
ARCHITECTURE a OF aaa IS
   SIGNAL  P1,P2,P3,P4 :    STD_LOGIC ;
BEGIN
      PROCESS (CP)
      BEGIN
            IF (CP'EVENT AND CP='1') THEN
               P1<=D;
P2<=P1;
P3<=P2;
P4<=P3;
eND IF;
END PROCESS;
Q<=P4&p3&p2&p1;
END a;
```

串入-并出寄存器的波形见图 6-10。

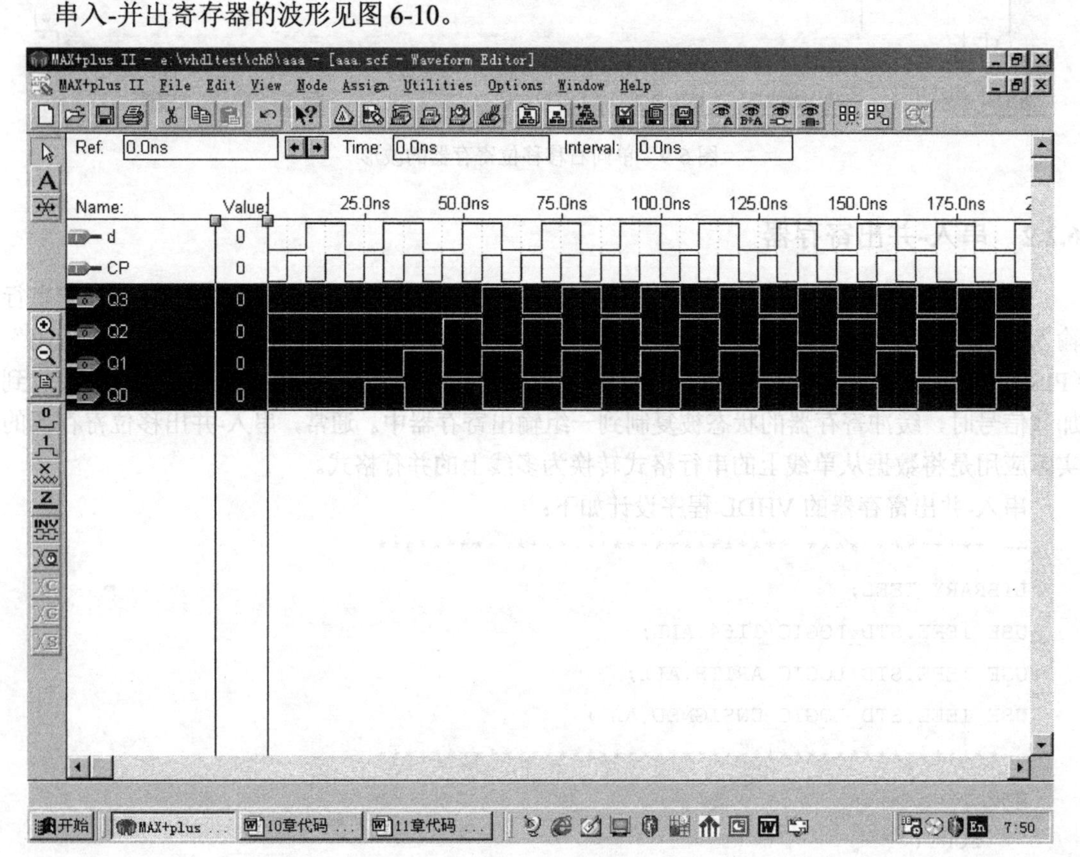

图 6-10 串入-并出寄存器的波形

6.3　计数器

在时序应用电路里，计数器的应用十分普遍。计数器的原理：每次时钟脉冲信号为上升沿或下降沿时，计数器会将计数值加 1 或减 1。

6.3.1　三进制计数器

计数器是数字系统中用得较多的基本逻辑器件。它不仅能记录输入时钟脉冲的个数，还可以实现分频、定时、产生节拍脉冲和脉冲序列等。例如，计算机中的时序发生器、分频器、指令计数器等都要使用计数器。计数器的种类很多。按时钟脉冲输入方式的不同，可分为同步计数器和异步计数器；按进位体制的不同，可分为二进制计数器和非二进制计数器；按计数过程中数字增减趋势的不同，可分为加计数器、减计数器和可逆计数器。三进制计数器源代码如下：

```
LIBRARY IEEE;
USE IEEE.STD_LOGIC_1164.ALL;
USE IEEE.STD_LOGIC_UNSIGNED.ALL;
ENTITY count3 IS
PORT(
   enable:IN STD_LOGIC;
      clk:IN STD_LOGIC;
        q:OUT STD_LOGIC_VECTOR(1 DOWNTO 0));
END count3;
ARCHITECTURE rt1 OF count3 IS
SIGNAL q_tmp:STD_LOGIC_VECTOR(1 DOWNTO 0);
BEGIN
process(clk)
begin
IF(clk'event and clk='1')then
  if(enable='1')then
    if(q_tmp="10")then
 q_tmp<=(others=>'0');
    else
       q_tmp<=q_tmp+1;
    end if;
  end if;
end if;
q<=q_tmp;
end process;
end rt1;
```

三进制计数器的波形见图 6-11。

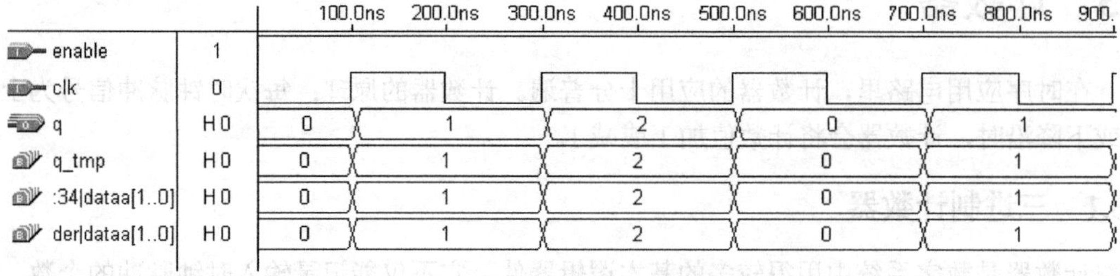

图 6-11 三进制计数器的波形

6.3.2 同步计数器

同步计数器指的是被测量累计值，其特点是大大提高了计数器工作频率，相对应的是异步计数器。对于同步计数器，由于时钟脉冲同时作用于各个触发器，克服了异步触发器所遇到的触发器逐级延迟问题，于是大大提高了计数器工作频率，各级触发器输出相差小，译码时能避免出现尖峰；但是如果同步计数器级数增加，就会使得计数脉冲的负载加重。

三进制同步计数器的 VHDL 程序设计如下：

```
-- ***********************************************
LIBRARY IEEE;
USE IEEE.STD_LOGIC_1164.ALL;
USE IEEE.STD_LOGIC_ARITH.ALL;
USE IEEE.STD_LOGIC_UNSIGNED.ALL;
--***********************************************
ENTITY Example6_2_4 is
    PORT(
        CP,A    :IN STD_LOGIC;
             DIF:OUT STD_LOGIC;
               Q:OUT STD_LOGIC_VECTOR(3 DOWNTO 0)
        );
END Example6_2_4;
--***********************************************
ARCHITECTURE a OF Example6_2_4 IS
    SIGNAL EC,Q1 ,Q2 ,RST :STD_LOGIC;
    SIGNAL QN:STD_LOGIC_VECTOR(3 DOWNTO 0);
BEGIN
        PROCESS (CP,RST)
        BEGIN
                IF RST='1' THEN
                    QN<="000";
                ELSIF CP'event AND CP='1' THEN
```

```
                Q2<=Q1;    Q1<=A;
                IF EC='1' THEN
                    QN<=QN+1;
                END IF;
            END IF;
        END PROCESS;
        RST<='1' WHEN QN=10 ELSE
              '0';
        EC<=Q1 AND NOT Q2;
        DIF<=EC;
        Q<=QN;
        END a;
```

分频电路的 VHDL 程序设计如下：

```
-- ********************************************
LIBRARY IEEE;
USE IEEE.STD_LOGIC_1164.ALL;
USE IEEE.STD_LOGIC_ARITH.ALL;
USE IEEE.STD_LOGIC_UNSIGNED.ALL;
--********************************************
ENTITY Example6_3_1 is
    PORT(
            CP:IN STD_LOGIC;
        Result:OUT STD_LOGIC);
END Example6_3_1;
--********************************************
ARCHITECTURE a OF Example6_3_1 IS
    SIGNAL RST:STD_LOGIC;
    SIGNAL QN:STD_LOGIC_VECTOR(2 DOWNTO 0);
BEGIN
    PROCESS (CP,RST)
    BEGIN
        IF RST='1' THEN
            QN<="0000";
        ELSIF CP'event AND CP='1' THEN
            QN<=QN+1;
        END IF;
    END PROCESS;
    RST<= '1' WHEN QN=6 ELSE
          '0';
```

```
      Result<=QN(2);
END a;
```

同步计数器的波形见图 6-12。

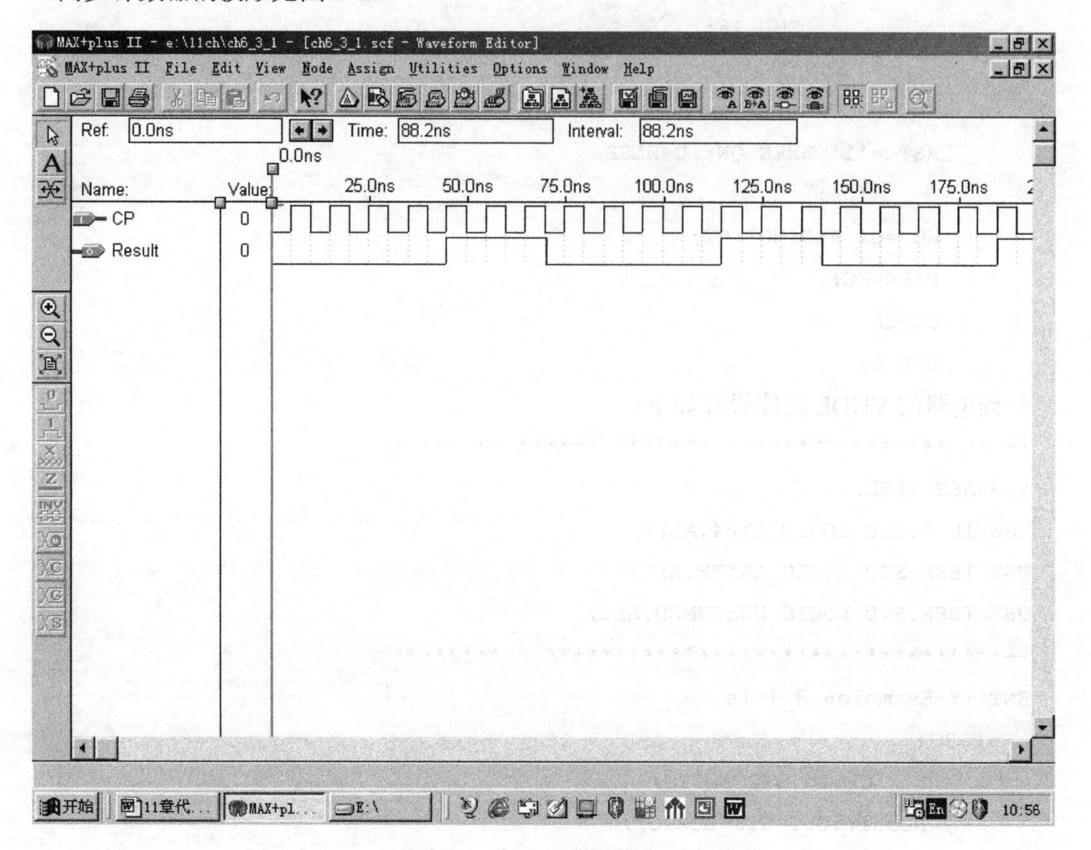

图 6-12 同步计数器的波形

6.4 有限状态机

状态机是一类很重要的时序电路，是许多数字电路的核心部件。状态机的一般形式见图 6-13。除了输入信号和输出信号外，状态机还包括一组寄存器记忆状态机的内部状态。状态机寄存器的下一个状态及输出，不仅同输入信号有关，还与寄存器的当前状态有关。状态机可认为是组合逻辑和寄存器逻辑的特殊组合。它包括两个主要部分：组合逻辑部分和寄存器部分。寄存器部分用于存储状态机的内部状态；组合逻辑部分又分为状态译码器和输出译码器，状态译码器确定状态机的下一个状态，即确定状态机的激励方程；输出译码器确定状态机的输出，即确定状态机的输出方程。

状态机的基本操作有两种：

（1）状态机内部状态转换。状态机经历一系列状态，下一状态由状态译码器根据当前状态和输入条件决定。

（2）产生输出信号序列。输出信号由输出译码器根据当前状态和输入条件决定。

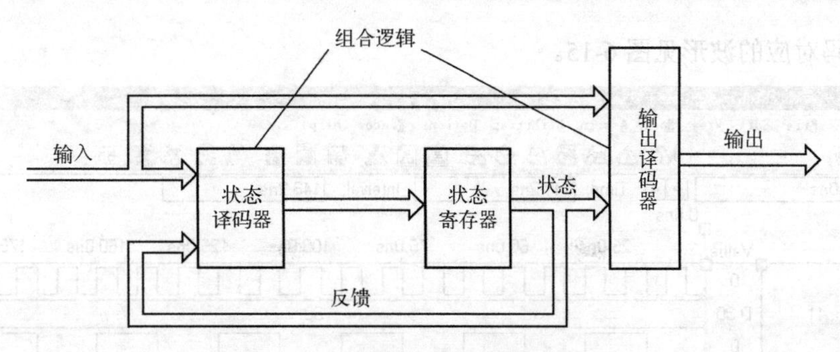

图 6-13　有限状态机的结构示意图

用输入信号决定下一状态也称为“转移”。除了转移之外，复杂的状态机还具有重复和历程功能。从一个状态转移到另一个状态称为控制定序，而决定下一状态所需的逻辑称为转移函数。

在产生输出的过程中，由是否使用输入信号可以确定状态机的类型。两种典型的状态机是摩尔（Moore）状态机和米立（Mealy）状态机。在摩尔状态机中，其输出只是当前状态值的函数，并且仅在时钟边沿到来时才发生变化。米立状态机的输出则是当前状态值、当前输出值和当前输入值的函数。对于这两类状态机，控制程序都取决于当前状态和输入信号。大多数实用的状态机都是同步的时序电路，由时钟信号触发状态的转换。时钟信号同所有的边沿触发的状态寄存器和输出寄存器相连，这使得状态的改变发生在时钟的上升沿。此外，还利用组合逻辑的传输延迟实现状态机存储功能的异步状态机，这样的状态机难于设计并且容易发生故障。

状态机图就是一种用图形的方式来表示一个设计实体的各种工作状态、内部各工作状态转换的条件以及各工作状态对应的输出信号序列。图 6-14 是一个状态机图的示例。

实现一个控制功能，可以用有限状态机实现，也可以用 CPU 实现。二者相比，前者的性能远高于后者。这是因为，在 CPU 结构中，需要许多操作和部件。而在有限状态机中，状态存贮在多个触发器中，表示行为的代码存贮在门级网络中。因而有限状态机性能比较高。下述两组代码既可以被 CPU 执行，也可被 VHDL 描述有限状态机执行。

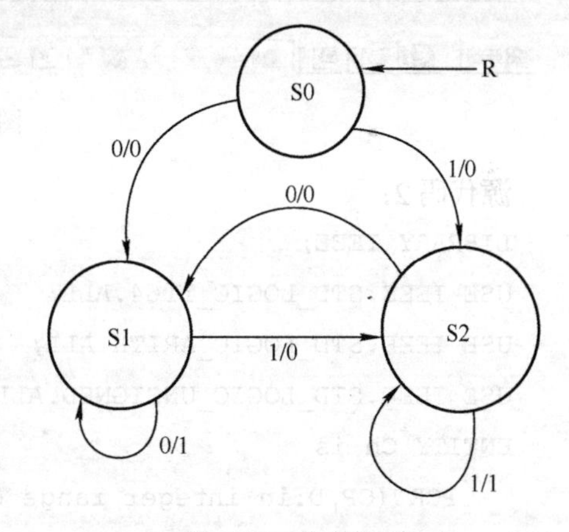

图 6-14　状态机图

源代码 1：

```
if (cp>37 and d<7) then
stata<=al;
out_a<='0';
out_b<='1';
else stata<=run;
out_a<='1';
out_b<='0';
end if;
```

上述代码对应的波形见图 6-15。

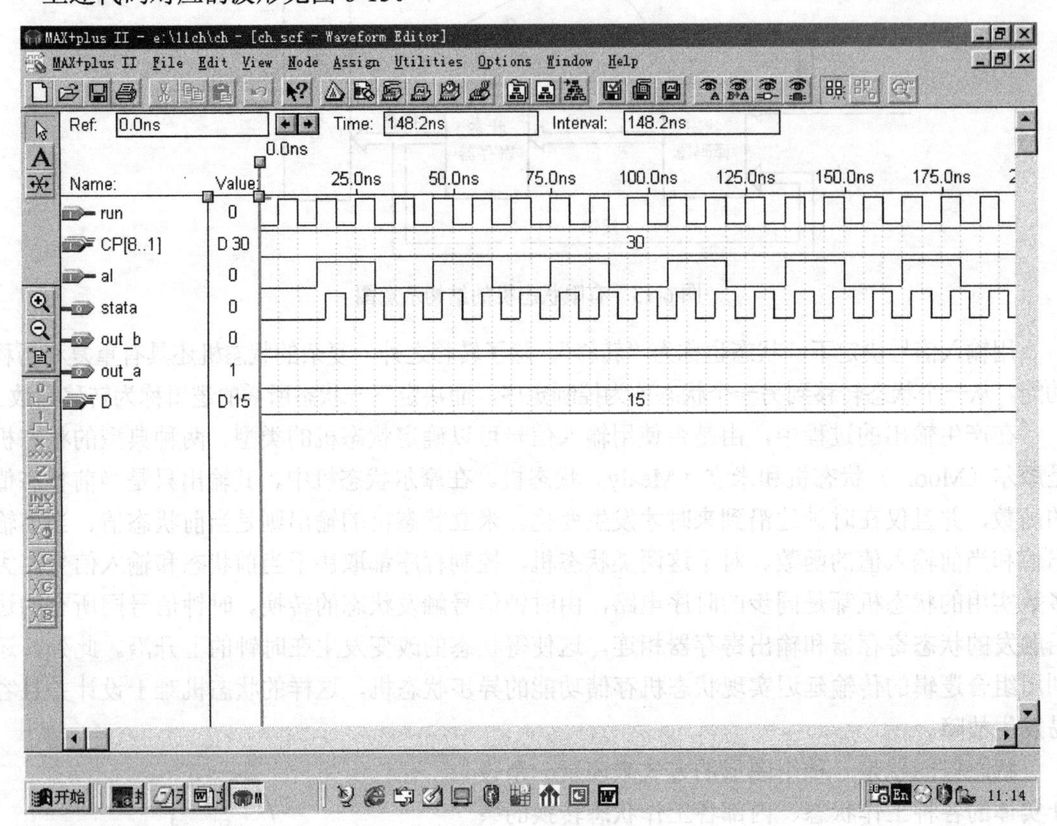

图 6-15 波形图

源代码 2:

```
LIBRARY IEEE;
USE IEEE.STD_LOGIC_1164.ALL;
USE IEEE.STD_LOGIC_ARITH.ALL;
USE IEEE.STD_LOGIC_UNSIGNED.ALL;
ENTITY Ch is
   PORT(CP,D:in integer range 0 to 400;
      al,run        :IN    STD_LOGIC;
      stata,out_a,out_b    :OUT    STD_LOGIC
     );
END Ch;
ARCHITECTURE a OF Ch IS
BEGIN
process(cp,d)
begin
end process;
END a;
```

上述代码对应的波形见图 6-16。

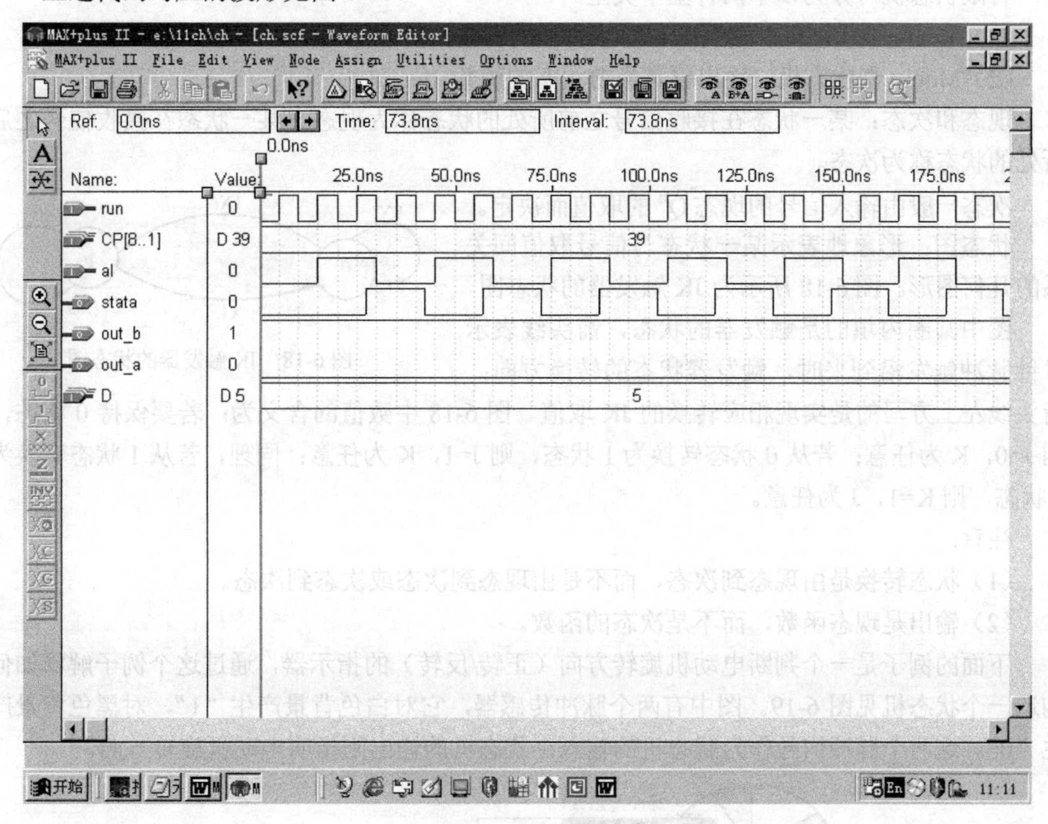

图 6-16 波形图

如果上述代码由 CPU 实现，则上述代码被转换为大约 10～20 条机器指令。其执行时间既和 CPU 速度有关，也和执行时所选择的 IF 语句的分支路径有关，实际的执行时间在最小值和最大值之间波动。如果上述代码由门和触发器实现，则执行时间为一个时钟周期。由此可得出结论：在执行时间短和执行时间的确定性方面，由门和触发器实现的有限状态机要优于 CPU 实现的方案。

有限状态机的工作分两个阶段进行：第 1 阶段计算新状态（次态）；第 2 阶段将新状态存入寄存器。计算新状态所需时间限制了有限状态机的最高工作频率。源代码 1 中决定新状态（AL 或 RUN ）的条件是：

```
if cp>37 and d<7 then
```

有限状态机的工作过程见图 6-17，图中黑颜色代表计算新状态的逻辑处于不稳定状态，而白颜色代表计算新状态的逻辑处于稳定状态。因为时钟信号改变了有限状态机的状态，开始计算新状态，从开始到完成需要一段时间，这一段时间用黑颜色代表。在下一个时钟脉冲到达之前，计算出新状态逻辑必需到达稳定状态。

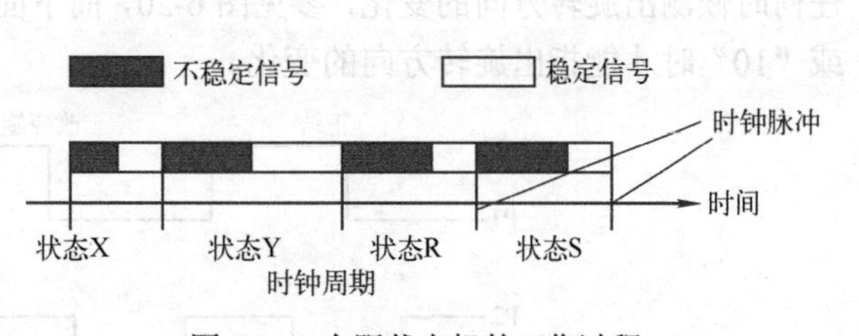

图 6-17 有限状态机的工作过程

有限状态机可分为以下两种基本类型。

（1）Mealy 型状态机：输出是当前状态和所有输入信号的函数。

（2）Moore 型状态机：输出仅是当前状态的函数。

现态和次态：某一状态在接收信号之前所处的状态称为现态；某一状态在接收信号之后所处的状态称为次态。

次态一般由输入信号的现态 Q^n 的取值而决定。

状态图：形象地表示某一状态与信号取值间关系的几何图形。图 6-18 所示为 JK 触发器的状态图。

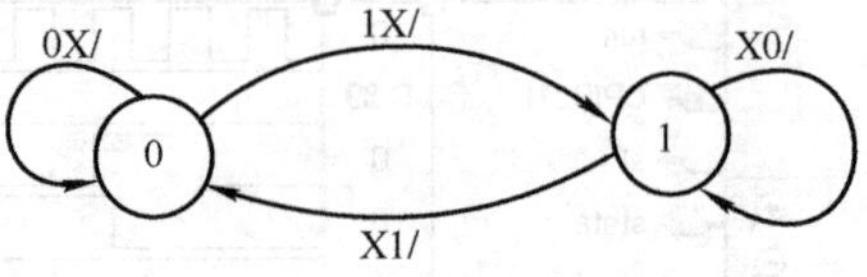

图中圆圈内填的是触发器的状态，箭头线表示时钟脉冲触发沿到来时，触发器状态的转换方向；箭头线左上方写的是实现相应转换的 JK 取值。图 6-18 中数值的含义为：若要保持 0 状态，则 J=0，K 为任意；若从 0 状态转换为 1 状态，则 J=1，K 为任意；同理，若从 1 状态转换为 0 状态，则 K=1，J 为任意。

0X/
1X/
X0/
0
1
X1/

图 6-18 JK 触发器的状态图

注意：

（1）状态转换是由现态到次态，而不是由现态到次态或次态到次态。

（2）输出是现态函数，而不是次态的函数。

下面的例子是一个判断电动机旋转方向（正转/反转）的指示器，通过这个例子解释如何构造一个状态机见图 6-19。图中有两个脉冲传感器，它对白色背景产生“1”，对黑色背景产生“0”。这两个脉冲信号作为状态机的输入，状态机的输出则指明电动机旋转方向。

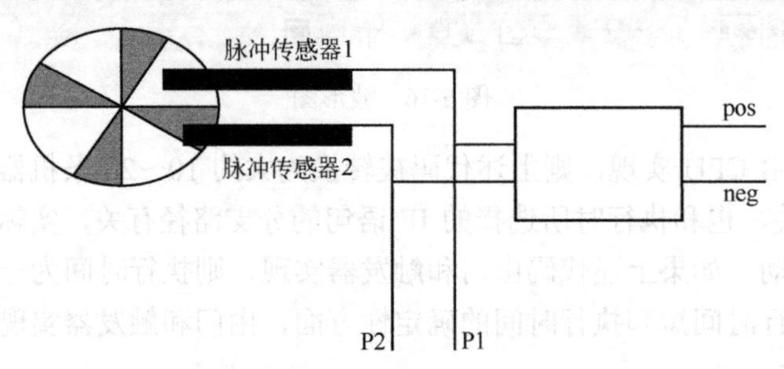

图 6-19 状态机原理示意图

脉冲传感器 1 连接到信号线 P1，脉冲传感器 2 连接到信号线 P2，信号 P1 和 P2 相位上相差 90°。根据脉冲信号 P1、P2 之间的时间关系，可以判断电动机的旋转方向。状态机的输出信号是：pos 和 neg。pos-1 且 neg-0 表示正转；pos-0 且 neg-1 表示反转。该指示器应当在任何时候测出旋转方向的变化，参见图 6-20，而下面实现方案仅在 P1、P2 由“00”变为“01”或“10”时才能指出旋转方向的变化。

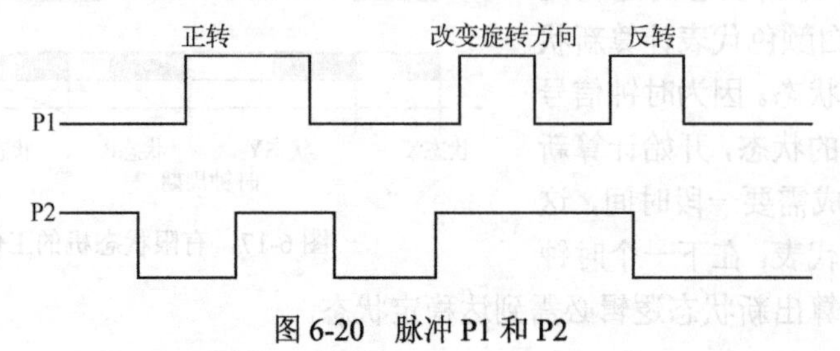

图 6-20 脉冲 P1 和 P2

如图 6-21 所示，具有 4 个状态的 Mealy 型状态机可用来描述控制器。可以用 2bit 表示 4 个状态，状态及相应的编码见表 6-3。假定当前状态为“+”，若输入信号 P1、P2 为“01”，则下一个状态为“POS”，在状态变化的同时输出信号 POS、NEG 的值变为“10”；若输入信号 P1、P2 为“10”，则下一个状态为“NEG”，在状态变化的同时输出信号 POS、NEG 的值变为“01”。这正好符合 Mealy 型状态机的特点。表 6-3 为状态及状态编码。

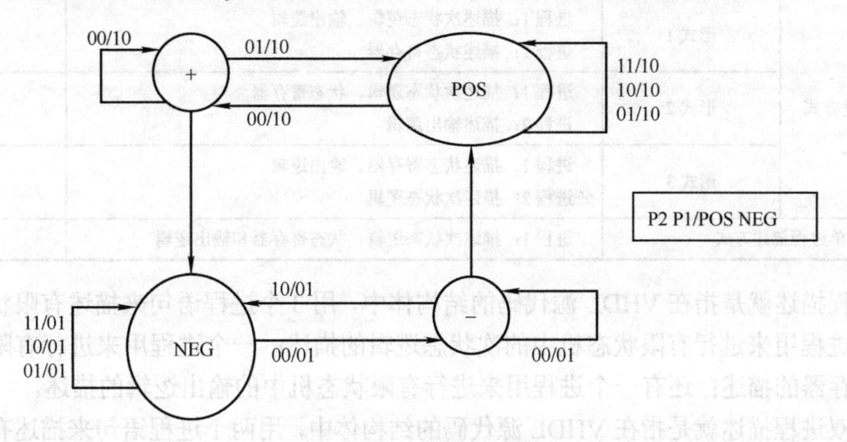

图 6-21　Mealy 型状态机

表 6-3　状态及状态编码

状态名称	状态编码	解　释
+	00	正向旋转
–	11	反向旋转
POS	01	正向旋转
NEG	10	反向旋转

6.5　有限状态机的基本描述

有限状态机虽然可以有多种不同的描述方式，但是为了使综合工具可以将一个完整的 VHDL 源代码识别为有限状态机，还需要遵循一定的描述规则。描述规则规定一个有限状态机的 VHDL 描述应该包括以下内容：

（1）至少包括一个状态信号，用来指定有限状态机的状态。

（2）状态转移指定和输出指定，它们对应于控制单元中与每个控制步有关的转移条件。

（3）时钟信号，它是用来进行同步的。

（4）同步和异步复位信号。

上面的第（1）至第（3）条是一个有限状态机的 VHDL 描述所必需包括的，对于第（4）条有些源代码可以不包括，但对一个实际应用的有限状态机来说，复位信号是不可少的，故将同步和异步复位信号也列在上面。

在描述有限状态机的过程中，常用的描述方式有 3 种：三进程描述方式、双进程描述方式和单进程描述方式（见表 6-4）。

表 6-4 有限状态机的描述方式列表

描述方式		进程描述功能	所用进程数
三进程描述方式		进程 1：描述次状态逻辑 进程 2：描述状态寄存器 进程 3：描述输出逻辑	3
双进程描述方式	形式 1	进程 1：描述次状态逻辑、输出逻辑 进程 2：描述状态寄存器	2
	形式 2	进程 1：描述次状态逻辑、状态寄存器 进程 2：描述输出逻辑	2
	形式 3	进程 1：描述状态寄存器、输出逻辑 进程 2：描述次状态逻辑	2
单进程描述方式		进程 1：描述次状态逻辑、状态寄存器和输出逻辑	

三进程描述就是指在 VHDL 源代码的结构体中，用 3 个进程语句来描述有限状态机的行为：一个进程用来进行有限状态机中的次状态逻辑的描述；一个进程用来进行有限状态机中的状态寄存器的描述；还有一个进程用来进行有限状态机中的输出逻辑的描述。

所谓双进程描述就是指在 VHDL 源代码的结构体中，用两个进程语句来描述有限状态机的行为；一个进程用来进行有限状态机中的次状态逻辑、状态寄存器和输出逻辑中的任何两个；剩下的用另一个进程来描述。

所谓单进程描述就是将有限状态机中的次状态逻辑、状态寄存器和输出逻辑在 VHDL 源代码的结构体中用一个进程语句来描述。

采用三进程描述方式和双进程描述方式中的形式 1 来描述有限状态机时，可以把有限状态机的组合逻辑部分和时序逻辑部分分开，这样有利于对有限状态机的组合逻辑部分和时序逻辑部分进行测试。不同的描述方式对综合的结果影响很大，一般来说三进程描述方式和双进程描述方式中的形式 1 和单进程描述方式的综合结果是比较好的，而双进程描述方式的形式 2 和形式 3 并不常用。

6.6 Moore 型状态机

Moore 型状态机的框图见图 6-22，其输出仅是状态向量的函数。Moore 型状态机的状态图见图 6-23。

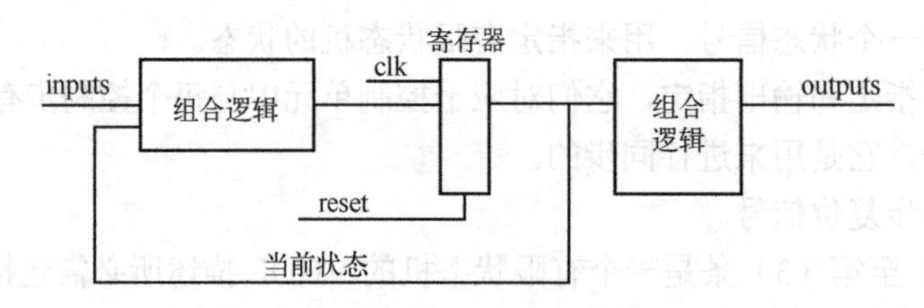

图 6-22 Moore 型状态机的框图

如图 6-22 所示，输出信号仅和状态机所处的状态有关。因此在图 6-23 中，状态的输出信号值就写在状态的圆圈中。例如，在状态 S0，输出为“0000”；在状态 S1，输出为“1001”。注意：不要把输出信号的取值和状态编码混淆。无论取什么样的状态编码，都不会影响状态机的行为，因而没有必要把状态编码写在状态机 VHDL 描述中。

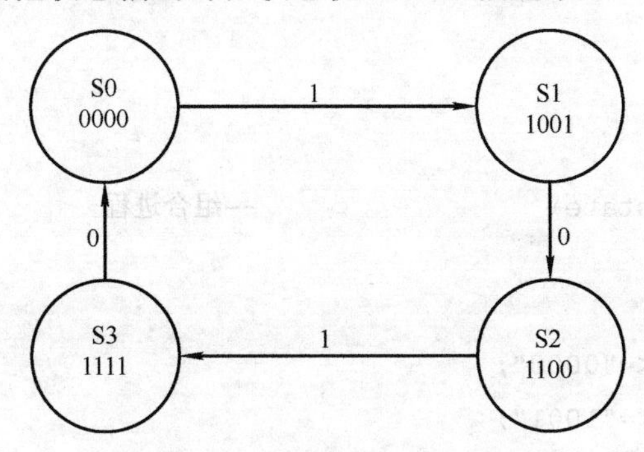

图 6-23 Moore 型状态机的状态图

下面是一个 Moore 型状态机的实例。

```
library ieee;
use ieee.std_logic_1164.all;
entity demo is
port(clk,in1,reset:in std_logic;
    out1:out std_logic);
end demo;
architecture moore of demo is
type state_type is (s0,s1,s2,s3);        --状态说明
signal  state:state_type;
begin
    demo_process:process(clk,reset)      --时钟进程
    begin
if reset='1'  then                       --状态机复位
    state<=s0;
    elsif  clk'event and clk='1' then
case  state  is
    when s0=>if  in1='1' then
                 state<=s1;
                 end  if;
    when s1=>if  in1='0' then
                 state<=s2;
                 end  if;
    when s2=>if  in1='1' then
                 state<=s3;
                 end  if;
    when s3=>if  in1='0' then
                 state<=s0;
```

```
                    end  if;
    end  case;
    end if;
    end process;
    output_p:process(state)                       --组合进程
    begin
       case  state  is
       when  s0=>out1<="0000";
       when  s1=>out1<="1001";
       when  s2=>out1<="1100";
       when  s3=>out1<="1111";
    end  case;
    end  process;
    end moore;
```

上述例子的结构体由 3 部分组成：说明部分、时钟同步的进程和组合进程。

（1）说明部分。说明部分有 state_type 类型和 state 信号的说明。状态类型一般用枚举类型，其中每一个状态名可任意选取。但从文件的角度，状态名最好有解释性意义。例如：

```
type  state_type  is  (start_state,run_ state,error_ state);
signal   state:state_type;
```

这样有利于观察和理解。

（2）时钟进程。时钟进程对状态机的时钟信号敏感，当时钟发生有效跳变时，状态机的状态发生变化，状态机的下一个状态取决于当前状态和输入信号值。在检查到时钟发生有效跳变之后，使用 CASE 语句检查状态机的当前状态，然后使用 IF-THEN-ELSE 语句来决定下一个状态。

（3）组合进程。组合进程根据当前状态给出输出信号赋值。对本例而言，仅状态向量出现在组合进程的敏感信号列表中，因为 Moore 型状态机的输出仅和当前的状态有关。

上面的例子使用 2 个进程描述 Moore 型状态机；下面的例子使用 3 个进程描述 Moore 型状态机。其状态机 VHDL 源代码如下：

```
library ieee;
use ieee.std_logic_1164.all;
entity demo is
port(clk,in1,reset:in std_logic;
   out1:out std_logic);
end demo;
architecture moore of demo is
type state_type is (s0,s1,s2,s3);        --状态说明
signal  current_state,next_state:state_type;
begin
   p0:process(state,in1)                 --组合进程
```

```
    begin
  case  state  is
    when s0=>if  in1='1' then
                    next_state<=s1;
                    end  if;
    when s1=>if  in1='0' then
                    next_state <=s2;
                    end  if;
    when s2=>if  in1='1' then
                    next_state <=s3;
                    end  if;
    when s3=>if  in1='0' then
                    next_state <=s0;
                    end  if;
  end  case;
  end process;
  p1:process(clk,reset)                       --时钟进程
  begin
    if reset='1' then   state<=s0 ;       状态机复位
    elsif  clk'event   and clk='1' then  current_state<=next;
    end  if;
    end process;
  p2:process(current_state)                   --组合进程
  begin
    case  state    is
    when  s0=>out1<="0000";
    when  s1=>out1<="1001";
    when  s2=>out1<="1100";
    when  s3=>out1<="1111";
  end  case;
  end  process;
  end moore;
```

6.7 Mealy 型状态机

Mealy 型状态机和其等价的 Moore 型状态机相比，其输出变化要领先一个时钟周期。Mealy 型状态机的框图见图 6-24。Mealy 型状态机的状态图见图 6-25。

如图 6-24 所示，Mealy 型状态机的输出既和当前状态有关，又和所有输入信号有关，一旦输入信号发生变化或状态发生变化，输出信号立即发生变化。因此在状态图中，一般输出

信号值画在状态变迁处。例如，假如当前状态为 S0，当输入信号为“1”时，输出信号为“1001”；当输入信号不是“1”时，输出信号为“0000”。

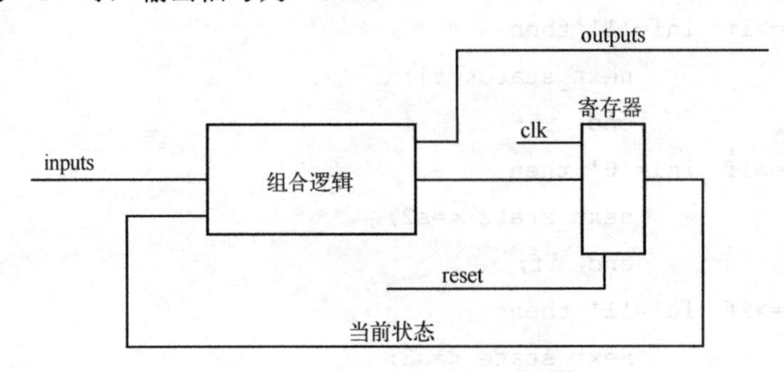

图 6-24　Mealy 型状态机的框图

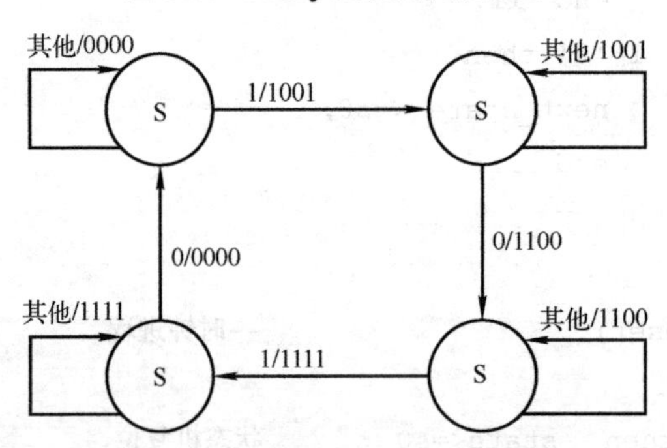

图 6-25　Mealy 型状态机的状态图

构造 Mealy 型状态机的方法与 Moore 型状态机相同，唯一的区别是：组合进程中的输出信号是当前状态和当前输入的函数。举例如下：

```
library ieee;
use ieee.std_logic_1164.all;
entity demo is
port(clk,in1,reset:in std_logic;
   out1:out std_logic_vector(3  downto  0));
end demo;
architecture  mealys  of demo is
type state_type is (s0,s1,s2,s3);        --状态说明
signal  state:state_type;
begin
   demo_process:process(clk,reset)       --时钟进程
   begin
if reset='1'  then                       --状态机复位
   state<=s0;
   elsif  clk'event and clk='1' then
case  state  is
   when s0=>if  in1='1' then
```

```
                      state<=s1;
                      end  if;
    when s1=>if  in1='0' then
                      state<=s2;
                      end  if;
    when s2=>if  in1='1' then
                      state<=s3;
                      end  if;
    when s3=>if  in1='0' then
                      state<=s0;
                      end  if;
end  case;
end if;
end process;

output_p:process(state)                         --组合进程
begin
   case  state    is
   when  s0=>if  in1='1'  then  out1<="1001";
                              else  out<="0000";
                              end  if;
   when  s1=>if  in1='0'  then  out1<="1100";
                              else  out<="1001";
                              end  if;

   when  s2=>if  in1='1'  then  out1<="1111";
                              else  out<="1001";
                              end  if;

   when  s3=>if  in1='0'  then  out1<="0000";
                              else  out<="1111";
                              end  if;
end  case;
end  process;
end mealys;
```

6.8　Mealy 型和 Moore 型状态机的变种

无论是 Mealy 型状态机还是 Moore 型状态机，其输出信号都可能有“毛刺”发生（这是由数字逻辑中的“竞争”产生的），因为它们的输出信号都来自组合逻辑。在同步电路中，一般情况下“毛刺”并不会产生重大影响。这是因为“毛刺”仅发生在时钟有效边沿的一小段时间内，只要在下一个时钟有效边沿到来之前“毛刺”消失即可（即信号达到稳定）。但是，如果把状态机的输出信号作为三态使能控制或时钟来使用，就要特别小心，这时必需保证状态机的输出没有“毛刺”。如果需要输出信号不带“毛刺”的状态机，可采用状态机的以下 3 个变种：

（1）直接把状态机作为输出信号。

（2）在 Mealy 型状态机基础上，用时钟同步输出信号。

（3）在 Moore 型状态机基础上，用时钟同步输出信号。

下面分别对状态机的 3 个变种给予说明。

1．直接把状态机作为输出信号

直接把状态机的状态作为输出信号（output=state），是状态机的一种特殊类型。必须在 VHDL 源代码中对状态的编码加以明确的规定，使状态和输出信号的取值一致。这实际是一种特殊类型的 Moore 型状态机，采用特殊的状态编码，结果使输出译码电路被优化掉了。

这种类型状态机的状态图见图 6-26，在表示方法上和 Moore 型状态机完全一样。但是它的框图（见图 6-27）明白无误地指出输出信号直接来自状态寄存器，因而保证了输出信号上没有“毛刺”。

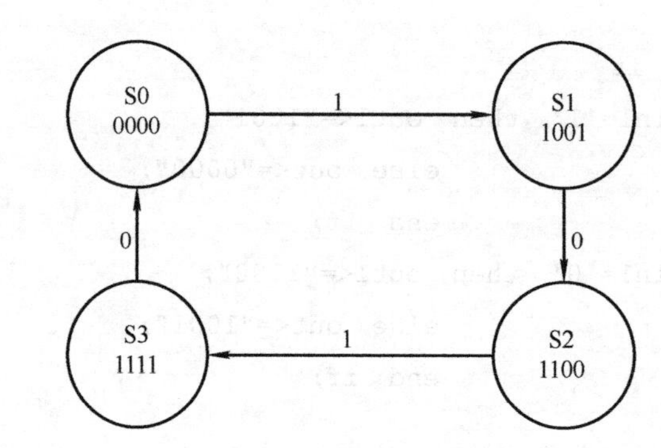

图 6-26　状态机的状态图

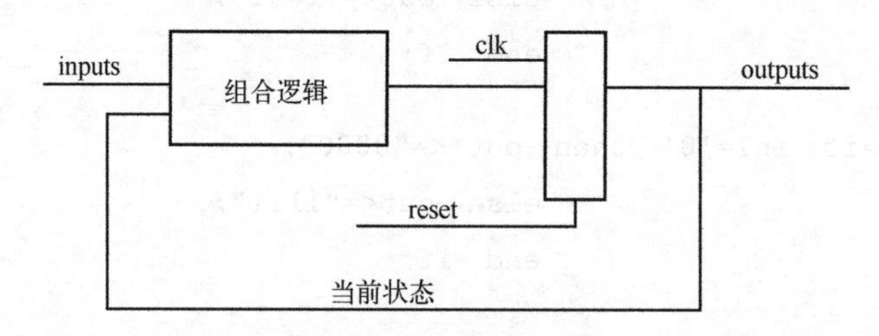

图 6-27　状态机的框图

下面的实例是直接把状态机的状态作为输出信号的 Moore 型状态机的 VHDL 源代码。

```
library ieee;
use ieee.std_logic_1164.all;
entity demo is
port(clk,in1,reset:in std_logic;
```

```
    out1:out std_logic_vector(1  downto  0));
end demo;
architecture  mealys  of demo is
type state_type is  array (1  downto 0)  of std_logic;
constant   s0:state_type:="00";
constant   s1:state_type:="10";
constant   s2:state_type:="11";
constant   s3:state_type:="01";
begin
    demo_process:process(clk,reset)      --时钟进程
    begin
if reset='1'  then                       --状态机复位
    state<=s0;
    elsif  clk'event and clk='1' then
case  state  is
    when s0=>if  in1='1' then
                   state<=s1;
                   end  if;
    when s1=>if  in1='0' then
                   state<=s2;
                   end  if;
    when s2=>if  in1='1' then
                   state<=s3;
                   end  if;
    when s3=>if  in1='0' then
                   state<=s0;
                   end  if;
end  case;
end if;
end process;
out1<=state;                             --把状态向量赋给输出信号
end mealys;
```

2．用同步时钟输出信号的 Moore 型状态机

用同步时钟输出信号的 Moore 型状态机和普通的 Moore 型状态机的不同之处在于：用时钟信号加载到附加的 D 触发器中，因而消除了“毛刺”。因此，在输出端得到的信号值的时间要比普通的 Moore 型状态机晚一个时钟周期。

图 6-28 为这种状态机的状态图，图 6-29 为这种状态机的框图。

下面的实例是输出信号的 Moore 型状态机的 VHDL 源代码。

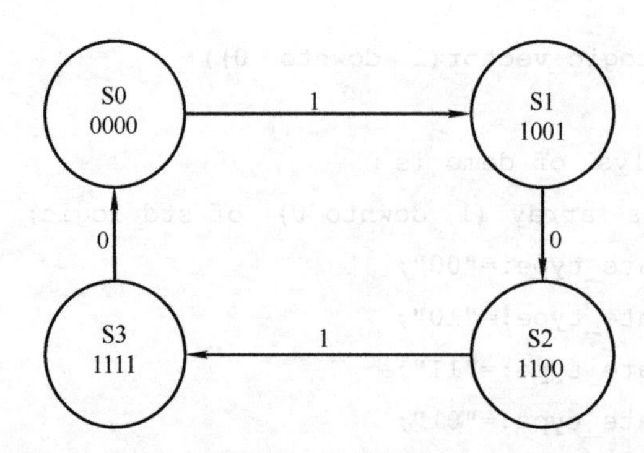

图 6-28 用同步时钟输出信号的 Moore 型状态机的状态图

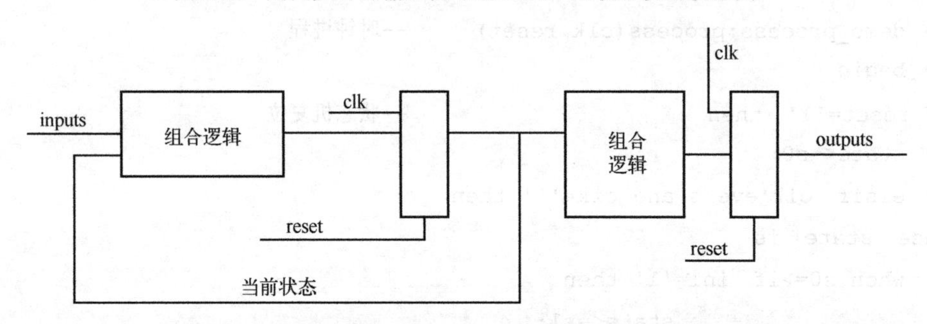

图 6-29 用同步时钟输出信号的 Moore 型状态机的框图

```
library ieee;
use ieee.std_logic_1164.all;
entity demo is
port(clk,in1,reset:in std_logic;
   out1:out std_logic_vector(3  downto 0));
end demo;
architecture moore of demo is
type state_type is (s0,s1,s2,s3);
signal  state:state_type;
begin
   demo_process:process(clk,reset)
   begin
if reset='1'  then
   state<=s0;
   elsif  clk'event and clk='1' then
case  state  is
   when s0=>if  in1='1' then
                  state<=s1;
            end  if;
            out1<="0000";
   when s1=>if  in1='0' then
```

```
                    state<=s2;
                    end  if;
                    out1<="1001";
    when s2=>if  in1='1' then
                    state<=s3;
                    end  if;
                    out1<="1100";
    when s3=>if  in1='0' then
                    state<=s0;
                    end  if;
                    out1<="1111";
  end  case;
  end if;
  end process;
  end moore;
```

3．用同步时钟输出信号的 Mealy 型状态机

用同步时钟输出信号的 Mealy 型状态机和普通的 Mealy 型状态机的不同之处在于：将时钟信号加载到附加的 D 触发器中，因而消除了“毛刺”。因此，在输出端得到的信号值的时间要比普通的 Mealy 型状态机晚一个时钟周期。

图 6-30 为这种类型状态机的状态图，图 6-31 为其框图。

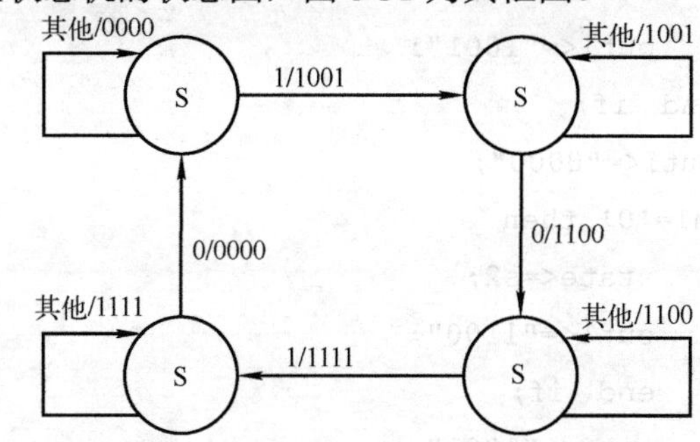

图 6-30　用同步时钟输出信号的 Mealy 型状态机的状态图

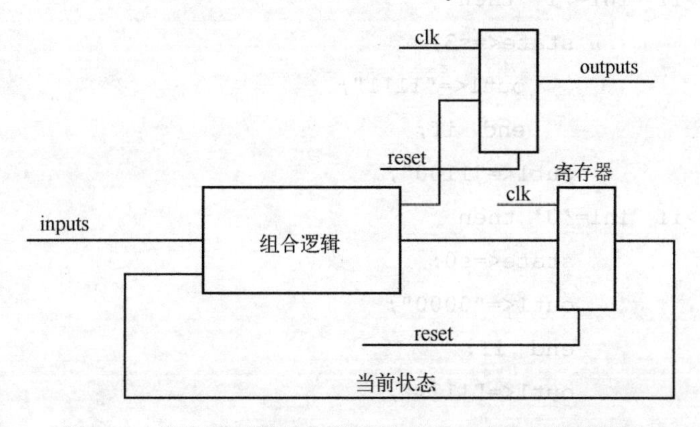

图 6-31　用同步时钟输出信号的 Mealy 型状态机的框图

下面的实例是输出信号的 Mealy 型状态机的 VHDL 源代码。

```
library ieee;
use ieee.std_logic_1164.all;
entity demo is
port(clk,in1,reset:in std_logic;
   out1:out std_logic_vector(3  downto 0));
end demo;
architecture  mealys  of demo is
type state_type is (s0,s1,s2,s3);
signal  state:state_type;
begin
   demo_process:process(clk,reset)
   begin
if reset='1'  then
   state<=s0;
   out1<=(other=>'0');
   elsif  clk'event and clk='1' then
case  state  is
   when s0=>if  in1='1' then
                    state<=s1;
                    out1<="1001";
                 end  if;
                 out1<="0000";
   when s1=>if  in1='0' then
                    state<=s2;
                    out1<="1100";
                    end  if;
                    out1<="1001";
   when s2=>if  in1='1' then
                    state<=s3;
                       out1<="1111";
                       end  if;
                    out1<="1100";
   when s3=>if  in1='0' then
                    state<=s0;
                    out1<="0000";
                    end  if;
                    out1<="1111";
end  case;
```

```
end if;
end process;
end mealys;
```

6.9　异步状态机

如果状态向量没有经过时钟而直接反馈回来，则形成了异步状态机。异步状态机的优点是：一般情况下，它的速度快于同步状态机。从设计方法学的观点来看，异步状态机不是一种好的选择。仅仅在对状态机的性能要求非常高，同步状态机达不到要求时，选择异步状态机才是合理的。

在设计异步状态机时，设计者必须确保不会发生“竞争”。所谓“竞争”是指状态机在不可控制的情况下，一次改变多个状态。异步状态机的状态编码非常重要，要确保状态变化时状态向量只改变 1 位，因而在 VHDL 源代码中，必需显示指定状态编码。许多综合工具不支持异步状态机，而支持异步状态机的综合工具也没有能力在面积和速度方面进行优化。

图 6-32 为异步状态机的框图，图 6-33 为异步状态机的状态图。

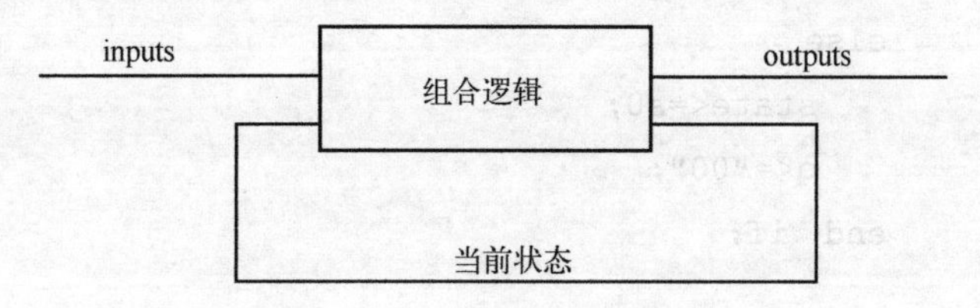

图 6-32　异步状态机的框图

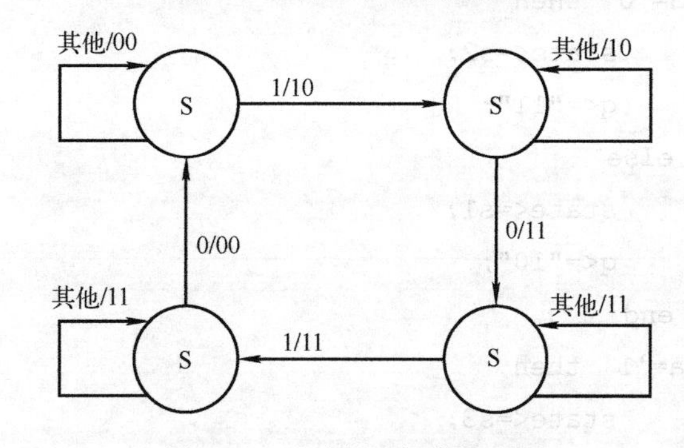

图 6-33　异步状态机的状态图

异步状态机的 VHDL 源代码如下：

```
library ieee;
use ieee.std_logic_1164.all;
entity test is
port(a,reset:in std_logic;
   out1:out std_logic_vector(1  downto  0));
end test;
architecture  mealys  of  test  is
type state_type is  array (1  downto 0)  of std_logic;
```

```
  constant   s0:state_type:="00";
  constant   s1:state_type:="10";
  constant   s2:state_type:="11";
  constant   s3:state_type:="01";
  begin
      demo_process:process(a,state,reset)       --时钟进程
      begin
  if reset='0'  then                            --状态机复位
      state<=s1;
      q<="10";
      else
  case  state  is
      when s0=>if  a='1' then
                          state<=s1;
                          q<="10";
                      else
                          state<=s0;
                          q<="00";
                      end  if;

      when s1=>if  a='0' then
                          state<=s2;
                          q<="11";
                      else
                          state<=s1;
                          q<="10";
                      end  if;
      when s2=>if  a='1' then
                          state<=s3;
                          q<="11";
                      else
                          state<=s2;
                          q<="11";
                      end  if;
      when others=>if  a='0' then
                          state<=s0;
                          q<="00";
                          else
                          state<=s3;
```

```
                        q<="11";
                        end  if;
end  case;
end if;
end process;
end mealys;
```

习 题

1. 下述 VHDL 代码的综合结果会有几个触发器或锁存器？

程序 1:

```
architecture rtl of ex is
    signal a,b:std_logic_vector(3 downto 0);
begin
     process(clk)
     begin
         if clk = '1' and clk'event then
              if q(3) /= '1' then  q <= a + b;
               end if;
           end if;
     end process;
end rtl;
```

程序 2:

```
architecture rtl of ex is
     signal a,b:std_logic_vector(3 downto 0);
begin
     process(clk)
          variable int:std_logic_vector(3 downto 0);
    begin
         if clk ='1' and clk'event then
              if int(3)/='1' then  int:=a+b;q<=int;
               end if;
         end if;
     end process;
end rtl;
```

程序 3:

```
architecture rtl of ex is
     signal a,b, c,d,e:std_logic_vector(3 downto 0);
begin
```

```
    process(c,d,e,en)
    begin
       if en ='1'  then  a<=c;b<=d;
         else   a<=e;
       end if;
    end process;
 end rtl;
```

2．看图 6-34 所示原理图，写出相应 VHDL 描述。

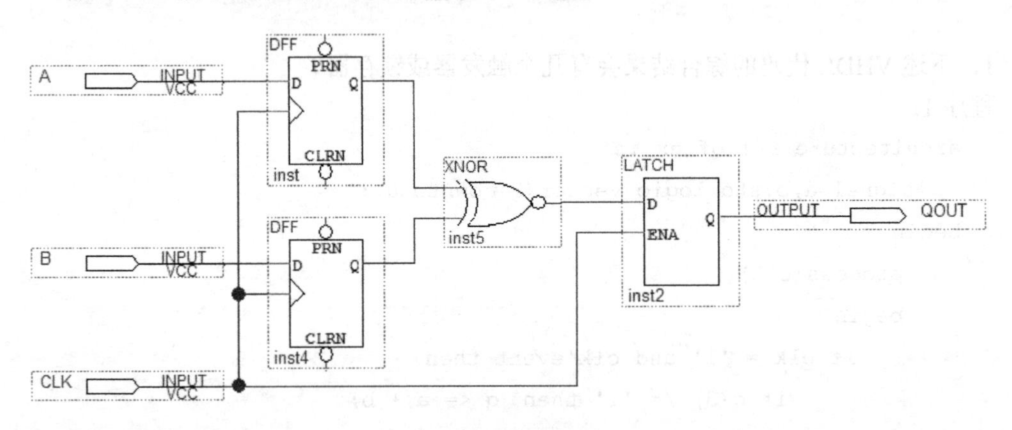

图 6-34　原理图

3．看图 6-35 所示原理图，写出相应 VHDL 描述。

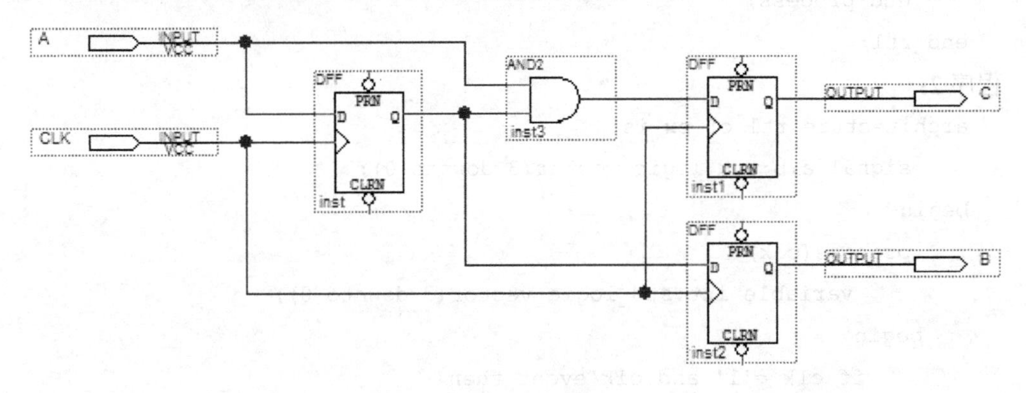

图 6-35　原理图

4．试描述一个带进位输入、输出的 8 位全加器。

端口：A、B 为加数；CIN 为进位输入；S 为加和；COUT 为进位输出。

5．已知状态机的状态图如图 6-36a 所示，完成下列各题。

1）试判断该状态机类型，并说明理由。

2）根据状态图 6-36a，写出对应于结构图 6-36b 的由主控组合进程和主控时序进程组成的有限状态机 VHDL 描述。

6．若已知输入信号如图 6-37 所示，分析状态机的工作时序，画出该状态机的状态转换值（current_state）和输出控制信号（outa）。

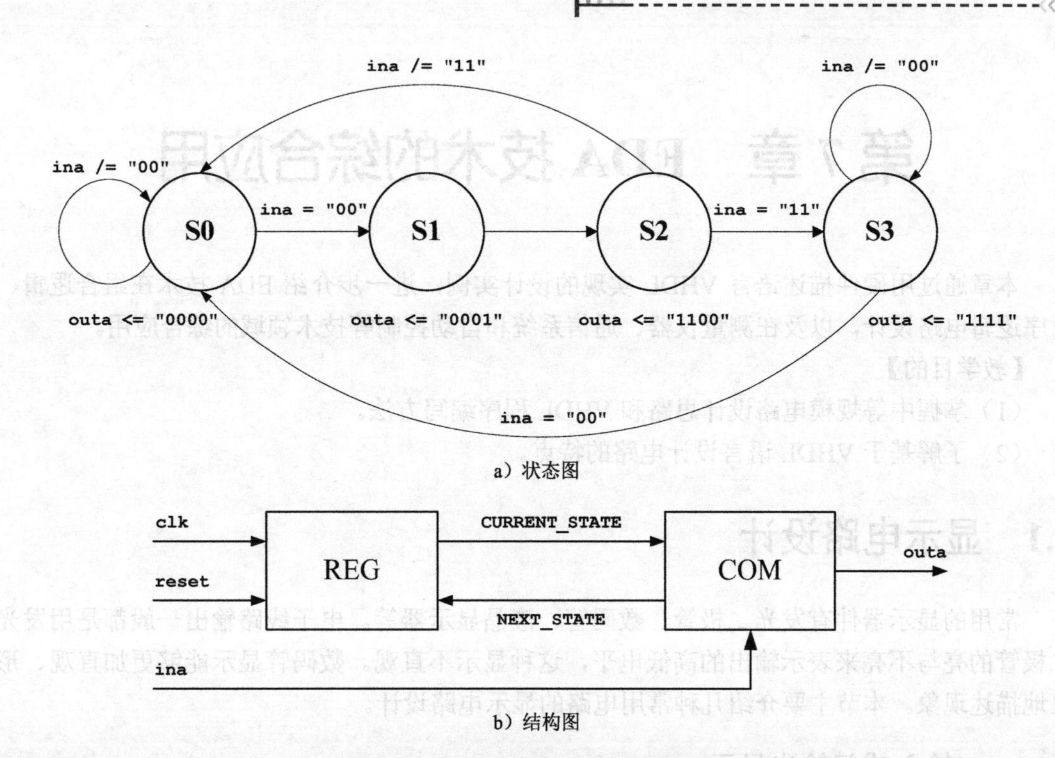

a）状态图

b）结构图

图 6-36　状态机的状态图和结构图

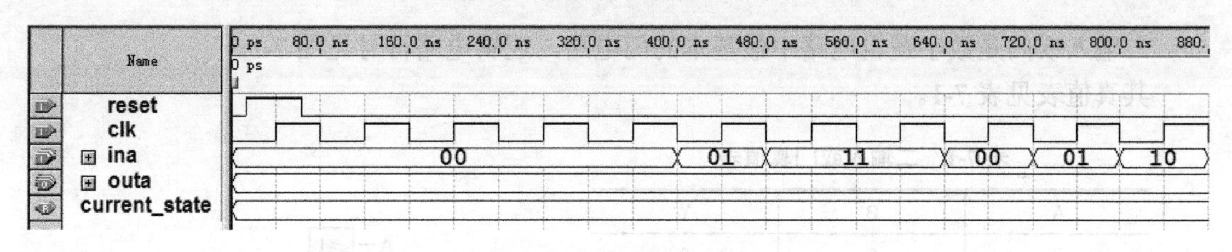

图 6-37　输入信号波形

7. 若状态机仿真过程中出现“毛刺”现象，应如何消除？至少指出两种方法，并简单说明其原理。

第 7 章　EDA 技术的综合应用

本章通过用硬件描述语言 VHDL 实现的设计实例，进一步介绍 EDA 技术在组合逻辑、时序逻辑电路设计，以及在测量仪器、通信系统和自动控制等技术领域的综合应用。

【教学目的】

（1）掌握中等规模电路设计思路和 VHDL 程序编写方法。

（2）了解基于 VHDL 语言设计电路的特点。

7.1　显示电路设计

常用的显示器件有发光二极管、数码管、液晶显示器等。电子线路输出一般都是用发光二极管的亮与不亮来表示输出的高低电平，这种显示不直观。数码管显示能够更加直观、形象地描述现象。本节主要介绍几种常用电路的显示电路设计。

7.1.1　二输入或门输出显示

二输入或门是数字逻辑电路中最基本的门电路，逻辑电路符号见图 7-1。

其真值表见表 7-1。

表 7-1　二输入或门真值表

A	B	Y
0	0	0
0	1	1
1	0	1
1	1	1

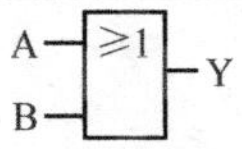

A ≥1 Y
B

图 7-1　二输入或门逻辑电路符号

二输入或门的程序设计可以有多种方式。输出结果主要通过 3-8 线译码器译码转换为七段显示码的输入，其电路程序设计如下：

```
LIBRARY IEEE;
USE IEEE.STD_LOGIC_1164.ALL;
USE IEEE.STD_LOGIC_UNSIGNED.ALL;
--*****************************************
ENTITY or1 IS
PORT(a,b:in std_logic;
     out_c:out std_logic_vector(7 downto 0);
     out_38:out std_logic_vector(2 downto 0));
END or1;
--*****************************************
```

```
ARCHITECTURE rtl OF or1 IS
SIGNAL y:std_logic;
BEGIN
    y<=a OR b;
    out_38<="000";
    out_c<="00111111" when y='0' else
           "00000110";
END rtl;
```

波形见图 7-2。

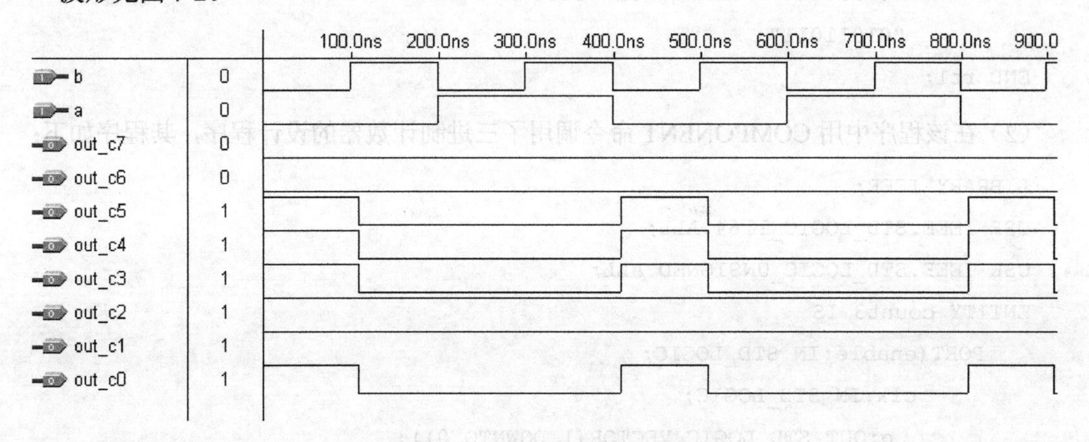

图 7-2 二输入或门仿真波形图

7.1.2 三进制计数器

第 6 章讲到过三进制计数器的设计原理，一般需要两个灯来显示结果，在这里我们用一个数码管来显示结果，让读者能够更加直观地理解三进制计数器的计数过程。其程序设计如下：

（1）顶层文件的 VHDL 源程序如下：

```
LIBRARY IEEE;
USE IEEE.STD_LOGIC_1164.ALL;
ENTITY dsp3 IS
PORT(enable:IN STD_LOGIC;
        clk:IN STD_LOGIC;
     out_38:OUT STD_LOGIC_VECTOR(2 DOWNTO 0);
    segment:OUT STD_LOGIC_VECTOR(6 DOWNTO 0)
    );
END dsp3;
ARCHITECTURE rt1 OF dsp3 IS
COMPONENT count3
    PORT(enable:IN STD_LOGIC;
```

```
              clk:IN STD_LOGIC;
                q:OUT STD_LOGIC_VECTOR(1 DOWNTO 0));
END COMPONENT;
SIGNAL q:STD_LOGIC_VECTOR(1 DOWNTO 0);
BEGIN
U0:count3 PORT MAP(enable,clk,q);
out_38<="000";
segment<="00111111" when q="00" else
          "00000110" when q="01" else
          "01011011";
END rt1;
```

（2）在该程序中用 COMPONENT 命令调用了三进制计数器的设计程序，其程序如下：

```
LIBRARY IEEE;
USE IEEE.STD_LOGIC_1164.ALL;
USE IEEE.STD_LOGIC_UNSIGNED.ALL;
ENTITY count3 IS
    PORT(enable:IN STD_LOGIC;
          clk:IN STD_LOGIC;
            q:OUT STD_LOGIC_VECTOR(1 DOWNTO 0));
END count3;
ARCHITECTURE rt1 OF count3 IS
SIGNAL q_tmp:STD_LOGIC_VECTOR(1 DOWNTO 0);
    BEGIN
    PROCESS(clk)
    BEGIN
    IF(clk'event and clk='1')THEN
      IF(enable='1')THEN
        IF(q_tmp="10")THEN
         q_tmp<=(others=>'0');
         ELSE
         q_tmp<=q_tmp+1;
        END IF;
      END IF;
    END IF;
    q<=q_tmp;
END PROCESS;
END rt1;
```

波形见图 7-3。

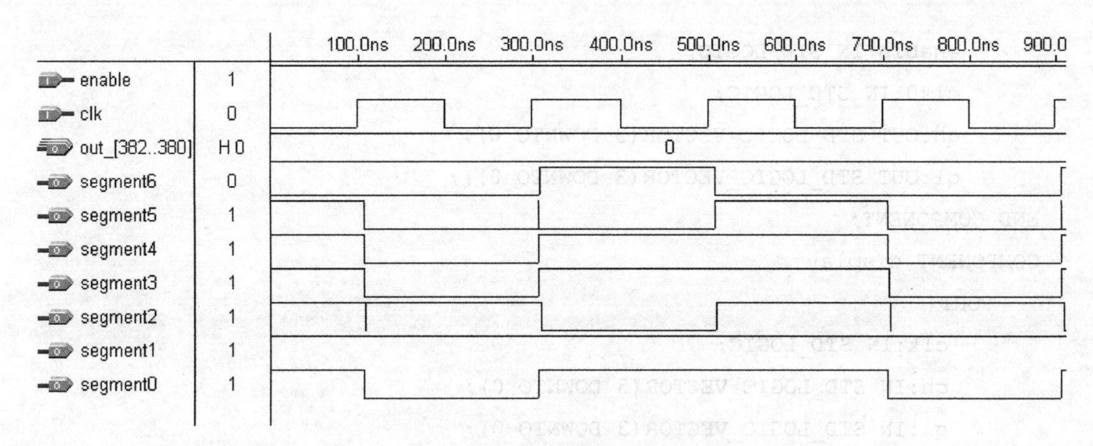

图 7-3 三进制计数器仿真波形图

7.1.3 二十四进制计数器

二十四进制计数器显示和三进制计数器显示的思路一样。不同之处在于前者需要两个数码管，在设计时必须考虑数码管的选择。在任何自顶向下的 VHDL 设计描述中，设计人员常常将整个设计的系统划分为几个模块，然后采用结构描述方式对整个系统进行描述。

1. 顶层文件的 VHDL 源程序

二十四进制计数器显示电路设计过程中包含了计数部分和显示部分。另外，为了使计数准确，我们必须要获得稳定的频率，即还包括稳定的频率源部分。下面给出顶层文件的 VHDL 源程序，其中 3 个模块以元件形式给出。首先，在结构体的说明部分进行元件说明，然后，在结构体中进行例化调用。同时，在结构体的说明部分定义了中间信号，主要用来在模块之间传递信息。

```
LIBRARY IEEE;
USE IEEE.STD_LOGIC_1164.ALL;
USE IEEE.STD_LOGIC_UNSIGNED.ALL;
ENTITY clock IS
PORT(
      clk:IN STD_LOGIC;
      enable:IN STD_LOGIC;
      sel:OUT STD_LOGIC_VECTOR(2 DOWNTO 0);
      segment:OUT STD_LOGIC_VECTOR(6 DOWNTO 0));
END clock;
ARCHITECTURE rt1 OF clock IS
COMPONENT clk_div1000
PORT(clk:IN STD_LOGIC;
     clk_div:OUT STD_LOGIC);
END COMPONENT;
COMPONENT count24
PORT(
```

```
        enable:IN STD_LOGIC;
        clk0:IN STD_LOGIC;
        qh:OUT STD_LOGIC_VECTOR(3 DOWNTO 0);
        ql:OUT STD_LOGIC_VECTOR(3 DOWNTO 0));
  END COMPONENT;
  COMPONENT display
     PORT(
         clk:IN STD_LOGIC;
         qh:IN STD_LOGIC_VECTOR(3 DOWNTO 0);
         ql:IN STD_LOGIC_VECTOR(3 DOWNTO 0);
         sel:OUT STD_LOGIC_VECTOR(2 DOWNTO 0);
        segment:OUT STD_LOGIC_VECTOR(6 DOWNTO 0));
  END COMPONENT;
        signal qh:STD_LOGIC_VECTOR(3 DOWNTO 0);
        signal ql:STD_LOGIC_VECTOR(3 DOWNTO 0);
        signal clk0:STD_LOGIC;
  BEGIN
  u0:clk_div1000 PORT MAP(clk,clk0);
  u1:count24 PORT MAP(enable,clk0,qh,ql);
  u2:display PORT MAP(clk,qh,ql,sel,segment);
  ENG rt1;
```

2．频率源模块的 VHDL 源程序

为了获得稳定的频率源，采用 1000Hz 频率作为输入，用一千进制计数器分频得到 1Hz 频率。其程序如下：

```
  LIBRARY IEEE;
  USE IEEE.STD_LOGIC_1164.ALL;
  USE IEEE.STD_LOGIC_UNSIGNED.ALL;
  ENTITY clk_div1000 IS
  PORT(clk:IN STD_LOGIC;
       clk_div:OUT STD_LOGIC);
    END clk_div1000;
  ARCHITECTURE rt1 OF clk_div1000 IS
  SIGNAL q_tmp:INTEGER range 0 to 777;
  BEGIN
  PROCESS(clk)
  BEGIN
  IF(clk'event and clk='1')THEN
     IF(q_tmp=777)THEN
        q_tmp<=0;
```

```
  ELSE
      q_tmp<=q_tmp+1;
   END IF;
  END IF;
END PROCESS;
PROCESS(clk)
BEGIN
  IF(clk'event and clk='1')THEN
     IF(q_tmp=777)THEN
        clk_div<='1';
     ELSE
        clk_div<='0';
  END IF;
END IF;
END PROCESS;
END rt1;
```

3. 计数模块的VHDL源程序

在二十四进制计数器的设计中，把24分为个位和十位设计。其VHDL源代码如下：

```
LIBRARY IEEE;
USE IEEE.STD_LOGIC_1164.ALL;
USE IEEE.STD_LOGIC_UNSIGNED.ALL;
ENTITY count24 IS
PORT(
     enable:IN STD_LOGIC;
      clk0:IN STD_LOGIC;
      cout:OUT STD_LOGIC;
       qh:OUT STD_LOGIC_VECTOR(3 DOWNTO 0);
       ql:OUT STD_LOGIC_VECTOR(3 DOWNTO 0));
END count24;
ARCHITECTURE rt1 OF count24 IS
SIGNAL qh_temp, ql_temp:STD_LOGIC_VECTOR(3 DOWNTO 0);
BEGIN
PROCESS(clk0)
BEGIN
IF (clk0'event and clk0='1') THEN
     IF (enable='1') THEN
        IF (qh_temp="0010" and ql_temp="0011") THEN
          qh_temp<="0000";
          ql_temp<="0000";
```

```
            ELSE
                IF (ql_temp="1001") THEN
                    ql_temp<="0000";
                    qh_temp<=qh_temp+1;
                ELSE
                    ql_temp<=ql_temp+1;
                END IF;
            END IF;
        END IF;
    END IF;
    qh<=qh_temp;
    ql<=ql_temp;
    END PROCESS;
    END rtl;
```

4．显示模块的VHDL源程序

显示模块的输入信号主要来自于计数部分的输出信息。在输出信号中，采用循环点亮两个LED七段显示数码管显示输出。通过信号来进行两个LED七段显示数码管的选择，从而将输出信号送到相应的LED七段显示数码管上完成二十四进制计数器的结果显示。模块框图见图7-4。

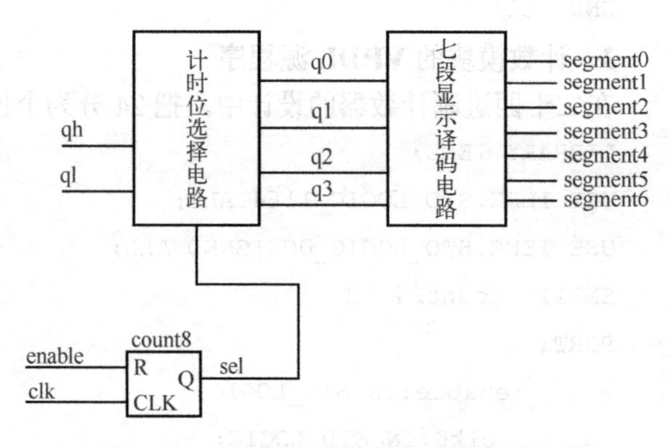

图7-4　二十四进制计数器显示电路模块图

从图7-4中可以看出，显示模块有3个部分构成：八进制计数器、计时位选择电路、七段显示译码电路。

在外部时钟信号clk的作用下，八进制计数器的输出从000到111按顺序循环变化，输出信号为sel。信号sel作为计时位选择电路的选择信号，用来选择对应位的数据并将其转换为4位位矢量。最后将计时位选择电路的输出信号q送到七段显示译码电路的输入端口，将其转换成LED七段显示数码管的segment信号。

下面描述显示模块中的4个子电路，然后描述其总体功能。

八进制计数器VHDL源代码如下：

```
LIBRARY IEEE;
USE IEEE.STD_LOGIC_1164.ALL;
USE IEEE.STD_LOGIC_UNSIGNED.ALL;
ENTITY count8 IS
PORT(
     clk:IN STD_LOGIC;
     sel:OUT STD_LOGIC_VECTOR(2 DOWNTO 0));
```

```
END count8;
ARCHITECTURE rt1 OF count8 IS
SIGNAL sel_tmp:STD_LOGIC_VECTOR(2 DOWNTO 0);
BEGIN
PROCESS(clk)
BEGIN
   IF(clk'event and clk='1')THEN
     IF(sel_tmp="111")THEN
        sel_tmp<=(others=>'0');
     ELSE
        sel_tmp<=sel_tmp+1;
     END IF;
   END IF;
  sel<=sel_tmp;
END PROCESS;
END rt1;
```

计时位选择电路的功能是根据八进制计数器的计数输出的选择信号来选择对应计时显示位的计时数据，作为送到七段显示译码电路的输入数据。在计时位选择电路中，要将输入数据都转化成4位宽度的数据。其VHDL源代码如下：

```
LIBRARY IEEE;
USE IEEE.STD_LOGIC_1164.ALL;
ENTITY time_choose IS
PORT(sel:IN STD_LOGIC_VECTOR(2 DOWNTO 0);
      qh:IN STD_LOGIC_VECTOR(3 DOWNTO 0);
      ql:IN STD_LOGIC_VECTOR(3 DOWNTO 0);
      q:OUT STD_LOGIC_VECTOR(3 DOWNTO 0));
END time_choose;
ARCHITECTURE rt1 OF time_choose IS
BEGIN
PROCESS(sel,qh,ql)
BEGIN
CASE sel IS
      WHEN "000"=>q<=ql;
      WHEN "001"=>q<=qh;
      WHEN OTHERS=>q<="XXXX";
END CASE;
END PROCESS;
END rt1;
```

七段显示译码电路的功能是将显示的数据转换成LED七段显示数码管的segment信号。

其 VHDL 源代码如下：

```
LIBRARY IEEE;
USE IEEE.STD_LOGIC_1164.ALL;
ENTITY seg7 IS
PORT(q:IN STD_LOGIC_VECTOR(3 DOWNTO 0);
    segment:OUT STD_LOGIC_VECTOR(6 DOWNTO 0));
END seg7;
ARCHITECTURE rtl OF seg7 IS
BEGIN
PROCESS(q)
BEGIN
CASE q IS
    WHEN "0000"=>segment<="0111111";
    WHEN "0001"=>segment<="0000110";
    WHEN "0010"=>segment<="1011011";
    WHEN "0011"=>segment<="1001111";
    WHEN "0100"=>segment<="1100110";
    WHEN "0101"=>segment<="1101101";
    WHEN "0110"=>segment<="1111101";
    WHEN "0111"=>segment<="0100111";
    WHEN "1000"=>segment<="1111111";
    WHEN "1001"=>segment<="1101111";
    WHEN OTHERS=>segment<="XXXXXXX";
END CASE;
END PROCESS;
END rtl;
```

在描述二十四进制计数器显示模块时，以引用元件的形式来调用以上描述的子电路。其 VHDL 源代码如下：

```
LIBRARY IEEE;
USE IEEE.STD_LOGIC_1164.ALL;
ENTITY display IS
PORT(
    clk:IN STD_LOGIC;
    qh:IN STD_LOGIC_VECTOR(3 DOWNTO 0);
    ql:IN STD_LOGIC_VECTOR(3 DOWNTO 0);
    sel:OUT STD_LOGIC_VECTOR(2 DOWNTO 0);
    segment:OUT STD_LOGIC_VECTOR(6 DOWNTO 0));
END display;
ARCHITECTURE rtl OF display IS
```

```
COMPONENT count8
PORT(clk:IN STD_LOGIC;
    sel:OUT STD_LOGIC_VECTOR(2 DOWNTO 0));
END COMPONENT;
COMPONENT time_choose
PORT(sel:IN STD_LOGIC_VECTOR(2 DOWNTO 0);
      qh:IN STD_LOGIC_VECTOR(3 DOWNTO 0);
      ql:IN STD_LOGIC_VECTOR(3 DOWNTO 0);
      q:OUT STD_LOGIC_VECTOR(3 DOWNTO 0));
END COMPONENT;
COMPONENT seg7
PORT(q:IN STD_LOGIC_VECTOR(3 DOWNTO 0);
      segment:OUT STD_LOGIC_VECTOR(6 DOWNTO 0));
END COMPONENT;
SIGNAL sel_tmp:STD_LOGIC_VECTOR(2 DOWNTO 0);
SIGNAL q:STD_LOGIC_VECTOR(3 DOWNTO 0);
SIGNAL segment_tmp:STD_LOGIC_VECTOR(6 DOWNTO 0);
   BEGIN
   U0:count8 PORT MAP(clk,sel_tmp);sel<=sel_tmp;
   U2:time_choose PORT MAP(sel_tmp,qh,ql,q);
   U3:seg7 PORT MAP(q,segment_tmp);
    segment<=segment_tmp;
   END rt1;
```

7.2　多路彩灯控制器的设计

7.2.1　多路彩灯控制器的设计要求

设计一个16路彩灯控制器，6种花形循环变化，有清零开关，并且可以选择快慢两种节拍。

7.2.2　多路彩灯控制器的设计方案

根据系统设计要求，整个系统共有3个输入信号，即控制彩灯节奏快慢的基准时钟信号CLK_IN，系统清零信号CLR，彩灯节奏快慢选择开关CHOSE_KEY；共有16个输出信号LED[15..0]，分别用于控制16路彩灯。

据此，可将整个彩灯控制器分为两大部分：时序控制电路和显示控制电路。

7.2.3　多路彩灯控制器各模块的设计与实现

1. 时序控制模块的设计与实现

在时序控制电路的设计中，利用计数器计数达到分频值时，对计数器进行清零，同时将输出信号反向，实现了对输入基准时钟信号的分频。其 VHDL 源程序如下：

```
LIBRARY IEEE;
USE IEEE.STD_LOGIC_1164.ALL;
USE IEEE.STD_LOGIC_UNSIGNED.ALL;
ENTITY SXKZ IS
    PORT(CHOSE_KEY:IN STD_LOGIC;
              CLK_IN:IN STD_LOGIC;
                CLR:IN STD_LOGIC;
               CLK:OUT STD_LOGIC);
END SXKZ;
ARCHITECTURE ART OF SXKZ IS
SIGNAL CLLK: STD_LOGIC;
BEGIN
PROCESS(CLK_IN,CLR,CHOSE_KEY)
VARIABLE TEMP: STD_LOGIC_VECTOR(2 DOWNTO 0);
BEGIN
  IF CLR='1' THEN
     CLLK<='0';TEMP:="000";
  ELSIF RISING_EDGE(CLK_IN) THEN
    IF CHOSE_KEY='1' THEN
      IF TEMP="011" THEN
        TEMP:="000";
        CLLK<=NOT CLLK;
      ELSE
        TEMP:=TEMP+'1';
      END IF;
    ELSE
      IF TEMP="111" THEN
        TEMP:="000";
        CLLK<=NOT CLLK;
      ELSE
        TEMP:=TEMP+'1';
      END IF;
    END IF;
  END IF;
END PROCESS;
CLK<=CLLK;
END ART;
```

其仿真波形见图 7-5。

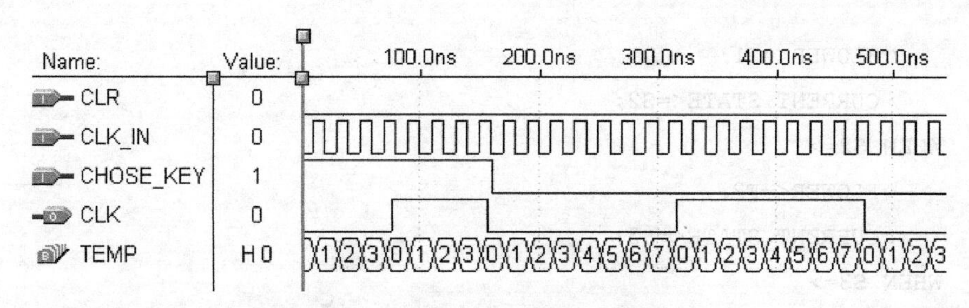

图 7-5　时序控制电路仿真波形图

2．显示控制模块的设计与实现

在显示控制电路的设计中，利用状态机实现了 6 种花形的循环变化，同时利用 6 个 16 位常数的设计，可方便地设置和修改 6 种花型。其 VHDL 源程序如下：

```
LIBRARY IEEE;
USE IEEE.STD_LOGIC_1164.ALL;
ENTITY XSKZ IS
PORT(CLK:IN STD_LOGIC;
     CLR:IN STD_LOGIC;
     LED:OUT STD_LOGIC_VECTOR(15 DOWNTO 0));
END XSKZ;
ARCHITECTURE ART OF XSKZ IS
TYPE STATE IS(S0,S1,S2,S3,S4,S5,S6);
SIGNAL CURRENT_STATE:STATE;
SIGNAL FLOWER:STD_LOGIC_VECTOR(15 DOWNTO 0);
BEGIN
PROCESS(CLR,CLK)
CONSTANT F1:STD_LOGIC_VECTOR(15 DOWNTO 0):="0001000100010001";
CONSTANT F2:STD_LOGIC_VECTOR(15 DOWNTO 0):="1010101010101010";
CONSTANT F3:STD_LOGIC_VECTOR(15 DOWNTO 0):="0011001100110011";
CONSTANT F4:STD_LOGIC_VECTOR(15 DOWNTO 0):="0100100100100100";
CONSTANT F5:STD_LOGIC_VECTOR(15 DOWNTO 0):="1001010010100101";
CONSTANT F6:STD_LOGIC_VECTOR(15 DOWNTO 0):="1101101101100110";
BEGIN
  IF CLR='1' THEN
     CURRENT_STATE<=S0;
  ELSIF RISING_EDGE(CLK) THEN
    CASE CURRENT_STATE IS
      WHEN S0=>
          FLOWER<="ZZZZZZZZZZZZZZZZ";
          CURRENT_STATE<=S1;
      WHEN S1=>
```

```
            FLOWER<=F1;
            CURRENT_STATE<=S2;
        WHEN S2=>
            FLOWER<=F2;
            CURRENT_STATE<=S3;
        WHEN S3=>
            FLOWER<=F3;
            CURRENT_STATE<=S4;
        WHEN S4=>
            FLOWER<=F4;
            CURRENT_STATE<=S5;
        WHEN S5=>
            FLOWER<=F5;
            CURRENT_STATE<=S6;
        WHEN S6=>
            FLOWER<=F6;
            CURRENT_STATE<=S1;
      END CASE;
    END IF;
  END PROCESS;
  LED<=FLOWER;
  END ART;
```

其仿真波形见图 7-6。

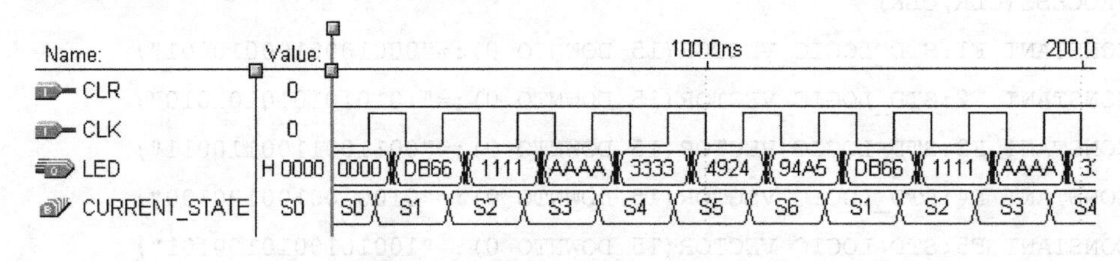

图 7-6 显示控制电路仿真波形图

3. 多路彩灯控制器的顶层文件

多路彩灯控制器的组成原理框图见图 7-7。

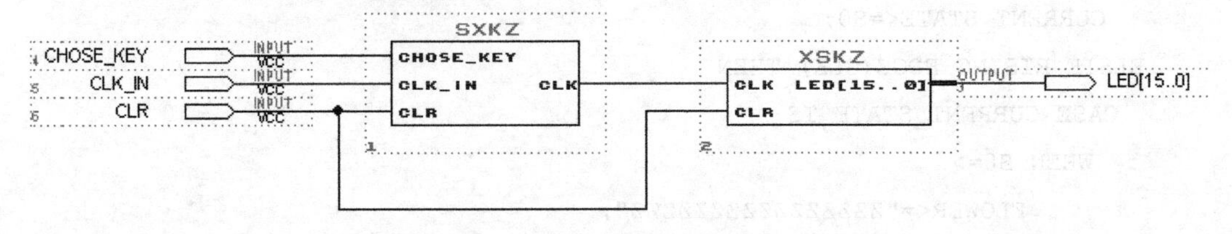

图 7-7 多路彩灯控制器顶层文件

其仿真波形见图 7-8。

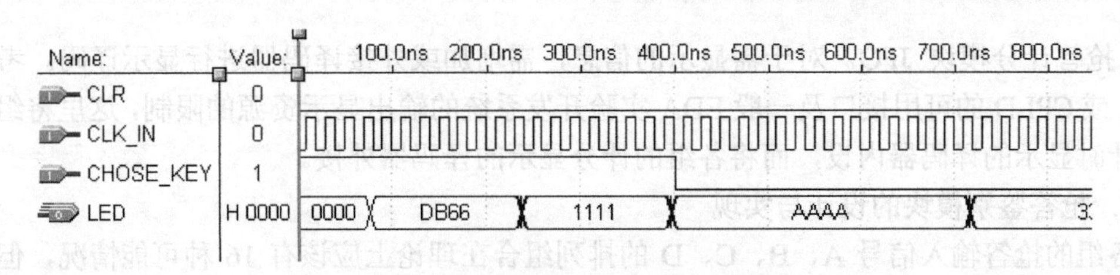

图 7-8　多路彩灯控制器仿真波形图

系统的工作原理为：时序控制电路根据输入信号 CLK_IN，CLR，CHOSE_KEY 产生符合一定要求的、供显示控制电路使用的控制时钟信号，而显示控制电路则根据时序控制电路输入的控制时钟信号，输出 6 种花形循环变化的、控制 16 路彩灯工作的控制信号，这些控制信号加上驱动电路一起控制彩灯工作。

7.3　智力抢答器的设计

在许多比赛活动中，为了准确、公正、直观地判断出第一抢答者，通常设置一台抢答器，通过数显、灯光及音响等多种手段指出第一抢答者。同时，还可以设置计分、犯规及奖惩记录等多种功能。

7.3.1　抢答器的设计要求

（1）设计制作一个可容纳 4 组参赛者的数字智力抢答器，每组设置一个抢答按钮供抢答者使用。

（2）电路具有第一抢答信号的鉴别和锁存功能。在主持人将系统复位并发出抢答指令后，若参加者按抢答开关，则该组指示灯亮并用组别显示电路显示抢答者的组别。此时，电路具备自锁功能，使别组的抢答开关不起作用。

（3）设置计分电路。每组在开始时预置成 100 分，抢答后主持人计分，答对一次加 10 分。

（4）设置犯规电路。对提前抢答和超时抢答的组别鸣喇叭示警，并由组别显示电路显示出犯规组别。

7.3.2　抢答器的设计方案

根据系统设计要求可知，系统的输入信号有：各组的抢答按钮 A、B、C、D，系统清零信号 CLR，系统始终信号 CLK，计分复位端 RST，加分按钮端 ADD，计时预置控制端 LDN，计时使能端 EN，计时预置数据调整按钮 TA、TB；系统的输出信号有：4 个组抢答成功与否的指示灯控制信号输出口 LEDA、LEDB、LEDC、LEDD，4 个组抢答时的计时数码显示控制信号若干，抢答成功组别显示的控制信号若干，各组计分动态显示的控制信号若干。本系统应具有的功能有：第一抢答信号的鉴别和锁存功能；抢答计时功能；各组得分的累加和动态显示功能；抢答犯规记录功能。

7.3.3　抢答器各模块的设计与实现

根据以上分析，可将整个系统分为 3 个主要模块：抢答鉴别模块 QDJB；抢答计时模块

JSQ；抢答计分模块 JFQ。对于需显示的信息，需增加或外接译码器进行显示译码。考虑到FPGA 或 CPLD 的可用接口及一般 EDA 实验开发系统的输出显示资源的限制，这里将组别显示和计时显示的译码器内设，而将各组的计分显示的译码器外接。

1．抢答鉴别模块的设计与实现

各组的抢答输入信号 A、B、C、D 的排列组合在理论上应该有 16 种可能情况，但实际上由于芯片的反应速度快到一定程度时，两组以上同时抢答成功的可能性很小，所以设计时可只考虑 A、B、C、D 分别抢答成功的 4 种情况。其 VHDL 源程序如下：

```
LIBRARY IEEE;
USE IEEE.STD_LOGIC_1164.ALL;
ENTITY QDJB IS
  PORT(CLR:IN STD_LOGIC;
      A,B,C,D:IN STD_LOGIC;
      A1,B1,C1,D1:OUT STD_LOGIC;
      STATES:OUT STD_LOGIC_VECTOR(3 DOWNTO 0));
END ENTITY QDJB;
ARCHITECTURE ART OF QDJB IS
CONSTANT W1:STD_LOGIC_VECTOR:="0001";
CONSTANT W2:STD_LOGIC_VECTOR:="0010";
CONSTANT W3:STD_LOGIC_VECTOR:="0100";
CONSTANT W4:STD_LOGIC_VECTOR:="1000";
BEGIN
  PROCESS(CLR,A,B,C,D)
  BEGIN
    IF CLR='1' THEN STATES<="0000";
    ELSIF(A='1' AND B='0' AND C='0' AND D='0') THEN
      A1<='1';B1<='0';C1<='0';D1<='0';STATES<=W1;
    ELSIF(A='0' AND B='1' AND C='0' AND D='0') THEN
      A1<='0';B1<='1';C1<='0';D1<='0';STATES<=W2;
    ELSIF(A='0' AND B='0' AND C='1' AND D='0') THEN
      A1<='0';B1<='0';C1<='1';D1<='0';STATES<=W3;
    ELSIF(A='0' AND B='0' AND C='0' AND D='1') THEN
      A1<='0';B1<='0';C1<='0';D1<='1';STATES<=W4;
    END IF;
  END PROCESS;
END ART;
```

其仿真波形见图 7-9。

2．抢答计分模块的设计与实现

抢答计分电路的设计一般按一定数制进行加减即可，但随着计数数目的增加，要将计数数目分解成十进制并进行译码显示会变得较为复杂。为了避免该种情况，通常是将一个大的进制数分解为数个十进制以内的进制数，并将计数器级连。但随着数位的增加，电路的接口也会相应增加。因此，本设计采用 IF 语句从低往高判断是否有进位，以采取相应的操作，既减少了接口，又简化了设计。其 VHDL 源程序如下：

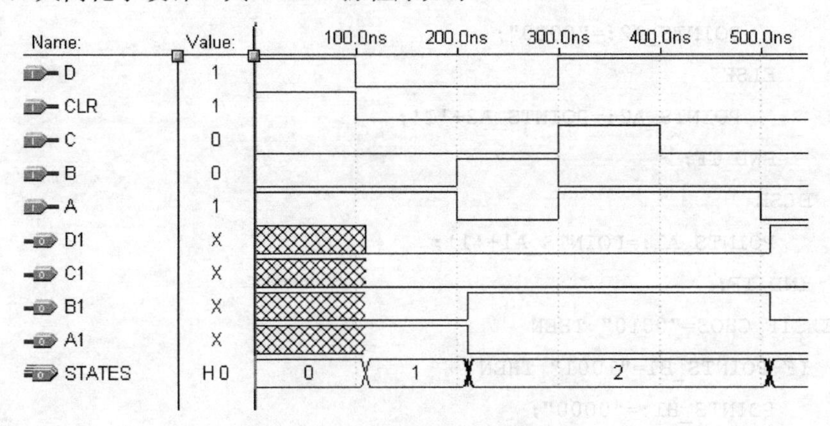

图 7-9 抢答鉴别电路仿真波形图

```
  LIBRARY IEEE;
  USE IEEE.STD_LOGIC_1164.ALL;
  USE IEEE.STD_LOGIC_UNSIGNED.ALL;
  ENTITY JFQ IS
 PORT(RST:IN STD_LOGIC;
     ADD:IN STD_LOGIC;
     CHOS:IN STD_LOGIC_VECTOR(3 DOWNTO 0);
     AA2,AA1,AA0,BB2,BB1,BB0:OUT STD_LOGIC_VECTOR(3 DOWNTO 0);
     CC2,CC1,CC0,DD2,DD1,DD0:OUT STD_LOGIC_VECTOR(3 DOWNTO 0));
  END ENTITY JFQ;
  ARCHITECTURE ART OF JFQ IS
    BEGIN
    PROCESS(RST,ADD,CHOS)
     VARIABLE POINTS_A2,POINTS_A1:STD_LOGIC_VECTOR(3 DOWNTO 0);
     VARIABLE POINTS_B2,POINTS_B1:STD_LOGIC_VECTOR(3 DOWNTO 0);
     VARIABLE POINTS_C2,POINTS_C1:STD_LOGIC_VECTOR(3 DOWNTO 0);
     VARIABLE POINTS_D2,POINTS_D1:STD_LOGIC_VECTOR(3 DOWNTO 0);
     BEGIN
     IF (ADD'EVENT AND ADD='1') THEN
       IF RST='1' THEN
         POINTS_A2:="0001";POINTS_A1:="0000";
         POINTS_B2:="0001";POINTS_B1:="0000";
         POINTS_C2:="0001";POINTS_C1:="0000";
         POINTS_D2:="0001";POINTS_D1:="0000";
       ELSIF CHOS="0001" THEN
```

```
    IF POINTS_A1="1001" THEN
      POINTS_A1:="0000";
      IF POINTS_A2="1001" THEN
        POINTS_A2:="0000";
      ELSE
        POINTS_A2:=POINTS_A2+'1';
      END IF;
    ELSE
      POINTS_A1:=POINTS_A1+'1';
    END IF;
  ELSIF CHOS="0010" THEN
    IF POINTS_B1="1001" THEN
      POINTS_B1:="0000";
      IF POINTS_B2="1001" THEN
        POINTS_B2:="0000";
      ELSE
        POINTS_B2:=POINTS_B2+'1';
      END IF;
    ELSE
      POINTS_B1:=POINTS_B1+'1';
    END IF;
  ELSIF CHOS="0100" THEN
    IF POINTS_C1="1001" THEN
      POINTS_C1:="0000";
      IF POINTS_C2="1001" THEN
        POINTS_C2:="0000";
      ELSE
        POINTS_C2:=POINTS_C2+'1';
      END IF;
    ELSE
      POINTS_C1:=POINTS_C1+'1';
    END IF;
  ELSIF CHOS="1000" THEN
    IF POINTS_D1="1001" THEN
      POINTS_D1:="0000";
      IF POINTS_D2="1001" THEN
        POINTS_D2:="0000";
      ELSE
        POINTS_D2:=POINTS_D2+'1';
```

```
          END IF;
        ELSE
          POINTS_D1:=POINTS_D1+'1';
        END IF;
      END IF;
    END IF;
    AA2<=POINTS_A2;AA1<=POINTS_A1;AA0<="0000";
    BB2<=POINTS_B2;BB1<=POINTS_B1;BB0<="0000";
    CC2<=POINTS_C2;CC1<=POINTS_C1;CC0<="0000";
    DD2<=POINTS_D2;DD1<=POINTS_D1;DD0<="0000";
  END PROCESS;
END ART;
```

其仿真波形见图 7-10。

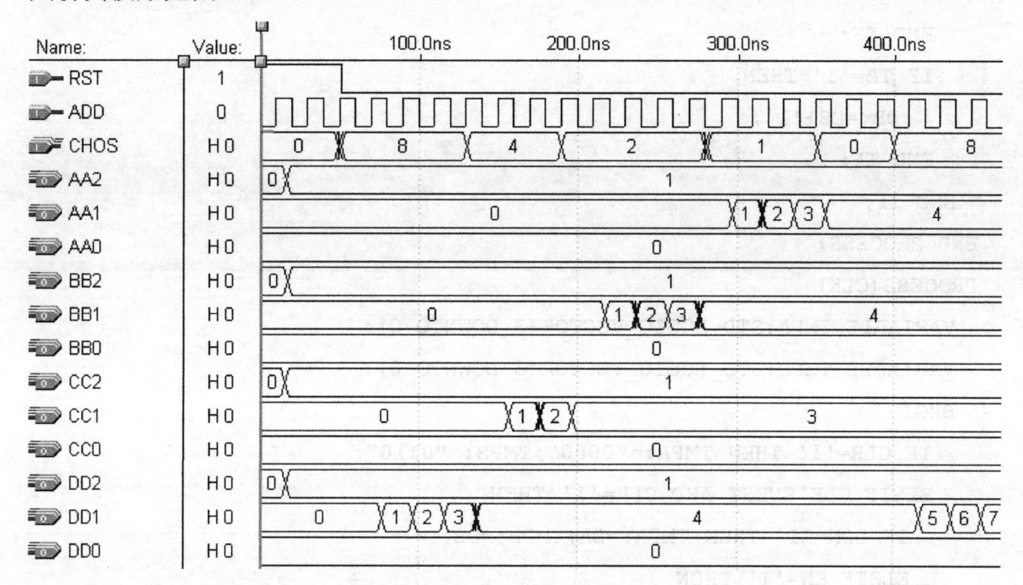

图 7-10　计分器电路仿真波形图

3．抢答计时模块的设计与实现

本系统中的计时器电路既有计时初始值的预置功能，又有减计数功能。其中，初始值的预置功能是将两位数分解成两个数分别进行预置。其 VHDL 源程序如下：

```
LIBRARY IEEE;
USE IEEE.STD_LOGIC_1164.ALL;
USE IEEE.STD_LOGIC_UNSIGNED.ALL;
ENTITY JSQ IS
  PORT(CLR,LDN,EN,CLK:IN STD_LOGIC;
       TA,TB:IN STD_LOGIC;
       QA:OUT STD_LOGIC_VECTOR(3 DOWNTO 0);
       QB:OUT STD_LOGIC_VECTOR(3 DOWNTO 0));
```

```
END ENTITY JSQ;
ARCHITECTURE ART OF JSQ IS
  SIGNAL DA:STD_LOGIC_VECTOR(3 DOWNTO 0);
  SIGNAL DB:STD_LOGIC_VECTOR(3 DOWNTO 0);
  BEGIN
  PROCESS(TA,TB,CLR)
    BEGIN
    IF CLR='1' THEN
       DA<="0000";
       DB<="0000";
    ELSE
      IF TA='1' THEN
        DA<=DA+'1';
      END IF;
      IF TB='1' THEN
        DB<=DB+'1';
      END IF;
    END IF;
  END PROCESS;
  PROCESS(CLK)
    VARIABLE TMPA:STD_LOGIC_VECTOR(3 DOWNTO 0);
    VARIABLE TMPB:STD_LOGIC_VECTOR(3 DOWNTO 0);
    BEGIN
      IF CLR='1' THEN TMPA:="0000";TMPB:="0110";
      ELSIF CLK'EVENT AND CLK='1' THEN
        IF LDN='1' THEN TMPA:=DA;TMPB:=DB;
        ELSIF EN='1' THEN
          IF TMPA="0000" THEN
             TMPA:="1001";
             IF TMPB="0000" THEN TMPB:="0110";
             ELSE TMPB:=TMPB-1;
             END IF;
          ELSE TMPA:=TMPA-1;
          END IF;
        END IF;
      END IF;
      QA<=TMPA;QB<=TMPB;
  END PROCESS;
END ART;
```

其仿真波形见图 7-11。

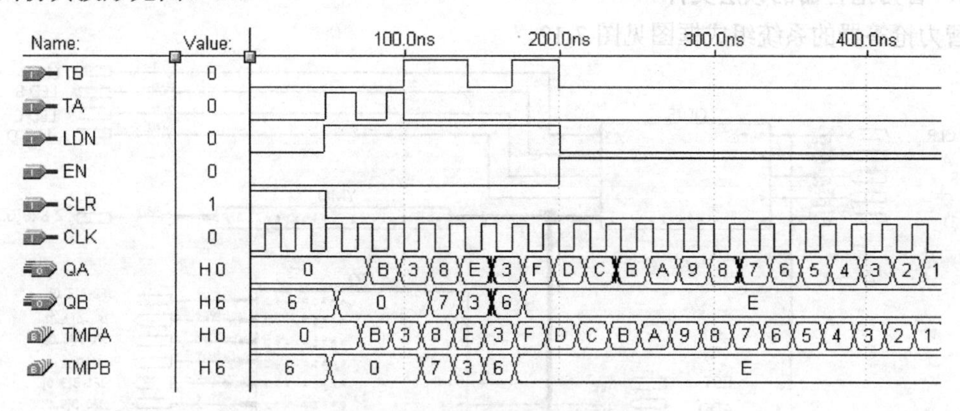

图 7-11　计时器电路仿真波形图

4．译码显示模块的设计与实现

译码器的 VHDL 源程序如下：

```
LIBRARY IEEE;
USE IEEE.STD_LOGIC_1164.ALL;
USE IEEE.STD_LOGIC_UNSIGNED.ALL;
ENTITY YMQ IS
  PORT(AIN4:IN STD_LOGIC_VECTOR(3 DOWNTO 0);
       DOUT7:OUT STD_LOGIC_VECTOR(6 DOWNTO 0));
END YMQ;
ARCHITECTURE ART OF YMQ IS
  BEGIN
  PROCESS(AIN4)
    BEGIN
    CASE AIN4 IS
    WHEN "0000"=>DOUT7<="0111111";
    WHEN "0001"=>DOUT7<="0000110";
    WHEN "0010"=>DOUT7<="1011011";
    WHEN "0011"=>DOUT7<="1001111";
    WHEN "0100"=>DOUT7<="1100110";
    WHEN "0101"=>DOUT7<="1101101";
    WHEN "0110"=>DOUT7<="1111101";
    WHEN "0111"=>DOUT7<="0000111";
    WHEN "1000"=>DOUT7<="1111111";
    WHEN "1001"=>DOUT7<="1101111";
    WHEN OTHERS=>DOUT7<="0000000";
    END CASE;
  END PROCESS;
END ART;
```

5. 智力抢答器的顶层文件

智力抢答器的系统组成框图见图 7-12。

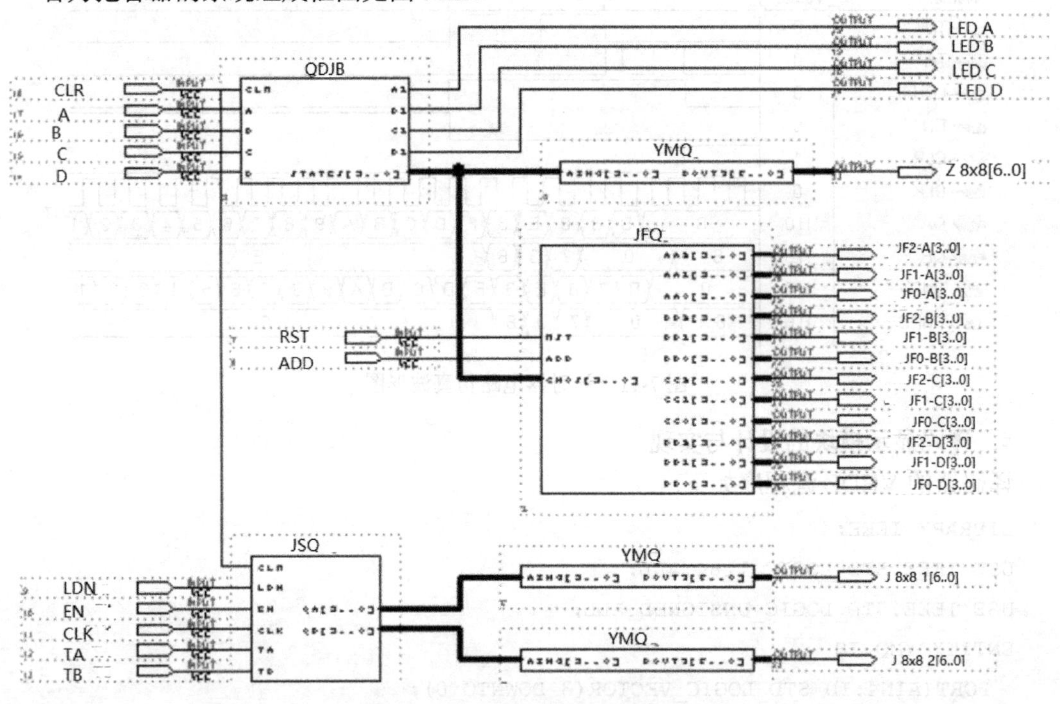

图 7-12 智力抢答器的系统组成框图

系统的工作原理如下：当主持人按下使能端 EN 时，抢答器开始工作，A、B、C、D 四位抢答者谁最先抢答成功则此选手的台号灯（LEDA～LEDD）将被点亮，并且主持人前的组别显示数码管将显示出抢答成功者的台号；接下来主持人提问，若回答正确，主持人按加分按钮 ADD，抢答计分模块将给对应组加分，并将该组的总分显示在对应的选手计分数码管 JF2_A～JF0_A、JF2_B～JF0_B、JF2_C～JF0_C、JF2_D～JF0_D 上。在此过程中，主持人可以采用计时手段，打开计时器使计时预置控制端 LDN 有效，输入限制时间，使计时使能端 EN 有效，开始计时。完成一轮抢答后，主持人清零，重新开始抢答。

7.4 量程自动转换数字式频率计的设计

频率计又称为频率计数器，它是一种专门对被测信号频率进行测量的电子测量仪器。频率计主要由 4 个部分构成：时基（T）电路、输入电路、计数显示电路以及控制电路。测量频率的方法有很多，按照其工作原理分为无源测频法、比较法、示波器法和计数法等。

7.4.1 频率计的设计要求

（1）频率计的测量范围为 1MHz，量程分 10kHz、100kHz 和 1000kHz 3 档（最大读数分别为 7.77kHz、77.7kHz、777kHz）。

（2）要求量程可根据被测量的大小自动转换，即当计数器溢出时，产生一个换档信号，让整个计数时间减少为原来的 1/10，从而实现换档功能。

（3）要求实现溢出报警功能，即当频率高于 777kHz 时，产生一个报警信号，点亮 LED 灯，从而实现溢出报警功能。

7.4.2　频率计的设计方案

1．频率计的工作原理

频率计基本的工作原理为：当被测信号在特定时间段 T 内的周期个数为 N 时，则被测信号的频率 $f=N/T$。

在一个测量周期过程中，被测周期信号在输入电路中经过放大、整形、微分操作之后形成特定周期的窄脉冲，送到主门的一个输入端。主门的另外一个输入端为时基电路产生的闸门脉冲。在闸门脉冲开启主门的期间，特定周期的窄脉冲才能通过主门，从而进入计数器进行计数，计数器的显示电路则用来显示被测信号的频率值，内部控制电路则用来完成各种测量功能之间的切换并实现测量设置。

常用的测量频率的方法有两种，一种是测周期法；另一种是测频率法。

（1）测周期法需要有基准系统时钟频率 F_s，在待测信号一个周期 T_x 内，记录基准时钟频率的周期数 N_s，则被测频率可表示为

$$F_x = F_s / N_s \tag{7-1}$$

（2）测频率法就是在一定的时间间隔 T_w 内，得到这个周期信号重复变化的次数 N_x，则被测频率可表示为

$$F_x = N_x / T_w \tag{7-2}$$

本设计采用的是直接测频率的方法。

2．频率计的系统框图

频率计的系统设计可以分为 4 位十进制计数模块、闸门控制模块、译码显示模块和可自动换档基准时钟模块，其系统框图见图 7-13。

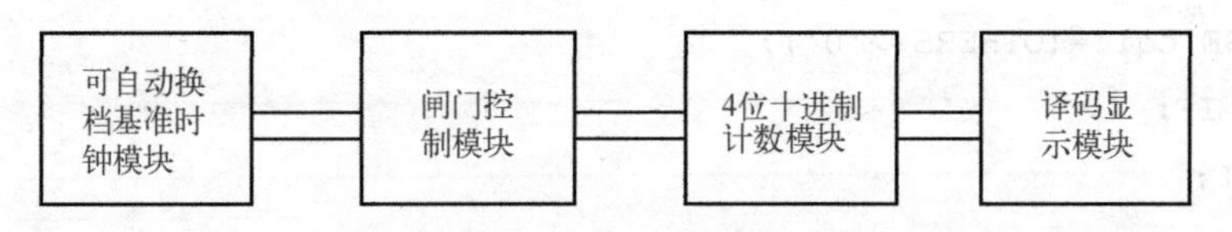

图 7-13　频率计的系统框图

其中，可自动换档模块为闸门控制模块提供 3 个档，也就是 3 个测量范围的基准时钟信号，通过计数器的最高位溢出情况来判定工作在第几档。

闸门控制模块根据基准时钟信号产生基准时钟信号周期 2 倍的周期使能信号，随后为锁存器产生一周期性的锁存信号，然后为计数模块产生一周期性的清零信号。

4 位十进制计数模块在使能信号和清零信号的控制下对被测信号的波形变化进行计数，若产生溢出则为自动换档模块输出一换档信号。

译码显示模块负责不闪烁的显示被测信号的频率以及数字频率计目前工作的档位。

7.4.3　频率计各模块的设计与实现

1．4 位十进制计数模块的设计与实现

4 位十进制计数模块包含 4 个级联的十进制计数器，用来对施加到时钟脉冲输入端的待

测信号产生的脉冲进行计数，十进制计数器具有计数使能端，清零控制端和进位输出功能。用于计数的时间间隔由闸门控制模块的控制信号发生器所产生的使能信号控制，计数使能信号也在闸门控制模块中产生，自动换档模块决定计数器读数的单位。

1 位十进制计数器的 VHDL 源程序如下：

```
LIBRARY IEEE;
USE IEEE.STD_LOGIC_1164.ALL;
USE IEEE.STD_LOGIC_UNSIGNED.ALL;
ENTITY cnt10v IS
PORT(clr:IN STD_LOGIC;
    clk:IN STD_LOGIC;
    cout:OUT STD_LOGIC;
    en:IN STD_LOGIC;
    cq:OUT STD_LOGIC_VECTOR(3 DOWNTO 0));
END cnt10v;
ARCHITECTURE example1 OF cnt10v IS
BEGIN
PROCESS(clr,clk,en)
  VARIABLE cqi:STD_LOGIC_VECTOR(3 DOWNTO 0);
BEGIN
  IF clr='1'THEN cqi:=(OTHERS=>'0');
   ELSIF clk'EVENT AND clk='1'THEN
    IF en='1' THEN
     IF cqi<7 THEN cqi:=cqi+1;
     ELSE cqi:=(OTHERS=>'0');
    END IF;
   END IF;
  END IF;
  IF cqi=7 THEN cout<='1';
 ELSE cout<='0';
 END IF;
 cq<=cqi;
END PROCESS;
END;
```

以上源程序编译成功后，可生成可调用文件 cnt10v.sym，用于 4 位十进制计数器的设计，见图 7-14。

2．闸门控制模块的设计与实现

以基准信号的周期为 1s 为例，频率测量的基本原理是计算 1s 内待测信号的脉冲个数，这就要求能产生一个周期为 2s，占空比为 50%的周期信号 TSTEN。用这个信号作为计数器的 EN 端输入，使其计数时间正好为 1s。当 TSTEN 为高电平时计数开始，为低电平时，计数停止。在计数器停止期间，首先要产生一个锁存信号 LOAD，用其上升沿控制锁存器 REG32 将之前的计数结果存入锁存器中，并由显示模块将其显示出来。设置锁存器是为了让显示稳定，不会因为周期性的清零信号使得显示的数值不断闪烁。锁存之后需有一清零信号 CLR_CNT 将计数器清零，为下 1s 的计数操作做准备。闸门控制模块的 VHDL 源程序如下：

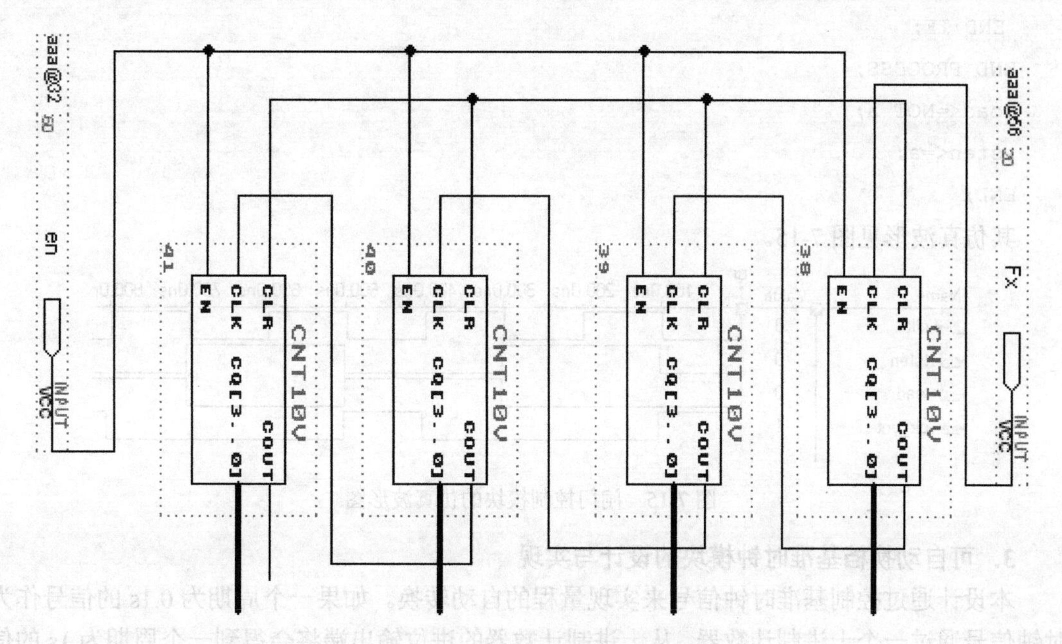

图 7-14　4 位十进制计数器的框图

```
LIBRARY IEEE;
USE IEEE.STD_LOGIC_1164.ALL;
ENTITY TESTCTL IS
PORT(clk:IN STD_LOGIC;
   clr_cnt:OUT STD_LOGIC;
   tsten:OUT STD_LOGIC;
   load:OUT STD_LOGIC);
END;
ARCHITECTURE example4 OF TESTCTL IS
SIGNAL a:STD_LOGIC;
BEGIN
PROCESS(clk)
BEGIN
  IF clk'EVENT AND clk='1'THEN
    a<=not a;
  END IF;
END PROCESS;
PROCESS(clk,a)
```

```
BEGIN
 IF a='0' and clk='0'THEN
   clr_cnt<='1';
 ELSE clr_cnt<='0';
 END IF;
END PROCESS;
load<=NOT a;
tsten<=a;
END;
```

其仿真波形见图 7-15。

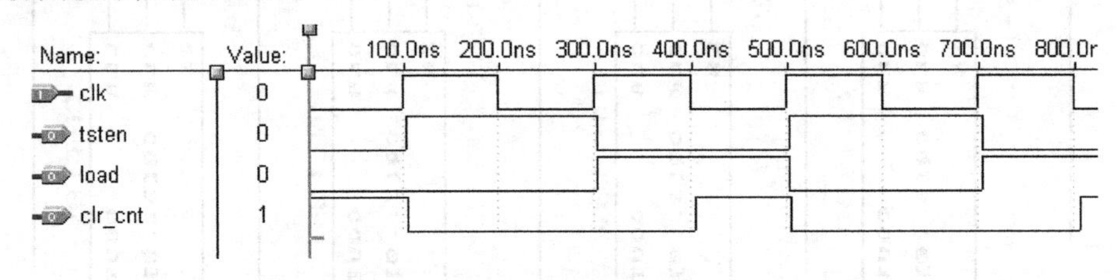

图 7-15　闸门控制模块的仿真波形图

3．可自动换档基准时钟模块的设计与实现

本设计通过控制基准时钟信号来实现量程的自动转换。如果一个周期为 0.1s 的信号作为时钟信号通过一个十进制计数器，从十进制计数器的进位输出端将会得到一个周期为 1s 的信号。因此，频率计的 3 个档位可通过 3 个十进制计数器的级联来实现，见图 7-16。

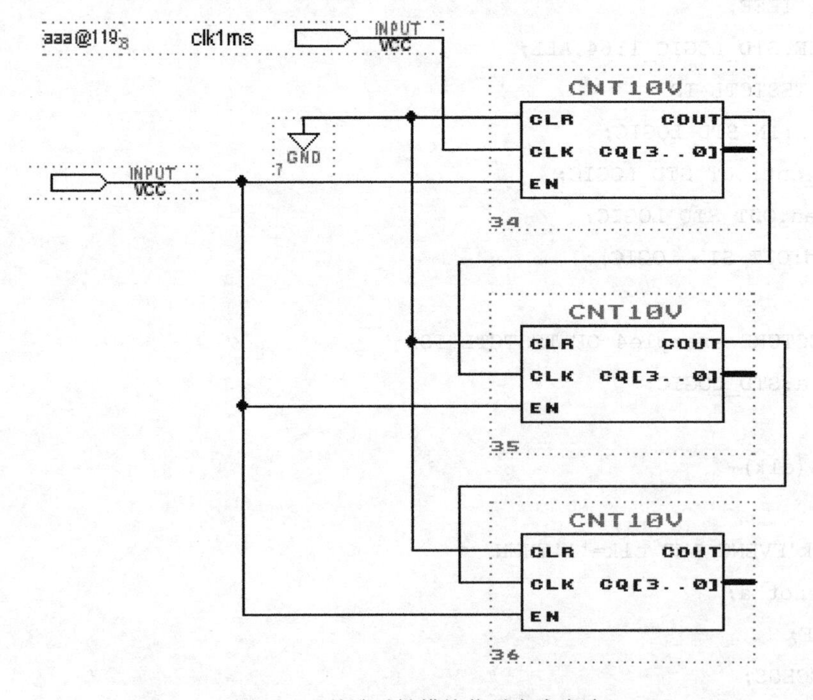

图 7-16　基准时钟模块信号产生电路

在第一个计数器的 CLK 端接一周期为 0.01s（频率为 1000Hz）的时钟信号，在第一个计数器的 COUT 端将会得到周期为 0.01s 的信号，即为 2 档，其测量范围为 100～999900Hz，同理第二个计数器 COUT 端将会得到周期为 0.1s 的信号，即为 1 档，其测量范围为 10～99990Hz，第三个计数器的 COUT 端将会得到周期为 1s 的信号，即为 0 档，其测量范围为 0～9999Hz。

这里还需要一个三选一选择器来选择第几个计数器的 COUT 端作为基准时钟信号。

三选一选择器可以根据十进制计数模块的溢出情况来作为选择标准。先使可自动换档基准时钟模块工作在 0 档，若被测频率高于 0 档的测量范围，则会使 4 位十进制计数模块产生溢出，用这个溢出信号（也就是十进制计数模块中最高位计数器的进位端）来使自动换档基准时钟模块工作在 1 档，同理如果被测频率还是高于 1 档的测量范围，就再自动换为 2 档。若被测频率仍然高于 2 档的测量范围，则输出一报警信号。其 VHDL 源程序如下：

```
LIBRARY IEEE;
USE IEEE.STD_LOGIC_1164.ALL;
ENTITY mux3 IS
PORT(a:IN STD_LOGIC_VECTOR(3 DOWNTO 0);
   y,o:OUT STD_LOGIC;
     input0:in STD_LOGIC;
     input1:in STD_LOGIC;
     input2:in STD_LOGIC);
END mux3;
ARCHITECTURE example5 OF mux3 IS
BEGIN
  PROCESS(input0,input1,input2,a)
 BEGIN
  CASE a IS
   WHEN"0000"=>y<=input0;
   WHEN"0001"=>y<=input1;
   WHEN"0010"=>y<=input2;
   WHEN OTHERS=>y<='0';o<='1';
END CASE;
END PROCESS;
END;
```

可自动换档基准时钟模块的电路见图 7-17。

图 7-17 中将所有计数器的清零信号接地，因为清零信号为高电平有效，接地信号一直保持零电平，这样保证计数器不会被清零，一直正常工作。

所有计数器的使能端需要一高电平信号 EN 使其一直保证工作状态。

角标为 37 的计数器并不属于实现基准时间信号换档功能的计数器组，它直接为三选一选择器 MUX3 服务，统计来自 4 位十进制计数模块的最高位进位信号的个数。举例来说，当 4 位十进制计数模块连续两次溢出时，它的计数值为 2，三选一选择器使得可自动换档基准时钟模块工作在 2 档。

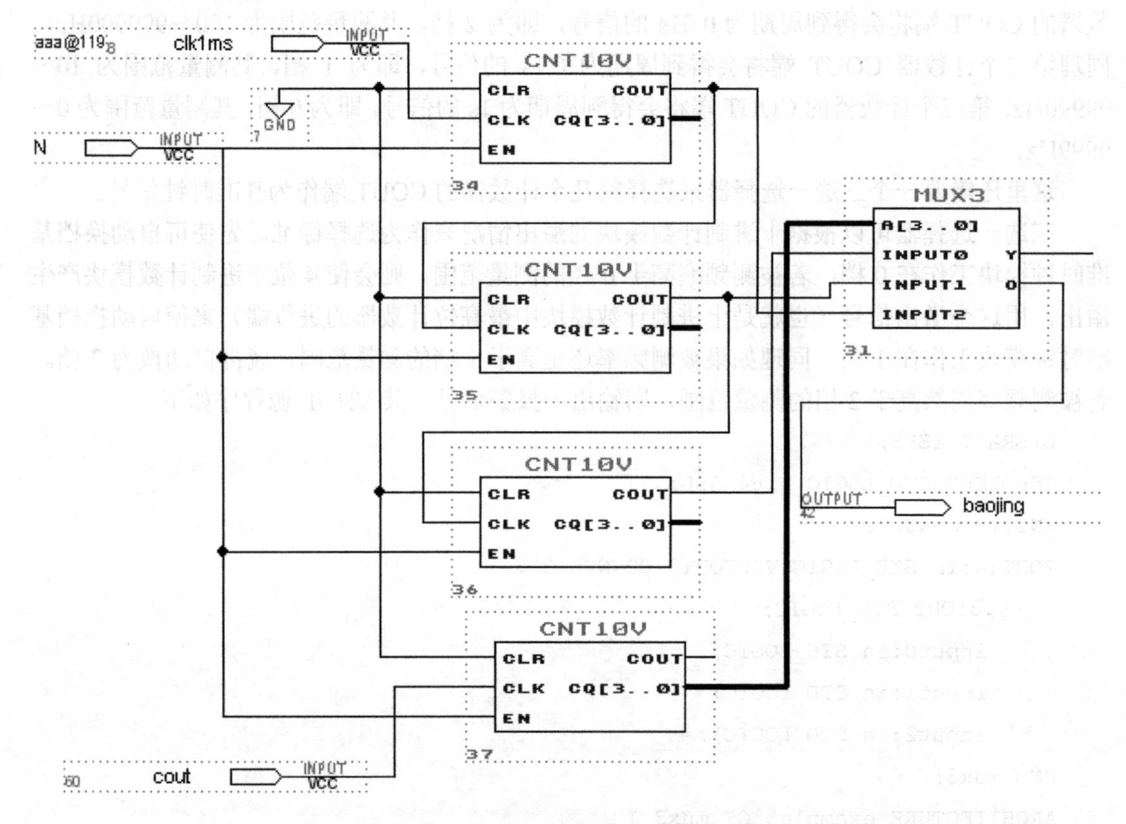

图 7-17 可自动换档基准时钟模块电路图

角标为 34 的计数器 CLK 端接周期为 0.001s（频率为 1000Hz）的时钟信号。

三选一选择器 MUX3 的 O 输出端输出报警信号，Y 输出端输出经过自动调整的适合于被测频率的基准时钟信号。

4. 译码显示模块的设计与实现

该模块的设计分为显示锁存器的设计和七段数码显示译码器的设计两部分。

显示锁存器是在计数结束后，利用 LOAD 信号的上升沿把最新计数结果保存起来，其 VHDL 源程序如下：

```
LIBRARY IEEE;
USE IEEE.STD_LOGIC_1164.ALL;
ENTITY REG16 IS
PORT(DIN0:IN STD_LOGIC_VECTOR(3 DOWNTO 0);
    DIN1:IN STD_LOGIC_VECTOR(3 DOWNTO 0);
    DIN2:IN STD_LOGIC_VECTOR(3 DOWNTO 0);
    DIN3:IN STD_LOGIC_VECTOR(3 DOWNTO 0);
    LOAD:IN STD_LOGIC;
    DOUT0:OUT STD_LOGIC_VECTOR(3 DOWNTO 0);
    DOUT1:OUT STD_LOGIC_VECTOR(3 DOWNTO 0);
```

```
    DOUT2:OUT STD_LOGIC_VECTOR(3 DOWNTO 0);
    DOUT3:OUT STD_LOGIC_VECTOR(3 DOWNTO 0));
END REG16;
ARCHITECTURE example3 OF REG16 IS
BEGIN
PROCESS(LOAD)
  BEGIN
    IF LOAD'event and LOAD='1'THEN
      DOUT0<=DIN0;
      DOUT1<=DIN1;
      DOUT2<=DIN2;
      DOUT3<=DIN3;
    END IF;
  END PROCESS;
END example3;
```

七段数码显示译码器的VHDL源程序如下：

```
LIBRARY IEEE;
USE IEEE.STD_LOGIC_1164.ALL;
ENTITY dec7s IS
PORT(din:IN BIT_VECTOR(3 DOWNTO 0);
    dout:OUT BIT_VECTOR(6 DOWNTO 0));
END;
ARCHITECTURE example2 OF dec7s IS
BEGIN
  PROCESS (din)
    BEGIN
     CASE din IS
       WHEN "0000"=> dout <="0111111";
       WHEN "0001"=> dout <="0000110";
       WHEN "0010"=> dout <="1011011";
       WHEN "0011"=> dout <="1001111";
       WHEN "0100"=> dout <="1100110";
       WHEN "0101"=> dout <="1111101";
       WHEN "0110"=> dout <="0111111";
       WHEN "0111"=> dout <="0000111";
       WHEN "1000"=> dout <="1111111";
       WHEN "1001"=> dout <="1101111";
       WHEN "1010"=> dout <="1110111";
       WHEN "1011"=> dout <="1111100";
```

```
        WHEN "1100"=> dout <="0111001";
        WHEN "1101"=> dout <="1011110";
        WHEN "1110"=> dout <="1111001";
        WHEN "1111"=> dout <="1100001";
        WHEN OTHERS=>NULL;
        END CASE;
    END PROCESS;
END example2;
```

译码显示模块的电路见图7-18。

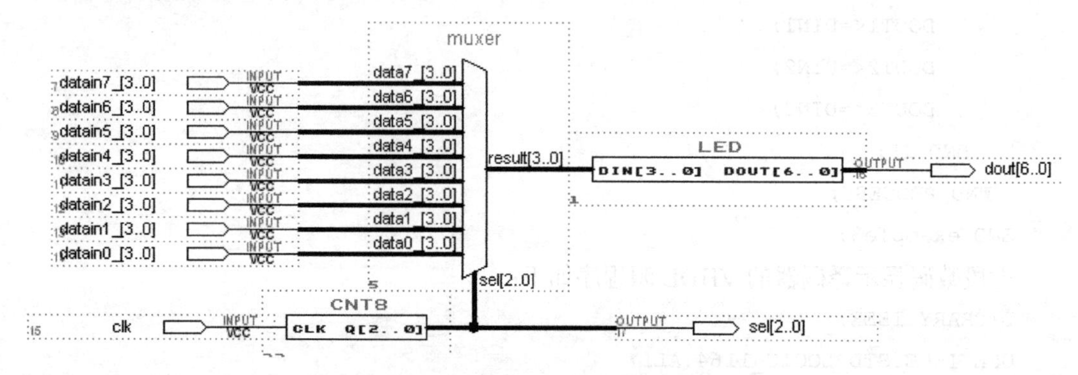

图7-18 译码显示模块电路图

5. 量程自动转换数字式频率计的电路

量程自动转换数字式频率计的电路见图7-19。

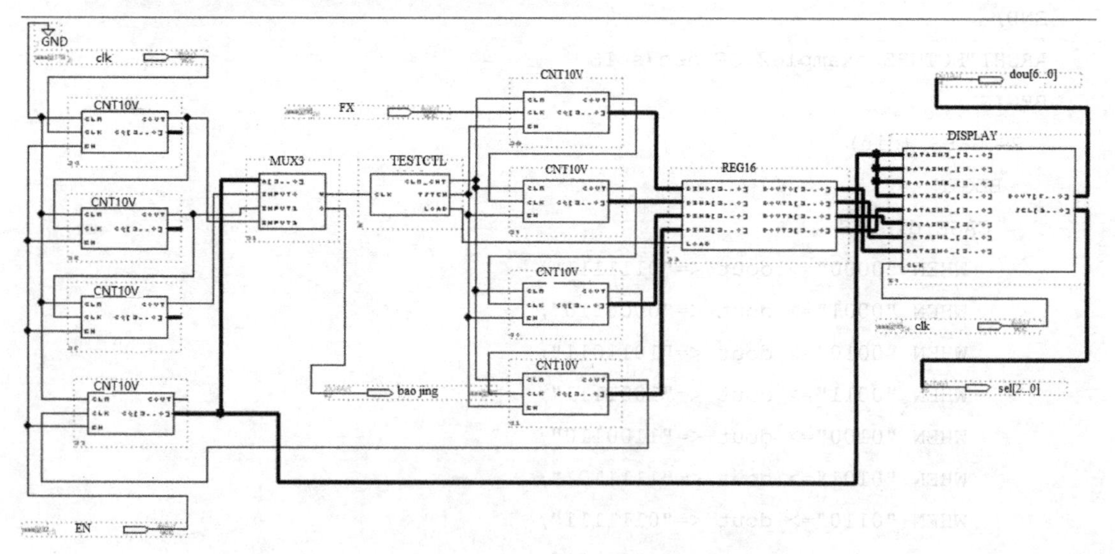

图7-19 量程自动转换数字式频率计电路图

计数器34的CLK端接周期为0.001s的周期信号并让计数器34、35、36级联分别产生出周期为0.01s，0.1s，1s测量范围为999kHz，99.9kHz，9.99kHz的2档，1档，0档信号。将这3档信号通过MUX3（三选一选择器），并通过选择4位十进制计数模块的溢出情况来决定输出为哪一档或产生报警信号。MUX3 将适合于被测频率的基准时间信号输入 TESTCTL（闸门与控制信号生成器），由 TESTCTL 生成决定计数周期的使能信号，计数器清零信号和锁存器锁存信号。4 位十进制计数模块在使能信号和清零信号的控制下统计出被测信号波形变化的次数，并将结果送入锁存器。显示译码模块从锁存器读出数据并通过扫频电路在 LED 数码管上显示数字频率计的工作档位和被测频率高 4 位的数值大小。

习　题

1．设计一个 16B 的堆栈，有复位信号、压栈/弹栈信号、堆栈满信号、数据输入/输出口。

2．设计移位寄存器，具有同步清零（RES=1），同步置数（MODE=11），可左移（MODE=10），右移（MODE=00）。

3．设计数据宽度可变的加法器。

第 8 章 Verilog HDL

本章通过硬件描述语言 Verilog HDL 语法介绍，基于 Verilog HDL 的基本电路设计实例介绍，进一步介绍 EDA 技术在组合逻辑、时序逻辑电路设计，以及在测量仪器、通信系统和自动控制等技术领域的综合应用。

【教学目的】

（1）掌握 Verilog HDL 语法及其编程特点。

（2）理解基于 Verilog HDL 电路设计思路和程序编写方法。

8.1 Verilog HDL 程序模块结构

1．模块端口定义

模块端口定义用来声明设计电路模块的输入输出端口，端口定义格式如下：

```
module 模块名(端口 1,端口 2,端口 3,…);
```

端口定义的圆括弧中是设计电路模块与外界联系的全部输入输出端口信号或引脚，它是设计实体对外的一个通信界面，是外界可以看到的部分（不包含电源和接地端），多个端口名之间用“,”分隔。例如，

```
module adder(sum,cont,ina,inb,cin);
```

2．模块内容

模块内容包括 I/O 说明、信号类型声明和功能描述。

（1）模块的 I/O 说明。模块的 I/O 说明用来声明模块端口定义中各端口数据流动方向，包括输入（input）、输出（output）和双向（inout）。I/O 说明格式如下：

```
input 端口 1,端口 2,端口 3, …;
output 端口 1,端口 2,端口 3, …;
```

例如：

```
input ina,inb,cin;
output sum,cont;
```

（2）信号类型声明。信号类型声明用来说明设计电路的功能描述中，所用的信号的数据类型以及函数声明。

信号的数据类型主要有连线（wire）、寄存器（reg）、整型（integer）、实型（real）和时间（time）等类型。

（3）功能描述。功能描述是 Verilog HDL 程序设计中最主要的部分，用来描述设计模块的内部结构和模块端口间的逻辑关系，在电路上相当于器件的内部电路结构。

功能描述可以用 assign 语句、元件例化（instantiate）、always 块语句、initial 块语句等方法来实现，通常把确定这些设计模块描述的方法称为建模。

① 用 assign 语句建模。用 assign 语句建模的方法很简单，只需要在“assign”后面加一

个表达式即可。assign 语句一般适合对组合逻辑进行赋值，称为连续赋值方式。

【例 8-1】 1 位全加器的设计。

Verilog HDL 源程序如下：

```
module adder1(sum,cout,ina,inb,cin);
input ina,inb,cin;
output sum,cout;
assign {cout,sum}=ina+inb+cin;
endmodule
```

② 用元件例化（instantiate）方式建模。元件例化方式建模是利用 Verilog HDL 提供的元件库实现的。例如，用与门例化元件定义一个三输入端与门，可以写为

```
and   myand3(y,a,b,c);
```

③ 用 always 块语句方式建模。always 块语句可以产生各种逻辑，常用于时序逻辑的功能描述。一个程序设计模块可以包含一个或多个 always 块语句。程序运行中，在某种条件满足时，就重复执行一遍 always 块语句。

8 位二进制加法计数器的 Verilog HDL 源程序如下：

```
module cnt8(out,cout,data,load,cin,clk,clr);
input [7:0] data;
input load,cin,clk,clr;
output [7:0] out;
Output cout;
reg  [7:0] out;
always @(posedge clk)
begin
  if (load)  out=data;
    else if (clr)  out='b00000000;
        else if (cin)  out=out+1;
     end
assign cout=&out;
endmodule
```

④ 用 initial 块语句建模。initial 块语句与 always 语句类似，不过在程序中它只执行一次就结束。

3．Verilog HDL 程序设计模块的基本结构小结

（1）Verilog HDL 程序是由模块构成的。每个模块的内容都是嵌在 module 和 endmodule 两语句之间，每个模块实现特定的功能，模块是可以进行层次嵌套的。

（2）每个模块首先要进行端口定义，并说明输入（input）、输出（output）或双向（inout），然后对模块的功能进行逻辑描述。

（3）Verilog HDL 程序的书写格式自由，一行可以一条或多条语句，一条语句也可以分为多行写。

（4）除了 end 或含 end（如 endmodule）语句外，每条语句后必须要有分号“；”。

（5）可以用/*……*/或//……对 Verilog HDL 程序的任何部分作注释。一个完整的源程序都应当加上需要的注释，以加强程序的可读性。

8.2 Verilog HDL 的词法

8.2.1 空白符和注释

Verilog HDL 的空白符包括空格、Tab 符号、换行和换页。空白符如果不是出现在字符串中，编译源程序时将被忽略。

注释分为行注释和块注释两种方式。行注释用符号//（两个斜杠）开始，注释到本行结束。块注释用/*开始，用*/结束。块注释可以跨越多行，但它们不能嵌套。

8.2.2 常数

Verilog HDL 的常数包括数字、未知 *x* 和高阻 *z* 共 3 种。数字可以用二进制、十进制、八进制和十六进制 4 种不同数制来表示，完整的数字格式如下：

```
<位宽>'<进制符号><数字>
```

其中，位宽表示数字对应的二进制数的位数宽度；进制符号包括 b 或 B（表示二进制数），d 或 D（表示十进制数），h 或 H（表示十六进制数），o 或 O（表示八进制数）。

例如：

```
8'b818001          //表示位宽为 8 位的二进制数
8'hf5              //表示位宽为 8 位的十六进制数
```

十进制数的位宽和进制符号可以缺省，例如：

```
//表示十进制数 125
8'b1111xxxx        //等价 8'hfx
8'b181zzzz         //等价 8'hdz
```

8.2.3 字符串

字符串是用双引号括起来的可打印字符序列，它必须包含在同一行中。例如，“ABC”，“A BOY.”，“A”，“1234”都是字符串。

8.2.4 标识符

标识符是用户编程时为常量、变量、模块、寄存器、端口、连线、示例和 begin-end 块等元素定义的名称。标识符可以是字母、数字和下画线“_”等符号组成的任意序列。定义标识符时应遵循如下规则：

（1）首字符不能是数字。

（2）字符数不能多于 824 个。

（3）大小写字母是不同的。

（4）不要与关键字同名。

8.2.5 关键字

关键字是 Verilog HDL 预先定义的单词，它们在程序中有不同的使用目的。例如，module 和 endmodule 分别用来指出源程序模块的开始和结束；用 assign 来描述一个逻辑表达式等。

8.2.6 操作符

操作符也称为运算符，是 Verilog HDL 预定义的函数名字，这些函数对被操作的对象（即操作数）进行规定的运算，得到一个结果。

操作符通常由 1～3 个字符组成，例如，“+”表示加操作，“==”（两个=字符）表示逻辑等操作，“===”（3 个=字符）表示全等操作。有些操作符的操作数只有 1 个，称为单目操作；有些操作符的操作数有 2 个，称为双目操作；有些操作符的操作数有 3 个，称为三目操作。

1．算术操作符

常用的算术操作符（Arithmetic Operators）包括：

+（加）、–（减）、*（乘）、/（除）、%（求余）。

其中，%是求余操作符，在两个整数相除的基础上，取出其余数。例如，5 % 6 的值为 5；13 % 5 的值是 3。

2．逻辑操作符

逻辑操作符（Logical Operators）包括：

&&（逻辑与）、||（逻辑或）、!（逻辑非）。

3．位运算

位运算（Bitwise Operators）是将两个操作数按对应位进行逻辑操作。位运算操作符包括：～（按位取反）、&（按位与）、|（按位或）、^（按位异或）、^～或～^（按位同或）。

在进行位运算时，当两个操作数的位宽不同时，计算机会自动将两个操作数按右端对齐，位数少的操作数会在高位用 0 补齐。

4．关系操作符

关系操作符（Relational Operators）包括：

<（小于）、<=（小于或等于）、>（大于）、>=（大于或等于）。

其中，<=也是赋值运算的赋值符号。

关系运算的结果是 1 位逻辑值。在进行关系运算时，如果关系是真，则计算结果为 1；如果关系是假，则计算结果为 0；如果某个操作数的值不定，则计算结果不定（未知），表示结果是模糊的。

5．等式操作符

等值操作符（Equality Operators）包括：

==（等于）、! =（不等于）、===（全等）、! ==（不全等）4 种。

等值运算的结果也是 1 位逻辑值，当运算结果为真时，返回值 1；为假则返回值 0。相等操作符（==）与全等操作符（===）的区别是：当进行相等运算时，两个操作数必须逐位相等，其比较结果的值才为 1（真），如果某些位是不定或高阻状态，其相等比较的结果就会是不定值；而进行全等运算时，对不定或高阻状态位也进行比较，当两个操作数完全一致时，其结果的值才为 1（真），否则结果为 0（假）。

6．缩减操作符

缩减操作符（Reduction Operators）包括：

&（与）、~&（与非）、|（或）、~|（或非）、^（异或）、^~或~^（同或）。

缩减操作运算法则与逻辑运算操作相同，但操作的运算对象只有一个。在进行缩减操作运算时，对操作数进行与、与非、或、或非、异或、同或等缩减操作运算，运算结果有 1 位 1 或 0。例如，设 *A*=8'b188001，则& *A*=0（在与缩减运算中，只有 *A* 中的数字全为 1 时，结果才为 1）；|*A*=1（在或缩减运算中，只有 *A* 中的数字全为 0 时，结果才为 0）。

7．转移操作符

转移操作符（Shift Operators）包括：>>（右移）、<<（左移）。

```
操作数>>n;          //将操作数的内容右移 n 位，同时从左边开始用 0 来填补移出的位数
操作数<<n;          //将操作数的内容左移 n 位，同时从右边开始用 0 来填补移出的位数
```

例如，设 *A*=8'b188001，则 *A*>>4 的结果是 *A*=8'b0000181；而 *A*<<4 的结果是 *A*=8'b0008000。

8．条件操作符

条件操作符(Conditional Operators)为？：

条件操作符的操作数有 3 个，其使用格式如下：

```
操作数=条件 ？ 表达式 1:表达式 2;
```

当条件为真（条件结果值为 1）时，操作数=表达式 1；为假（条件结果值为 0）时，操作数=表达式 2。

【例 8-2】 用 Verilog HDL 语言描述二选一电路。

源程序如下：

```
module  example_4_3(out,a,b,c);
input      a,b,c;
output  out;
assign  out=a? b:c;
endmodule
```

9．位并接操作符

并接操作符（Concatenation Operators）为 { }。

并接操作符的使用格式如下：

```
{操作数 1 的某些位,操作数 2 的某些位,…,操作数 n 的某些位};
```

将操作数 1 的某些位与操作数 2 的某些位与操作数 n 的某些位并接在一起。例如，将 1 位全加器进位 cont 与和 sum 并接在一起使用，它们的结果由两个加数 ina、inb 及低位进位 cin 相加决定的表达式为

```
{cont,sum}=ina+inb+cin;
```

8.2.7 Verilog HDL 数据对象

Verilog HDL 数据对象是指用来存放各种类型数据的容器，包括常量和变量。

1．常量

常量是一个恒定不变的值，一般在程序前部定义。常量定义格式如下：

```
parameter 常量名 1=表达式，常量名 2=表达式，…，常量名 n=表达式;
```

parameter 是常量定义关键字，常量名是用户定义的标识符，表达式是为常量赋的值。例如：

```
parameter Vcc=5,fbus=8'b188001;
```

2．变量

变量是在程序运行时其值可以改变的量。在 Verilog HDL 中，变量分为网络型（nets type）和寄存器型（register type）两种。

（1）nets 型变量是输出值始终根据输入变化而更新的变量，它一般用来定义硬件电路中的各种物理连线。Verilog HDL 提供的 nets 型变量见表 8-1。

表 8-1 nets 型变量

类　型	功 能 说 明
wire、tri	连线类型（两者功能完全相同）
wor、trior	具有线或特性的连线（两者功能一致）
wand、triand	具有线与特性的连线（两者功能一致）
tri1、tri0	分别为上拉电阻和下拉电阻
supply1、supply0	分别为电源（逻辑 1）和地（逻辑 0）

（2）register 型变量是一种数值容器，不仅可以容纳当前值，也可以保持历史值，这一属性与触发器或寄存器的记忆功能有很好的对应关系。Verilog HDL 提供的 register 型变量见表 8-2。

表 8-2 register 型变量

类　型	功 能 说 明
reg	常用的寄存器型变量
integer	32 位带符号整数型变量
real	64 位带符号实数型变量
time	无符号时间型变量

register 型变量也是一种连接线，可以作为设计模块中各器件间的信息传送通道。register 型变量与 wire 型变量的根本区别在于 register 型变量需要被明确地赋值，并且在被重新赋值前一直保持原值。register 型变量在 always、initial 等过程语句中定义，并通过过程语句赋值。

integer、real 和 time 3 种寄存器型变量都是纯数学的抽象描述，不对应任何具体的硬件电路，但它们可以描述与模拟有关的计算。例如，可以利用 time 型变量控制经过特定的时间后关闭显示等。

reg 型变量是数字系统中存储设备的抽象，常用于具体的硬件描述，因此是最常用的寄存器型变量。

reg 型变量定义的关键字是 reg，定义格式如下：

```
reg [位宽]  变量 1,变量 2,…,变量 n;
```

用 reg 定义的变量有一个范围选项（即位宽），默认的位宽是 1。位宽为 1 位的变量称为标量，位宽超过 1 位的变量称为向量。标量的定义不需要加位宽选项，例如：

```
reg a,b;     //定义两个 reg 型变量 a,b
```

向量定义时需要位宽选项，例如：

```
reg[7:0]    data;    //定义 1 个 8 位寄存器型变量，最高有效位是 7，最低有效位是 0
reg[0:7]    data;    //定义 1 个 8 位寄存器型变量，最高有效位是 0，最低有效位是 7
```

向量定义后可以采用多种使用形式（即赋值），例如：

```
data=8'b00000000;
data[5:3]=3'B111;
data[7]=1;
```

（3）数组。若干个相同宽度的向量构成数组。在数字系统中，reg 型数组变量即为 memory（存储器）型变量。

存储器型可以用如下语句定义：

```
reg[7:0]        mymemory[823:0];
```

上述语句定义了一个 824 个字存储器变量 mymemory，每个字的字长为 8 位。在表达式中可以用下面的语句来使用存储器：

```
mymemory[7]=75;      //存储器 mymemory 的第 7 个字被赋值 75
```

8.3 Verilog HDL 的语句

语句是构成 Verilog HDL 程序不可缺少的部分。Verilog HDL 的语句包括赋值语句、条件语句、循环语句、结构说明语句和编译预处理语句等类型，每一类语句又包括几种不同的语句。在这些语句中，有些语句属于顺序执行语句，有些语句属于并行执行语句。

8.3.1 赋值语句

1．门基元赋值语句

格式如下：

```
基本逻辑门关键字   (门输出,门输入 1,门输入 2,…,门输入 n);
```

基本逻辑门关键字是 Verilog HDL 预定义的逻辑门，包括 and、or、not、xor、nand、nor 等；圆括弧中内容是被描述门的输出和输入信号。例如，具有 a、b、c、d 这 4 个输入和 y 为输出与非门的门基元赋值语句为

```
nand(y,a,b,c,d);
```

该语句与 y=～（a & b & c & d）等效。

2．连续赋值语句

格式如下：

```
assign  赋值变量=表达式;
```

例如：

```
assign  y=～(a & b & c & d);
```

连续赋值语句的“=”号两边的变量都应该是 wire 型变量。在执行中，输出 y 的变化跟随输入 a、b、c、d 的变化而变化，反映了信息传送的连续性。

【例 8-3】 4 输入端与非门的 Verilog HDL 源程序。

```
module  example_4_4(y,a,b,c,d);
```

```
output  y;
input   a,b,c,d;
assign  #1 y=~(a&b&c&d);
endmodule
```

#1 表示该门的输出与输入信号之间具有 1 个单位的时间延迟。

3. 过程赋值语句

过程赋值语句出现在 initial 和 always 块语句中，赋值符号是“=”，格式如下：

```
赋值变量=表达式;
```

在过程赋值语句中，赋值号“=”左边的赋值变量必须是 reg 型变量，其值在该语句结束即可得到。如果一个块语句中包含若干条过程赋值语句，那么这些过程赋值语句是按照语句编写的顺序由上至下一条一条地执行，前面的语句没有完成，后面的语句就不能执行，就像被阻塞了一样。因此，过程赋值语句也称为阻塞赋值语句。

4. 非阻塞赋值语句

非阻塞赋值语句也是出现在 initial 和 always 块语句中，赋值符号是“<=”，格式如下：

```
赋值变量<=表达式;
```

在非阻塞赋值语句中，赋值号“<=”左边的赋值变量也必须是 reg 型变量，其值不像在过程赋值语句那样，语句结束时即刻得到，而是在该块语句结束才可得到。

例如，在下面的块语句中包含 4 条赋值语句。

```
always  @(posedge clock)
m=3;
n=75;
n<=m;
r=n;
```

语句执行结束后，r 的值是 75，而不是 3，因为第 3 行是非阻塞赋值语句“n<=m”，该语句要等到本块语句结束时，n 的值才能改变。块语句中的“@(posedge clock)”是定时控制敏感函数，表示时钟信号 clock 的上升沿到来的敏感时刻。

【例 8-4】 上升沿触发的 D 触发器的源程序。

```
module  D_FF(q,d,clock);
input   d,clock;
output  q;
reg     q;
always  @(posedge clock)
q<=d;
endmodule
```

q 是触发器的输出，属于 reg 型变量；d 和 clock 是输入，属于 wire 型变量（由隐含规则定义）。

8.3.2 条件语句

条件语句包含 IF 语句和 CASE 语句，它们都是顺序语句，应放在 always 块中。

1．IF 语句

完整的 Verilog HDL 的 if 语句结构如下：

```
if (表达式)
  begin
   语句;  end
else if (表达式)
 begin
  语句;  end
else
 begin
  语句;
   end
```

【例 8-5】 8-3 线优先编码器的设计，真值表见表 8-3。

表 8-3　8-3 线优先编码器真值表

输入								输出		
a7	a6	a5	a4	a3	a2	a1	a0	y2	y1	y0
0	x	x	x	x	x	x	x	1	1	1
1	0	x	x	x	x	x	x	1	1	0
1	1	0	x	x	x	x	x	1	0	1
1	1	1	0	x	x	x	x	1	0	0
1	1	1	1	0	x	x	x	0	1	1
1	1	1	1	1	0	x	x	0	1	0
1	1	1	1	1	1	0	x	0	0	1
1	1	1	1	1	1	1	0	0	0	0

Verilog HDL 源代码如下：

```
module       example_4_6(y,a);
input[7:0]   a;
output[2:0]  y;
reg[2:0]     y;
always       @(a)
   begin
       if(~a[7])          y<=3'b111;
       else if(~a[6])     y<=3'b18;
       else if(~a[5])     y<=3'b81;
       else if(~a[4])     y<=3'b80;
       else if(~a[3])     y<=3'b011;
       else if(~a[2])     y<=3'b08;
       else if(~a[1])     y<=3'b001;
```

```
        else    y<=3'b000;
    end
  endmodule
```

2．CASE 语句

CASE 语句是一种多分支的条件语句，完整的 CASE 语句的格式如下：

```
  case (表达式)
    选择值 1:      语句 1;
    选择值 2:      语句 2;
        ⋮
    选择值 n:      语句 n;
    default:      语句 n+1;
endcase
```

【例 8-6】 用 CASE 语句描述四选一数据选择器。

```
  module  example_4_7(z,a,b,c,d,s1,s2);
  input       s1,s2;
  input       a,b,c,d;
  output      z;
  reg         z;
  always  @(s1,s2)
   begin
     case ({s1,s2})
             2'b00:    z=a;
        2'b01:    z=b;
        2'b8:z=c;
        2'b11:    z=d;
        endcase
   end
  endmodule
```

CASE 语句还有两种变体语句形式，即 casez 和 casex 语句。casez 和 casex 语句与 case 语句的格式完全相同，它们的区别是：在 casez 语句中，如果分支表达式某些位的值为高阻 z，那么对这些位的比较就不予以考虑，只关注其他位的比较结果；在 casex 语句中，把不予以考虑的位扩展到未知 x，即不考虑值为高阻 z 和未知 x 的那些位，只关注其他位的比较结果。

8.3.3 循环语句

循环语句包含 for 语句、repeat 语句、while 语句和 forever 语句 4 种。

1．for 语句

for 语句的语法格式如下：

```
  for (循环指针=初值;循环指针<终值;循环指针=循环指针+步长值)
   begin
```

```
    语句;
  end
```

【例 8-7】 8 位奇偶校验器的描述。

```
module  example_4_8(a,out);
input[7:0]a;
output     out;
reg        out;
integer    n;
always  @(a)
begin
   out=0;
 for (n=0;n<8;n=n+1) out=out^a[n];
  end
endmodule
```

2．repeat 语句

语法格式如下：

```
repeat(循环次数表达式)     语句;
```

用 repeat 语句实现 8 位奇偶校验器的代码如下：

```
module  example_4_8_1(a,out);
parameter   size=7;
input[7:0]  a;
output      out;
reg         out;
integer     n;
always  @(a)
   begin
      out=0;
      n=0;
      repeat(size)
         begin
            out=out^a[n];
            n=n+1;
         end
   end
endmodule
```

8.3.4 结构声明语句

Verilog HDL 的任何过程模块都放在结构声明语句中。结构声明语句包括 always、initial、task 和 function 4 种结构。

1．always 块语句

在一个 Verilog HDL 模块中，always 块语句的使用次数是不受限制的，块内的语句也是不断重复执行的。always 块语句的语法结构如下：

```
always @(敏感信号表达式)
 begin
    //过程赋值语句;
    //if 语句,case 语句;
        //for 语句,while 语句,repeat 语句;
        //tast 语句、function 语句;
 end
```

在 always 块语句中，敏感信号表达式（event-expression）应该列出影响块内取值的所有信号（一般指设计电路的输入信号），多个信号之间用“or”连接。当表达式中任何信号发生变化时，就会执行一遍块内的语句。块内语句可以包括：过程赋值、if、case、for、while、repeat、tast 和 function 等语句。

敏感信号表达式中用“posedge”和“negedge”这两个关键字来声明事件是由时钟的上升沿或下降沿触发。

always @(posedge clk)表示事件由 clk 的上升沿触发；always @(negedge clk)表示事件由 clk 的下降沿触发。

2．initial 语句

initial 语句的语法格式如下：

```
initial
 begin
   语句 1;
   语句 2;
…
 end
```

initial 语句的使用次数也是不受限制的，但块内的语句仅执行一次，因此 initial 语句常用于仿真中的初始化。

3．task 语句

task 语句用来定义任务。任务类似高级语言中的子程序，用来单独完成某项具体任务，并可以被模块或其他任务调用。利用任务可以把一个大的程序模块分解成为若干小的任务，使程序清晰易懂，而且便于调试。

可以被调用的任务必须事先用 task 语句定义，定义格式如下：

```
task  任务名;
端口声明语句;
类型声明语句;
begin
语句;
```

```
end
endtask
```

例如，8 位加法器任务的定义如下：

```
task adder8;
output[7:0] sum;
output      cout;
input[7:0]  ina,inb;
input       cin;
assign {cout,sum}=ina+inb+cin;
endtask
```

任务调用的格式如下：

```
任务名 (端口名列表);
```

例如，8 位加法器任务调用

```
adder8(tsum,tcout,tina,tinb,cin);
```

4．function 语句

function 语句用来定义函数，函数定义格式如下：

```
function [最高有效位:最低有效位] 函数名;
端口声明语句;
类型声明语句;
   begin
      语句;
   end
endfunction
```

【例 8-8】 求最大值的函数。

```
function [7:0]    max;
   input[7:0]     a,b;
   begin
      if (a>=b)   max=a;
      else        max=b;
   end
endfunction
```

函数调用的格式如下：

```
函数名(关联参数表);
```

函数调用一般是出现在模块、任务或函数语句中。通过函数的调用来完成某些数据的运算或转换。

```
peak<=max(data,peak);
```

其中，data 和 peak 是与函数定义的两个参数 a、b 关联的关联参数。通过函数的调用，求出 data 和 peak 中的最大值，并用函数名 max 返回。

8.4 不同抽象级别的 Verilog HDL 模型

Verilog HDL 是一种用于逻辑电路设计的硬件描述语言。用 Verilog HDL 描述的电路称为该设计电路的 Verilog HDL 模型。

Verilog HDL 具有行为描述和结构描述功能。行为描述是对设计电路的逻辑功能的描述，并不用关心设计电路使用哪些元件以及这些元件之间的连接关系。行为描述属于高层次的描述方法，在 Verilog HDL 中，行为描述包括系统级（System Level）、算法级（Algorithm Level）和寄存器传输级（Register Transfer Level）3 种抽象级别。

结构描述是对设计电路的结构进行描述，即描述设计电路使用的元件及这些元件之间的连接关系。结构描述属于低层次的描述方法，在 Verilog HDL，结构描述包括门级（Gate Level）和开关级（Switch Level）2 种抽象级别。

在 Verilog HDL 的学习中，应重点掌握高层次描述方法，但门级描述在一些电路设计中也有一定的实际意义。

8.4.1 Verilog HDL 门级描述

用于门级描述的关键字包括：not（非门）、and（与门）、nand（与非门）、or（或门）、nor（或非门）、xor（异或门）、xnor（异或非门）、buf（缓冲器）以及 bufif1、bufif0、notif1、notif0 等各种三态门。

门级描述语句格式如下：

```
门类型关键字 <例化门的名称>(端口列表);
```

其中，“例化门的名称”是用户定义的标识符，属于可选项；端口列表按输出、输入、使能控制端的顺序列出。

例如：

```
nand nand2(y,a,b);          //2 输入端与非门
xor myxor(y,a,b);           //异或门
bufif0 mybuf(y,a,en);       //低电平使能的三态缓冲器
```

【例 8-9】 采用结构描述方式描述如图 8-1 所示的硬件电路。

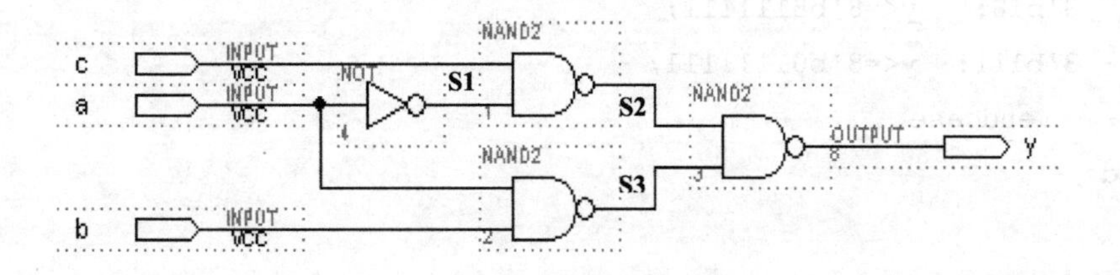

图 8-1 硬件电路示例图

```
module  example_4_11(y,a,b,c);
input       a,b,c;
output  y;
wire    s1,s2,s3;
```

```
not     (s1,a);
nand       (s2,c,s1);
nand    (s3,a,b);
nand    (y,s2,s3);
endmodule
```

8.4.2 Verilog HDL 的行为描述

Verilog HDL 的行为描述是最能体现 EDA 风格的硬件描述方式，它既可以描述简单的逻辑门，也可以描述复杂的数字系统乃至微处理器；既可以描述组合逻辑电路，也可以描述时序逻辑电路。

【例 8-10】 3-8 线译码器的设计。

```
module  example_4_12(a,b,c,y,en);
input       a,b,c,en;
output[7:0] y;
reg[7:0]    y;
always @(en or a or b or c)
  begin
    if (en)  y=8'b11111111;
    else
      begin

  case({c,b,a})
         3'b000: y<=8'b1111118;
    3'b001:  y<=8'b1111181;
    3'b08:   y<=8'b1111811;
    3'b011:  y<=8'b1118111;
    3'b80:   y<=8'b1181111;
    3'b81:   y<=8'b1811111;
    3'b18:   y<=8'b8111111;
    3'b111:  y<=8'b01111111;
      endcase
  end
end
endmodule
```

【例 8-11】 8D 锁存器的设计。

```
module  example_4_13(d,q,en);
input         en;
input[7:0]    d;
output[7:0]   q;
```

```
reg[7:0]        q;
always  @(en or d)
   begin
       if (en)  q=8'bzzzzzzzz;
       else
                   q=d;
           end
endmodule
```

【例 8-12】 异步清除十进制加法计数器的设计。

```
module  example_4_14(clr,clk,cnt,out);
input           clr,clk;
output[3:0]     out;
output    cnt;
reg[3:0]  out;
reg       cnt;
always  @(posedge clk or posedge clr)
   begin
       if (clr)
       begin out=4'b0000;cnt=0;  end
    else if (out==4'b801)
         begin out=4'b0000;cnt=1;end
      else begin cnt=0;out=out+1;end
   end
Endmodule
```

8.4.3 用结构描述实现电路系统设计

任何用 Verilog HDL 描述的电路设计模块，均可用模块例化语句例化一个元件，来实现电路系统的设计。

模块例化语句格式与逻辑门例化语句格式相同，具体为：

```
设计模块名 <例化电路名>(端口列表);
```

其中，“例化电路名”是用户为系统设计定义的标识符，相当于系统电路板上为插入设计模块元件的插座，而端口列表相当于插座上的引脚名表，应与设计模块的输入、输出端口一一对应。

【例 8-13】 用模块例化方式设计 8 位计数译码器电路系统。

第一步：设计一个 4 位二进制加法计数器 cnt4e 模块和一个 7 段数码显示器的译码器 Dec7s 模块。

cnt4e 的 Verilog HDL 源程序如下：

```
module cnt4e(clk,clr,ena,cout,q);
   input          clk,clr,ena;
```

```
    output [3:0]    q;
    output  cout;
    reg  [3:0]      q;
always @(posedge clr or posedge clk)
     begin
        if(clr)    q='b0000;
           else if (ena) q=q+1;
           end
     assign cout=&q;
endmodule
```

Dec7s 的 Verilog HDL 源程序如下：

```
module Dec7s(a,q);
input [3:0] a;
output [7:0] q;
reg  [7:0] q;
always @(a)
begin
case(a)
    0:q=8'b00111111;1:q=8'b0000018;
    2:q=8'b081811;3:q=8'b0801111;
    4:q=8'b018018;5:q=8'b018181;
    6:q=8'b0111181;7:q=8'b00000111;
    8:q=8'b01111111;9:q=8'b0181111;
    8:q=8'b0118111; 11:q=8'b0111180;
    12:q=8'b0011801;13:q=8'b081118;
    14:q=8'b0111801;15:q=8'b0118001;
endcase
end
endmodule
```

第二步：设计计数译码系统电路。计数译码系统电路的结构图见图 8-2，其中 u1 和 u2 是两个 cnt4e 元件的例化模块名，相当 cnt4e 系统电路板上的插座；u3 和 u4 是 Dec7s 元件的例化模块名，相当 Dec7s 在系统电路板上的插座；x、q1、q2 是电路中的连线。

cnt_Dec7s 的源程序如下：

```
module cnt_Dec_v(clk,clr,ena,cout,q);
    input           clk,clr,ena;
    output[15:0] q;
    output      cout;
    reg   [15:0]    q;
```

```
    wire  [3:0]       q1,q2;
    wire          x;
    cnt4e             u1(clk,clr,ena,x,q1);  //模块例化
    cnt4e             u2(clk,clr,x,cout,q2);
    dec7s             u3(q1,q[7:0]);
    dec7s             u4(q2,q[15:8]);
endmodule
```

Verilog HDL 设计流程与前面章节叙述的 VHDL 设计流程基本相同，这里不再重复。

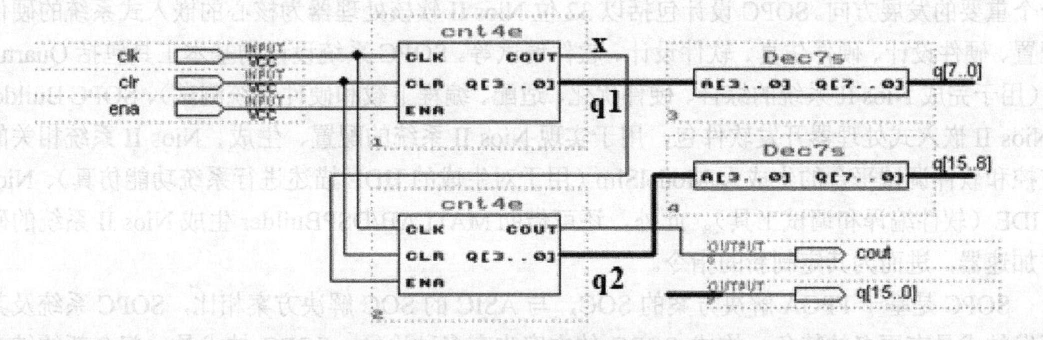

图 8-2　计数译码系统电路的结构图

习　题

1. 设计异步清除的十二进制加法计数器。
2. 描述 8-3 线优先编码器的设计。
3. 描述 JK 触发器的设计。
4. 描述 3-8 线译码器的设计。
5. 设计抢答器系统，要求有 8 位选手、2 位主持人、3 位裁判，当裁判中有 2 位以上同意，选手抢答才有效。

第9章 SOPC技术

SOPC技术最早由Altera公司提出来，它是基于FPGA解决方案的SOC片上系统设计技术。它将处理器、I/O接口、存储器以及需要的功能模块集成到一片FPGA内，构成一个可编程的片上系统。SOPC是现代计算机应用技术发展的一个重要成果，也是现代处理器应用的一个重要的发展方向。SOPC设计包括以32位Nios II软核处理器为核心的嵌入式系统的硬件配置、硬件设计、硬件仿真、软件设计、软件调试等。SOPC系统设计的基本工具包括Quartus II（用于完成Nios II系统的综合、硬件优化、适配、编程下载和硬件系统测试）、SOPC Builder（Nios II嵌入式处理器开发软件包，用于实现Nios II系统的配置、生成、Nios II系统相关的监控和软件调试平台的生成人ModelSim（用于对生成的HDL描述进行系统功能仿真）、Nios II IDE（软件编译和调试工具）。此外，还可借助MATLAB/DSPBuilder生成Nios II系统的硬件加速器，进而为其定制新的指令。

SOPC是基于FPGA解决方案的SOC，与ASIC的SOC解决方案相比，SOPC系统及其开发技术具有更多的特色，构成SOPC的方案也有多种途径。SOPC技术是一门全新的综合性电子设计技术，其目标就是设计出尽可能大而完整的电子系统，包括嵌入式处理器系统、接口系统、硬件协处理器或加速器系统、存储电路以及普遍数字系统等。

【教学目的】

（1）掌握SOPC Builder/Nios II IDE软件使用方法。

（2）理解基于SOPC技术的电路设计思路和程序编写方法。

9.1 SOPC Builder/Nios II IDE软件使用方法

1．使用SOPC Builder建立CPU

运行Quartus II软件，在界面中选择Tools，在Tools下拉菜单中选择SOPC Builder。

在弹出对话框中给CPU重命名（见图9-1），命名为nios2；接下来就可以添加需要的硬件系统模块。

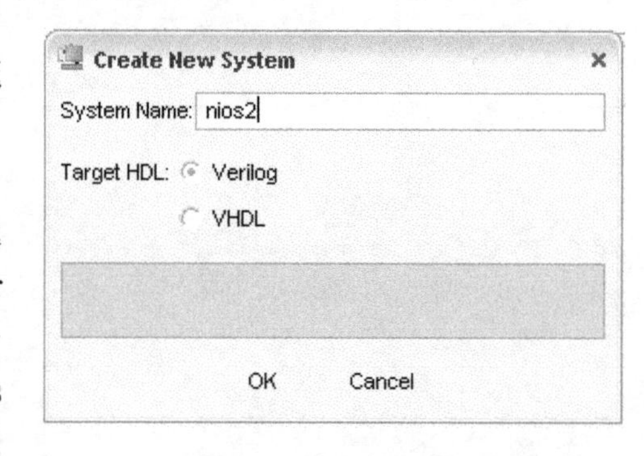

图9-1 CPU重命名

2．添加系统模块组件

（1）加入Nios II CPU Core。首先从左边栏中选择加入CPU核Nios II Processor。选择SOPC Builder的组件选择栏中的“Avalon Components”→“Nios II Processor”，双击鼠标左键。打开添加Nios II对话框见图9-2，Nios II CPU核有4种结构可以选择，有不同的配置、功能和资源耗用情况，在此选择Nios II/s，再单击“Next”按钮，进入窗口Caches选择窗，确认设定instruction cache size为4KB，再单击JTAG Debug Module栏，最后单击“Finish”按钮完成Nios II CPU Core的添

加过程。可以看到，Nios II 作为一个 CPU Core 组件已经加入 SOPC 系统。

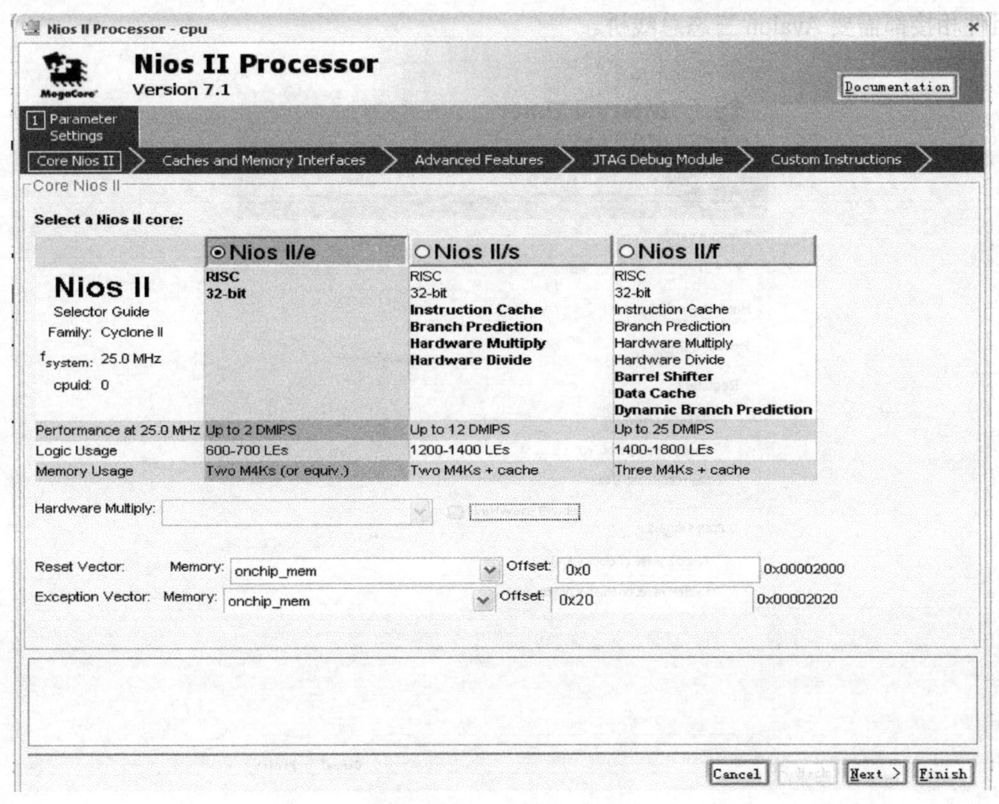

图 9-2　添加 Nios II 对话框

注意，加入组件的更改和取名很重要，许多组件名在此系统的工作软件 C 程序中都会出现，而且区分大小写。

（2）加入 JTAG UART。从左侧组件 Communication 栏中选择的 JTAG UART 加入，接受弹出窗口中的所有默认设置，单击“Finish”按钮，完成设置，并改名为 JTAG UART。

（3）加入定时器 Timer。在组件选择栏中选择“peripherals”→“Microcontroller Peripherals”→“Interval Timer”加入 SOPC 系统的内部定时器。一切都按照默认配置（见图 9-3)，单击“Finish”按钮完成加入。更改组件名称为“sys_clk_timer”。此定时器可用于此后在运行的 C 语言程序中的某些软件函数。

（4）加入 I/O 接口。一般需要加入用于 CPU 的输入输出接口 PIO。PIO 就是通用 I/O 接口。在组件选择栏中选择“peripherals”→“Microcontroller Peripherals”→“PIO <Parallel I/O）”加入。选择位数，并自定义输入输出。单击“Next”按钮，见图 9-4，需要设定 I/O 接口的中断属性。与普通单片机的中断概念相同，有边沿触发和电平触发。单击“Next”后再单击“Finish”按钮。

（5）加入外部 SRAM 组件。在组件选择栏中选择“Memory”→“SDRAM”，设置参数见图 9-5。单击“Next”按钮，设置读写时序。单击“Finish”按钮完成加入。更改组件名称为“sdram”。

（6）加入 Avalon 三态总线桥。在组件选择栏中选择“Bridge”→“Avalon Tri-State

Bridge”，单击“Finish”按钮完成加入。更改组件名称为“Tri-State Bridge”。Flash、自定制组件相接都需要 Avalon 三态总线桥。

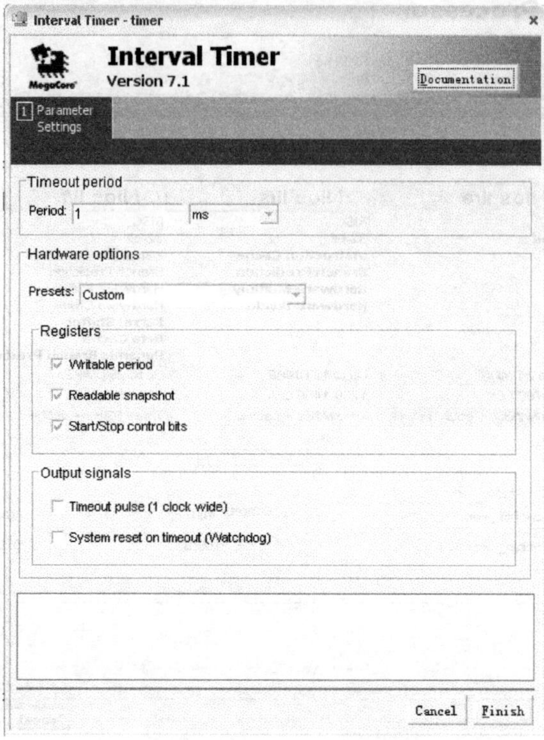

Interval Timer - timer
Interval Timer
Version 7.1
Documentation
1 Parameter Settings
Timeout period
Period: 1 ms
Hardware options
Presets: Custom
Registers
Writable period
Readable snapshot
Start/Stop control bits
Output signals
Timeout pulse (1 clock wide)
System reset on timeout (Watchdog)
Cancel Finish

图 9-3　定时器 Timer 参数

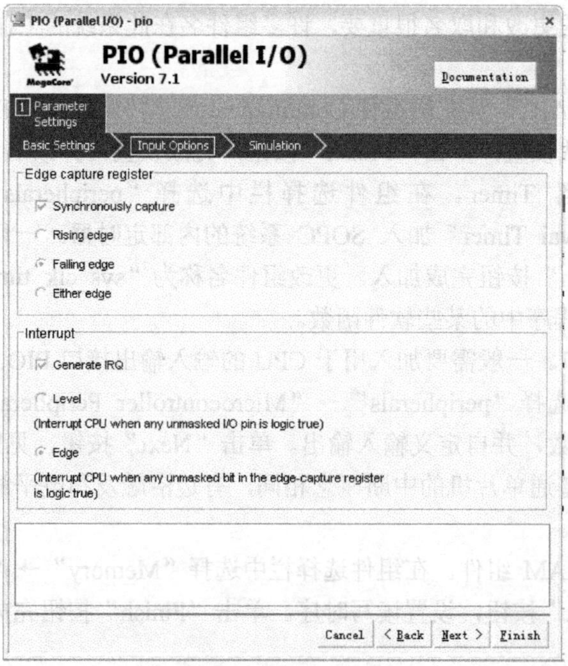

PIO (Parallel I/O) - pio
PIO (Parallel I/O)
Version 7.1
Documentation
1 Parameter Settings
Basic Settings 〉 Input Options 〉 Simulation
Edge capture register
Synchronously capture
Rising edge
Falling edge
Either edge
Interrupt
Generate IRQ
Level
(Interrupt CPU when any unmasked I/O pin is logic true)
Edge
(Interrupt CPU when any unmasked bit in the edge-capture register is logic true)
Cancel < Back Next > Finish

图 9-4　加入 I/O 接口

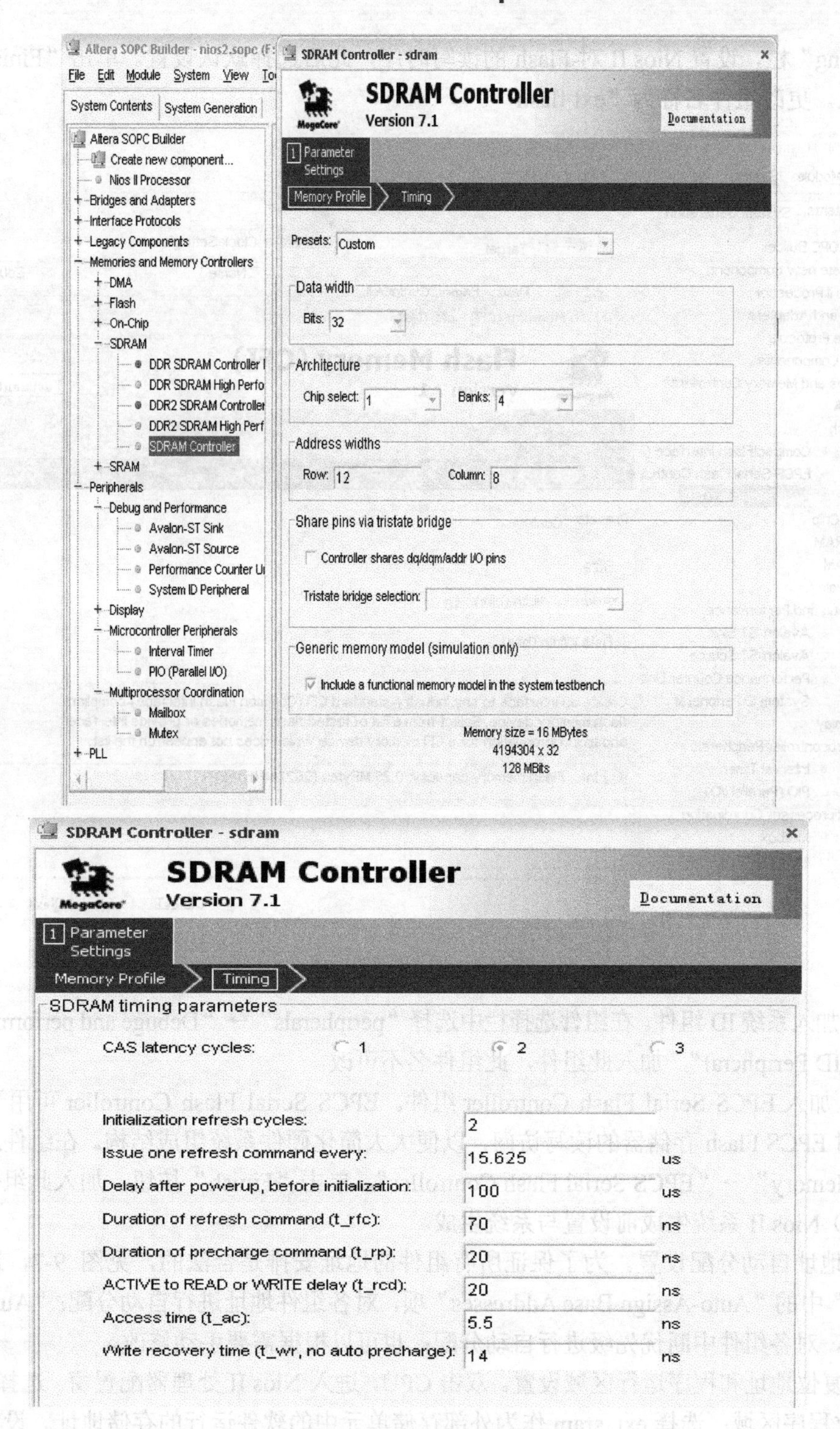

图 9-5　加入外部 SRAM 组件

（7）加入外部 Flash。在组件选择栏中选择“Flash Memory（Common Flash Interface）”见图 9-6，加入 Flash ROM 组件。在弹出的参数设置窗中，“Attributes”栏中选择地址线宽度（Address Width）为 18，数据线宽度（Data Width）为 8，“Presets”栏自动选择“Custom”，

在“Timing”栏，设置 Nios II 对 Flash 的读写时序，此后选择默认设置。单击“Finish”按钮完成加入。更改组件名称为“ext flash”。

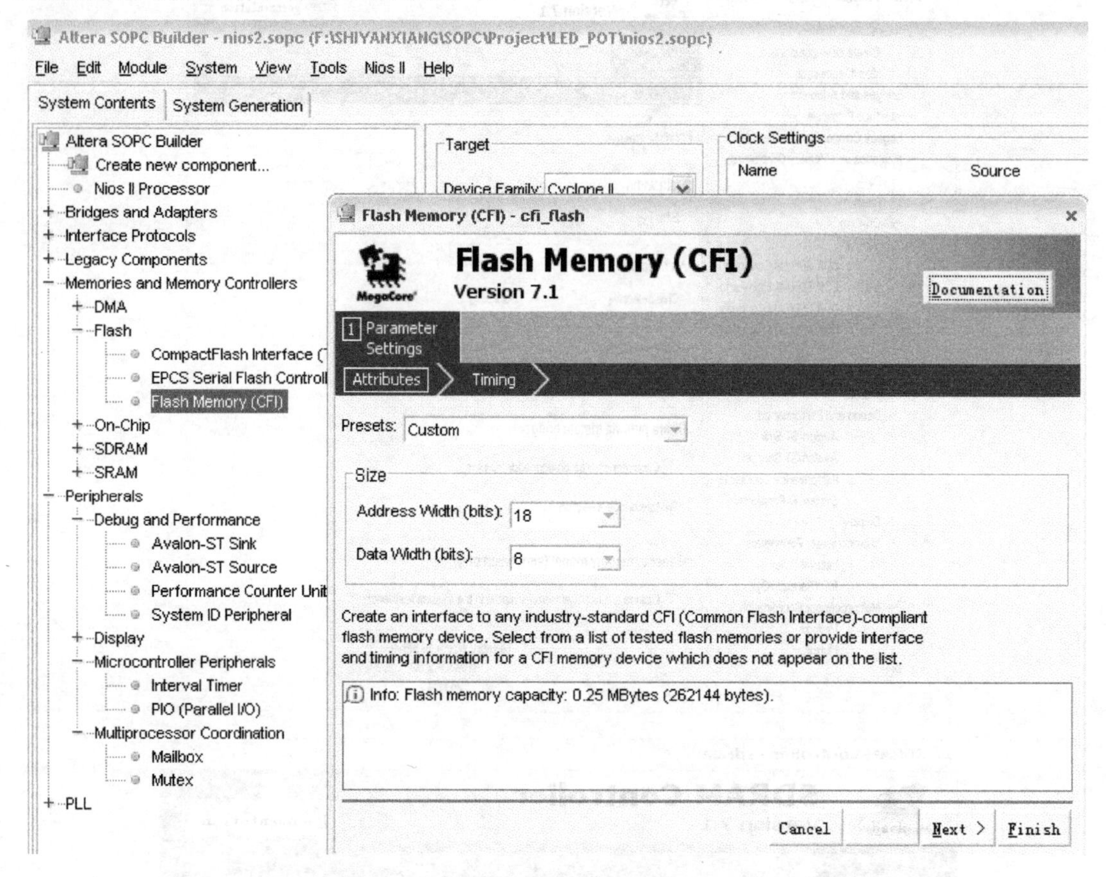

图 9-6　加入外部 Flash

（8）加入系统 ID 组件。在组件选择栏中选择“peripherals”→“Debuge and performance”→“System ID Peripheral”，加入此组件，此组件名不可改。

（9）加入 EPCS Serial Flash Controller 组件。EPCS Serial Flash Controller 可用于 Nios II 处理器对 EPCS Flash 存储器的读写访问，以便大大简化硬件系统组成结构。在组件选择栏中选择“Memory”→“EPCS Serial Flash Controller”，单击“Finish”按钮，加入此组件。

（10）Nios II 系统生成前设置与系统生成。

① 地址自动分配设置。为了保证所有组件的地址安排是合法的，见图 9-7，选择菜单“System”中的“Auto-Assign Base Addresses”项，对各组件地址进行自动分配；“Auto-Assign Irqs”项，对各组件中断优先级进行自动分配；也可以根据需要手动修改。

② 复位地址和程序运行区域设置。双击 CPU，进入 Nios II 处理器配置窗。选择 ext flash 作为复位程序区域；选择 ext sram 作为外部存储单元中的软件运行的存储地址。设置完成后可注意下方的信息栏是否有错误提示，如果有提示，说明设置错误。

3．系统文件生成

最终生成 Nios II 系统的 VHDL 文件，以及对应的硬件仿真文件。单击“Generate”按钮，生成过程见图 9-8。注意如图 9-8 所示信息栏中出现“... SUCCESS: SYSTEM GENERATION

COMPLETED”，则可单击“Exit”按钮，退出系统生成窗。

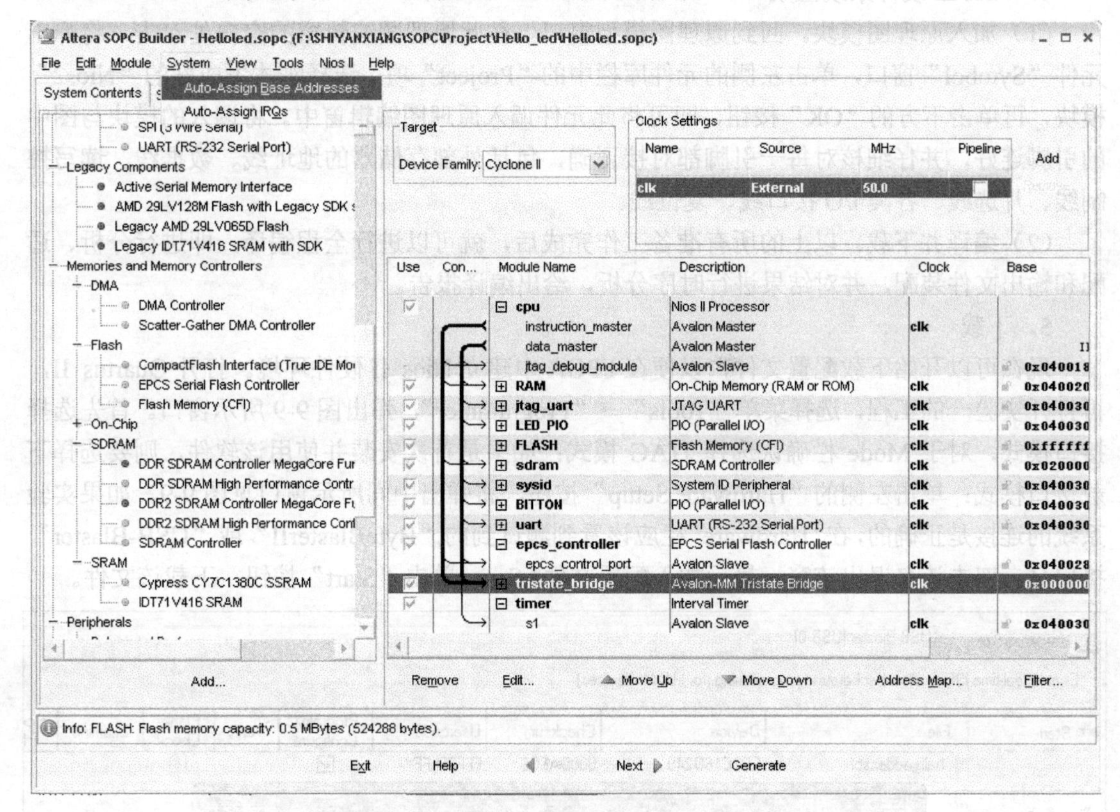

图 9-7　地址自动分配设置

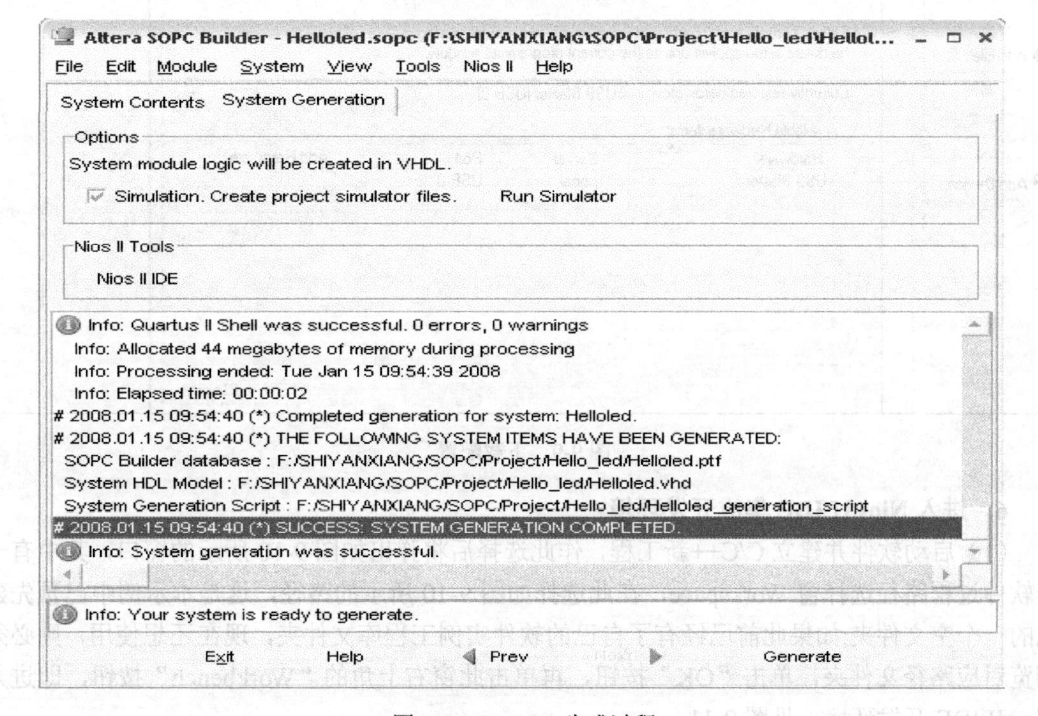

图 9-8　Generate 生成过程

4．Nios II 硬件系统生成

（1）加入原理图模块。回到原理图模型窗口，在此原理图编辑窗的空白处双击，将弹出元件“Symbol”窗口，单击左侧的元件库栏中的“Project”项，选择刚才生成好的“Nios2”模块，再单击下方的“OK”按钮，即可将此元件调入原理图编辑窗中。将调入的模块与图中的引脚连好，并仔细核对每一引脚都对接正确，包括外部存储器的地址线、数据线、读写控制线、片选线、各类 I/O 接口线、复位线。

（2）编译并下载。以上的所有准备工作完成后，就可以进行全程编译，即进行分析、适配和输出文件装配，并对结果进行时序分析，给出编译报告。

5．下载

现在可以开始下载配置文件，以便在 FPGA 中建立 Nios II 硬件环境。打开 Quartus II，再打开实验一的工程，选择菜单“Tools”→“Programmer”，弹出图 9-9 所示窗口。首先选择接口模式，对于 Mode 栏确认选择 JTAG 模式；如果是首次安装并使用该软件，则要选择下载接口模式：单击左侧的“Hardware Setup”按钮，将弹出中间所示窗口见图 9-9。如果实验系统的连接是正确的，在“Hardware”栏应该看到测试到的“ByteBlasterII”或“USB-Blaster”接口名，双击该名退出该窗。最后加入配置文件*.Sof。单击“Start”按钮，下载该文件。

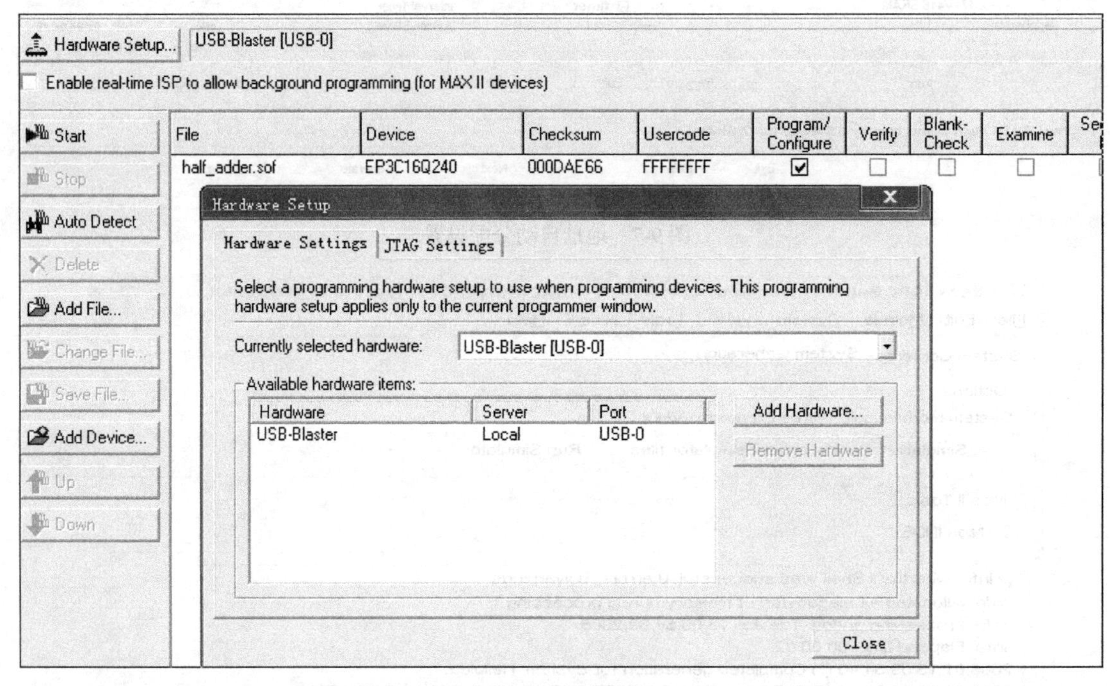

图 9-9 下载配置

6．进入 Nios II IDE 集成开发环境

（1）启动软件并建立 C/C++新工程，作此选择后将弹出如图 9-10 所示的窗口，其中有一个软件过程路径选择窗 Workspace，在此选择如图 9-10 所示的路径，这是本示例中已预先建立的一个空文件夹;如果此前已经有了自己的软件实例工程库文件夹，现在还想使用，则必须浏览对应路径文件夹，单击“OK”按钮，再单击此窗右上角的“Workbench”按钮，即进入 Nios II IDE 开发环境，见图 9-11。

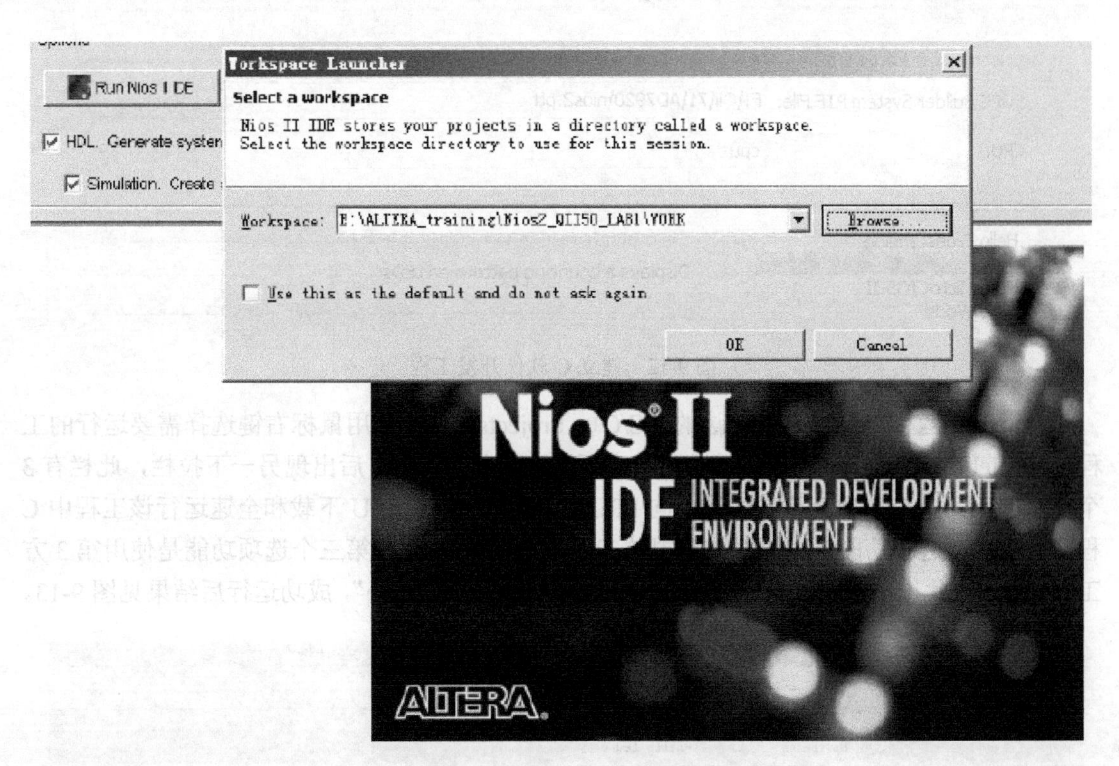

图 9-10　建立 C/C++新工程

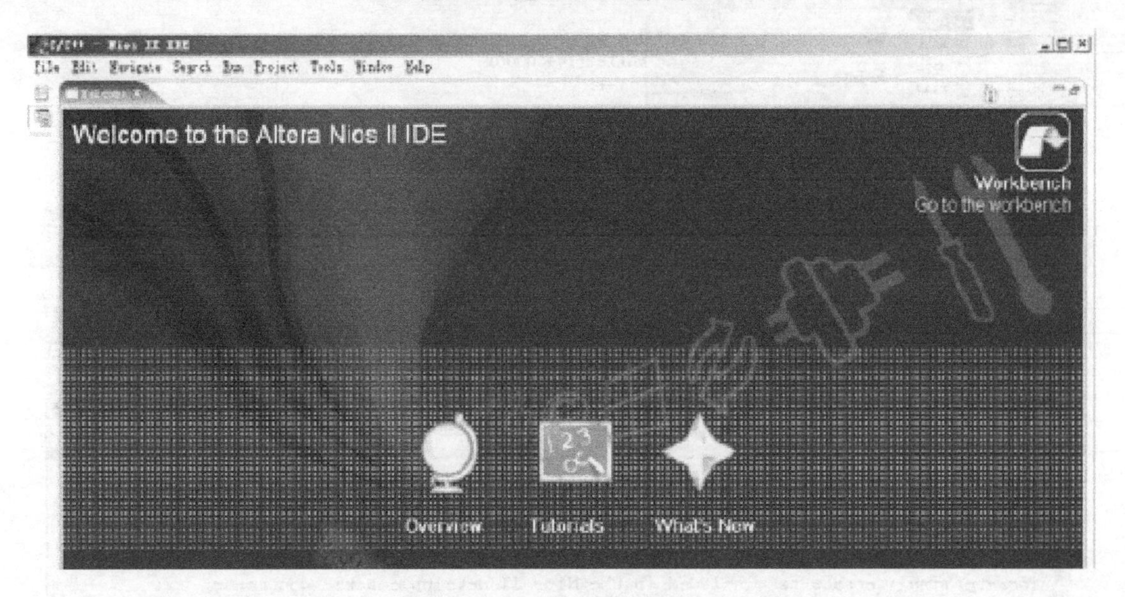

图 9-11　Nios II IDE 开发环境

（2）建立 C 软件开发工程。Nios II IDE 环境窗口的左栏是各工程的工程名和相关的应用文件名，中间是选中的某一文件的内容，及其编辑环境；右栏是对应文件中关键项目名称。为了新建一个开发软件的工程项目，选择菜单“File”的“New”→“Project”，在弹出的如图 9-12 所示的窗口中选择已生成 CPU 的路径，以 nios2.ptf 为例。然后选择 Hello LED 为例，单击“Next”→“Finish”按钮完成工程建立。

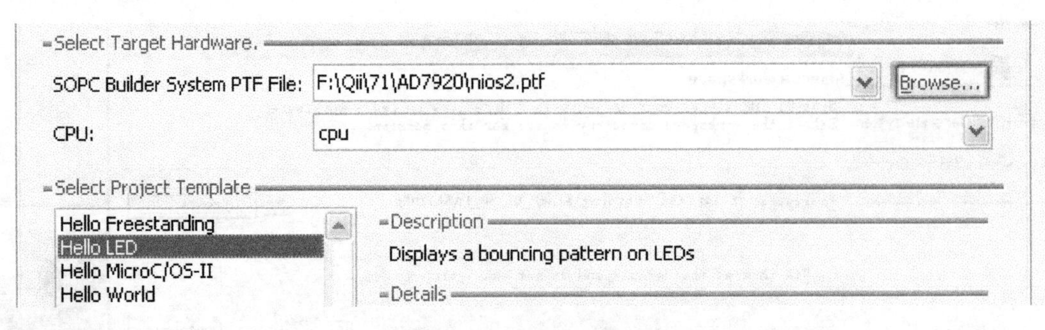

图 9-12 建立 C 软件开发工程

（3）编译运行 C 程序。在左边的“C/C++ Projects”栏中，用鼠标右键选择需要运行的工程名：“Hello LED”，用鼠标右键单击该工程名，选择 Run As 后出现另一下拉栏，此栏有 3 个选择项：第一个选项功能是编译并向 FPGA 中的 Nios Ⅱ CPU 下载和全速运行该工程中 C 程序；第二个选项功能是编译并在虚拟的 Nios Ⅱ 中运行程序；第三个选项功能是使用第 3 方工具运行。在此选择第一项功能：“Run As”→“Nios Ⅱ Hardware”，成功运行后结果见图 9-13。

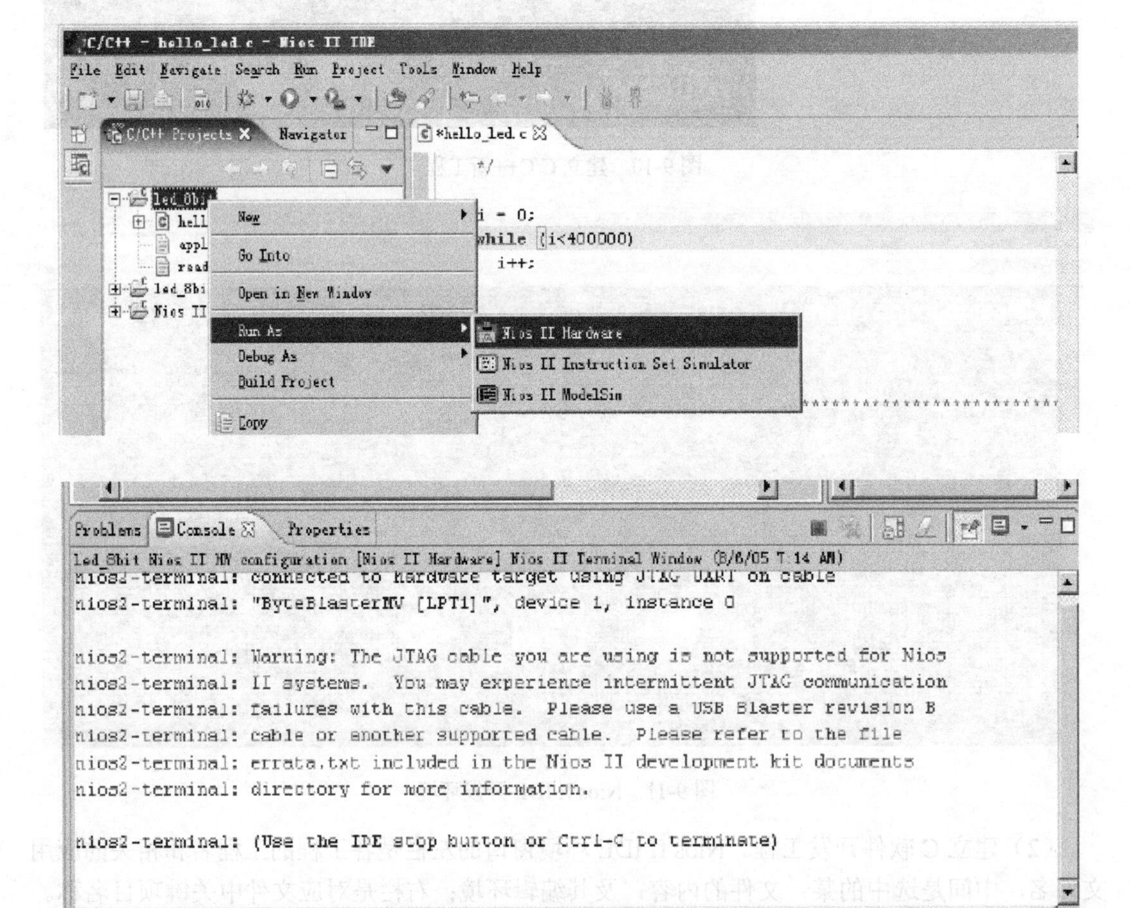

图 9-13 编译运行 C 程序

9.2 SOPC 系统基本实验

9.2.1 Hello-Led 流水灯实验

1．实验目的

熟悉 SOPC Builder 和 Nios II IDE 的使用方法和步骤，了解 Nios II 软核的配置方法，初步掌握对 IO 接口的操作。

2．实验模块

FPGA 主控制板模块。

3．实验原理

采用 Nios 软核实现跑马灯循环闪烁。

4．实验内容

选择例程 Hello_led，实现 8 个 LED 灯的循环亮灭。实验者也可以适当修改程序来实现其他效果。

5．实验步骤

（1）利用 Quartus II 软件建立工程，命名为 Hello_led，单击主工具栏上的 图标启动 SOPC Builder（见图 9-14），建立 CPU 并命名为 helloled，见图 9-15。

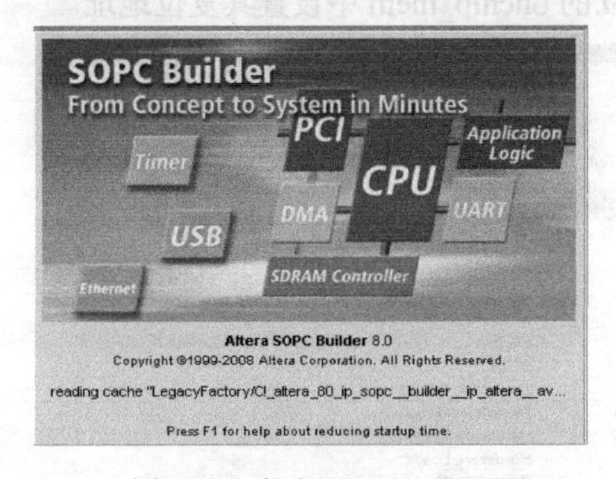

图 9-14 启动 SOPC Builder

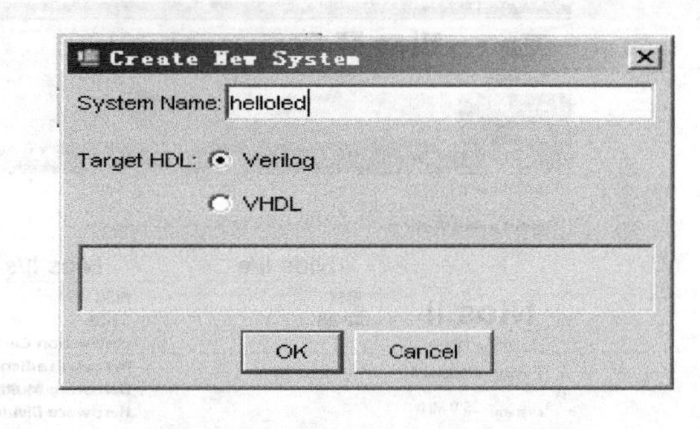

图 9-15 建立名为 helloled 的 CPU

（2）单击“OK”按钮后，打开界面见图 9-16。修改系统时钟为 25MHz（视实际需要而定）。

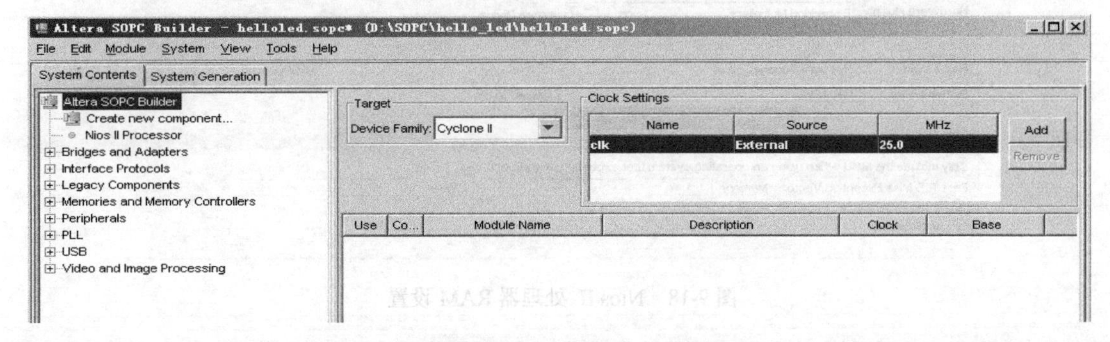

图 9-16 打开 SOPC Builder 构造环境

（3）在图 9-16 左侧菜单中选择“Memories and Memory Contorllers”→“On-Chip Memory（RAM or ROM）”，设置见图 9-17。建立 10KB 的片上 RAM，单击“OK”按钮后退出。

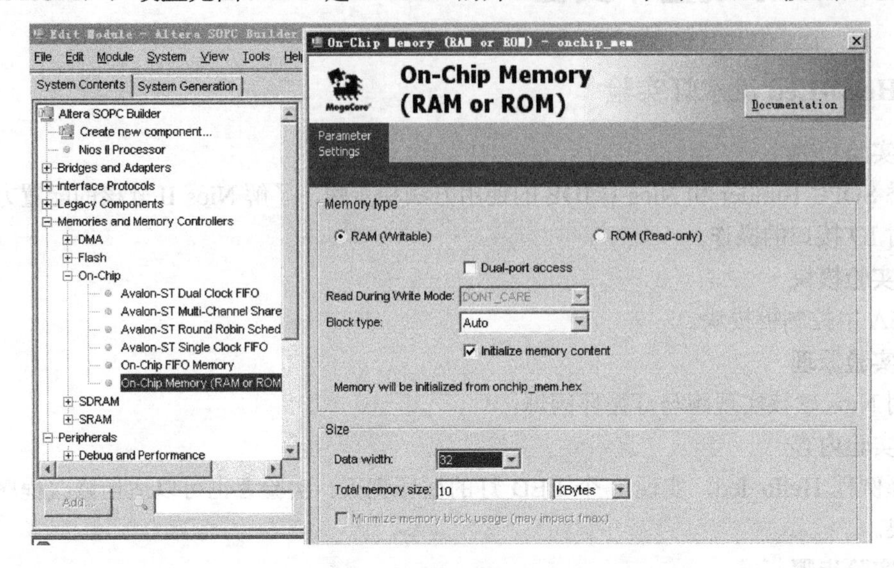

图 9-17 添加片上 RAM

（4）添加 Nios II Processor 处理器。在左侧菜单中选择 Nios II Processor 双击，弹出对话框见图 9-18，设置为“fast”快速处理器并在刚建立的 onchip_mem 中设置其复位地址。

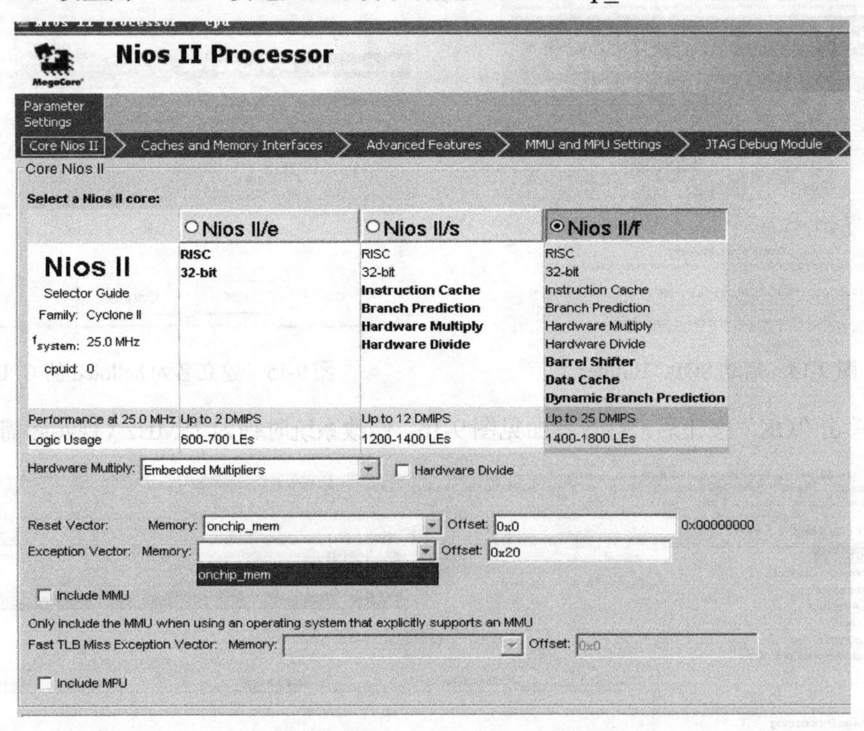

图 9-18 Nios II 处理器 RAM 设置

（5）添加 PIO 模块。如图 9-19 所示，双击 PIO，在弹出的对话框中设置为 8 路输出，并命名为 LED_PIO。

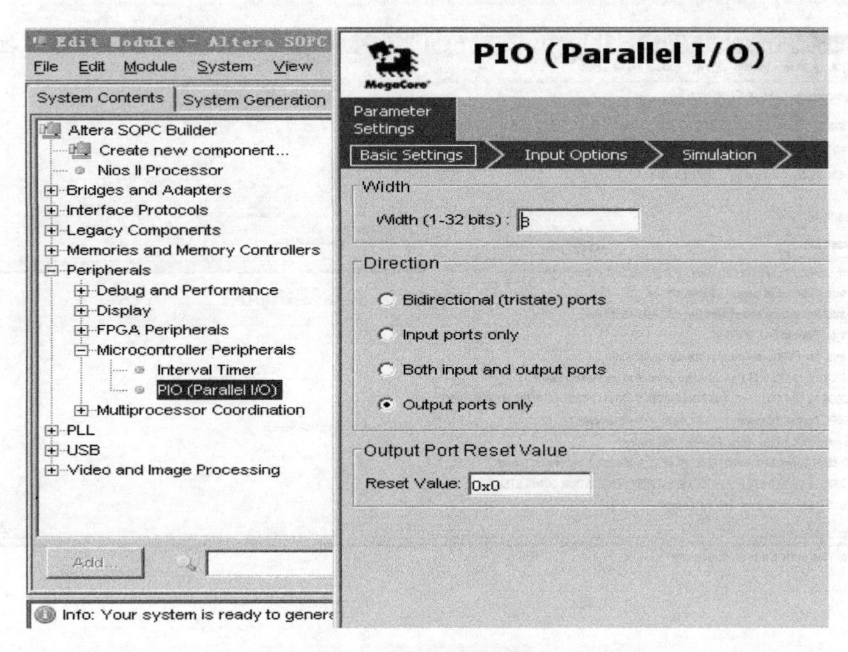

图 9-19　添加 PIO 模块

（6）生成 CPU。选择添加后的 PIO 组件，然后按 F2 键重命名为 LED_PIO，见图 9-20。单击“Next”按钮，然后单击“Generate”按钮开始生成 CPU，见图 9-21。完成后单击“Exit”按钮退出。

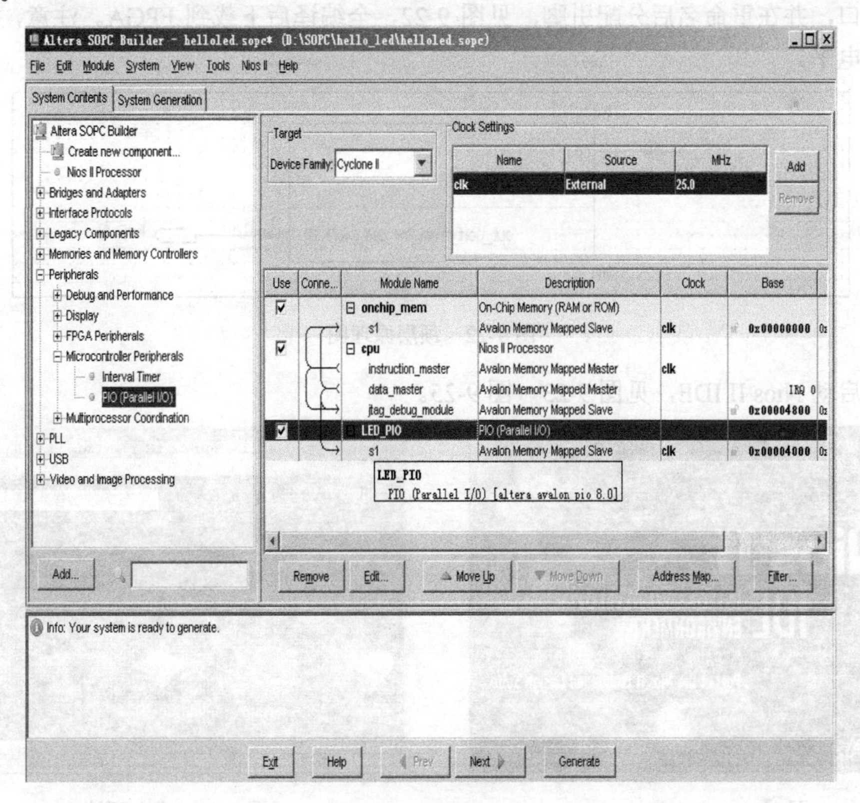

图 9-20　重命名完成

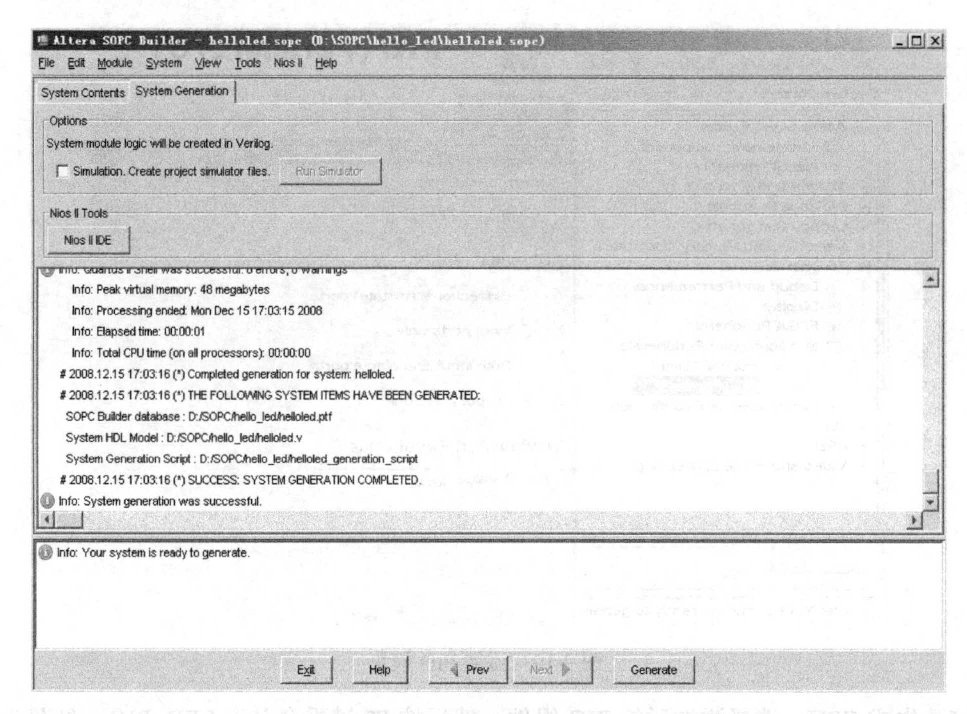

图 9-21 生成 CPU 成功

（7）选择“File”→“New”→“Block Diagram/Schematic File”，加入生成的 Helloled CPU 与 I/O 接口，并在重命名后分配引脚，见图 9-22，全编译后下载到 FPGA。注意，复位引脚必须拉高电平。

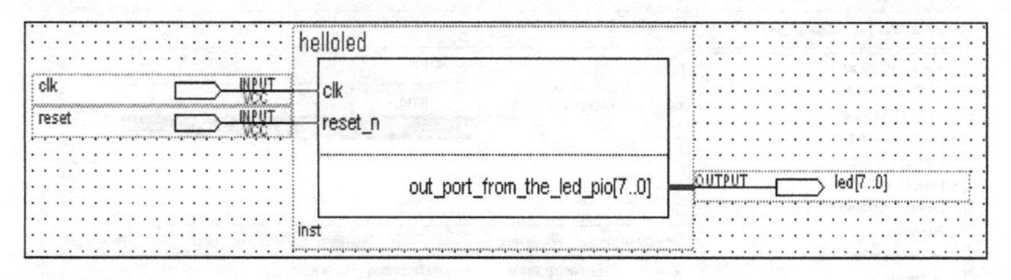

图 9-22 顶层原理图

（8）启动 Nios II IDE，见图 9-23～图 9-25。

图 9-23 启动 IDE

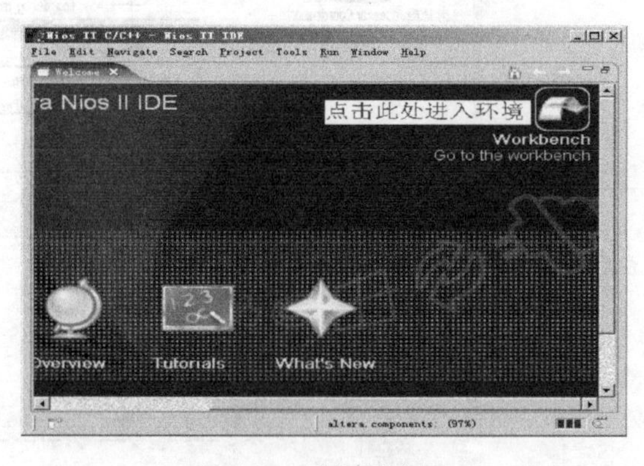

图 9-24 进入环境

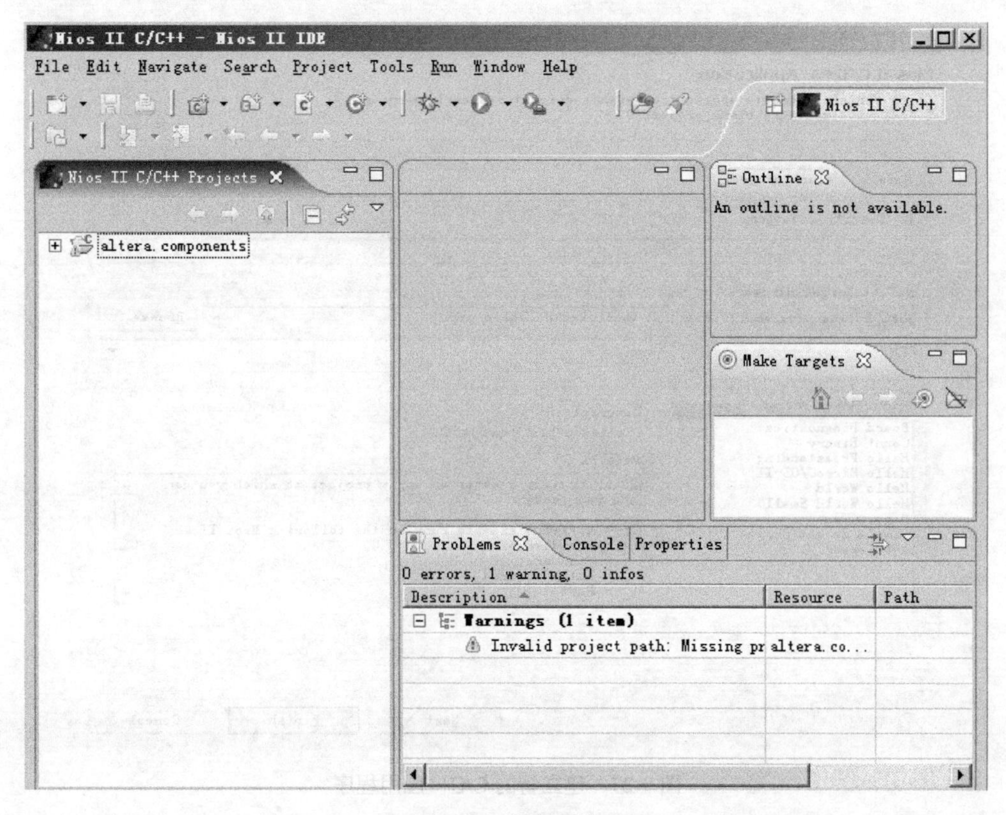

图 9-25　运行环境

（9）选择工作目录。选择“File”→“Switch Workspace”，弹出对话框见图 9-26。注意，路径不能有空格或汉字。路径必须为 Quartus II 所建工程的路径。

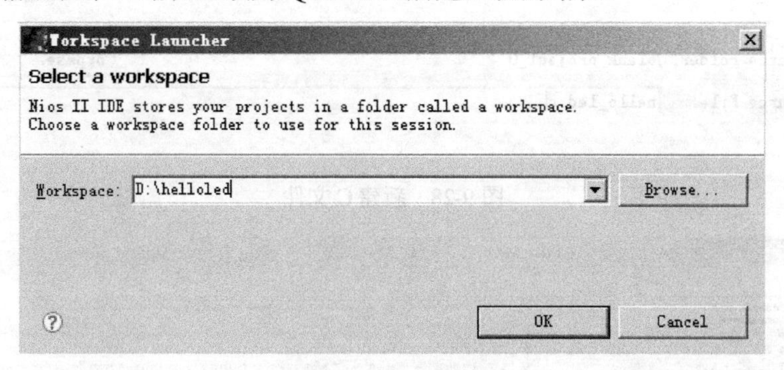

图 9-26　更换环境路径

重新设置工作目录路径，建立新的 C/C++应用程序；选择 helloled.ptf，见图 9-27，单击“Next”按钮，然后单击“Finish”按钮完成。

（10）新建 C 文件。选择“File”→“New”→“Source File”，设置见图 9-28。

（11）然后输入参考程序代码，并保存。

（12）编译。在如图 9-29 所示位置单击鼠标右键选择 Build Project，开始编译工程。

（13）下载。首先启动 Quartus II 下的 Programer，把 Hello_led.sof 文件配置到 FPGA 中，LED_PIO 对应的引脚连接 8 个 LED 发光二极管。

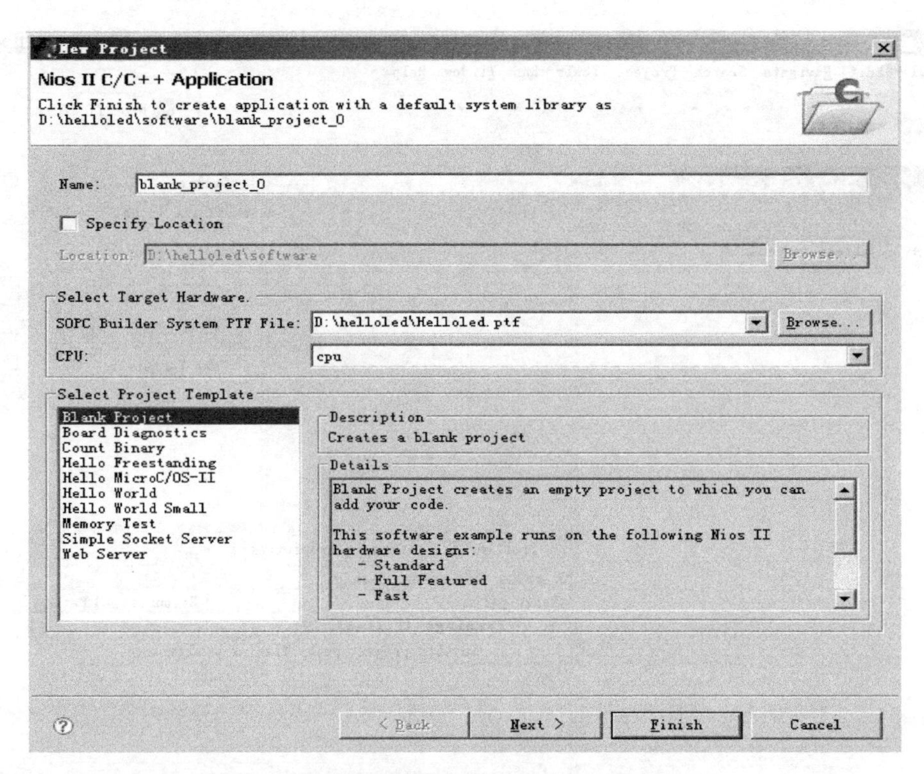

图 9-27 建立新的 C/C++应用程序

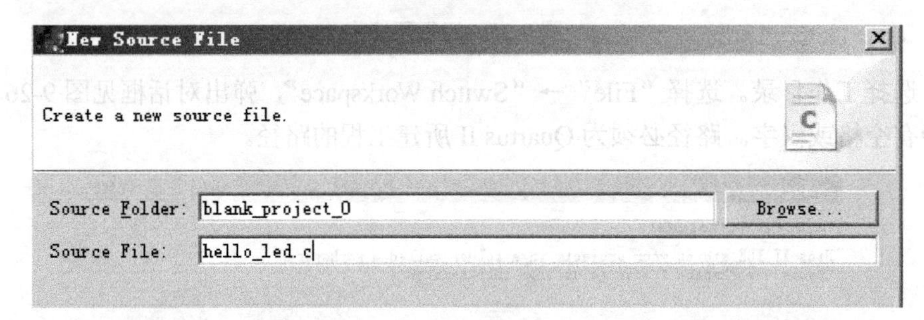

图 9-28 新建 C 文件

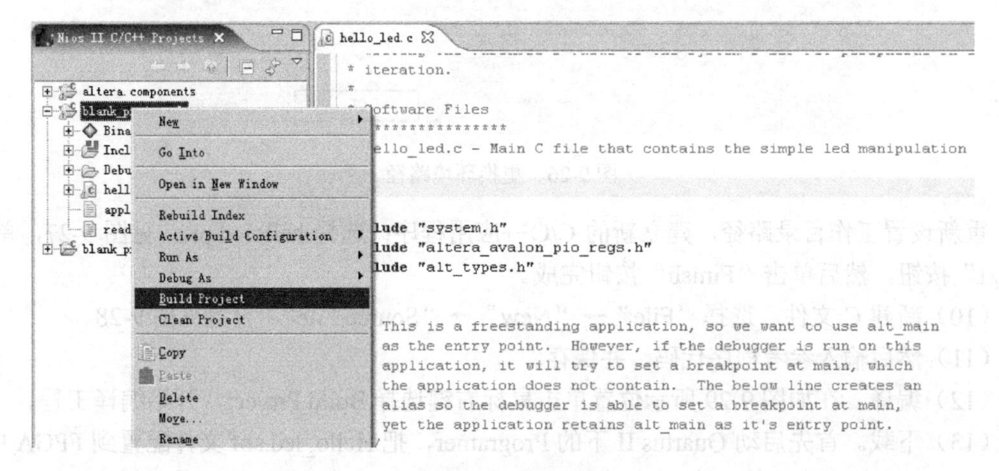

图 9-29 编译工程

（14）在Nios II IDE中单击鼠标右键“Run As”→“Nios II Hardware”，见图9-30，开始运行程序，成功后见图9-31，可以观察到8个LED灯的循环亮灭。

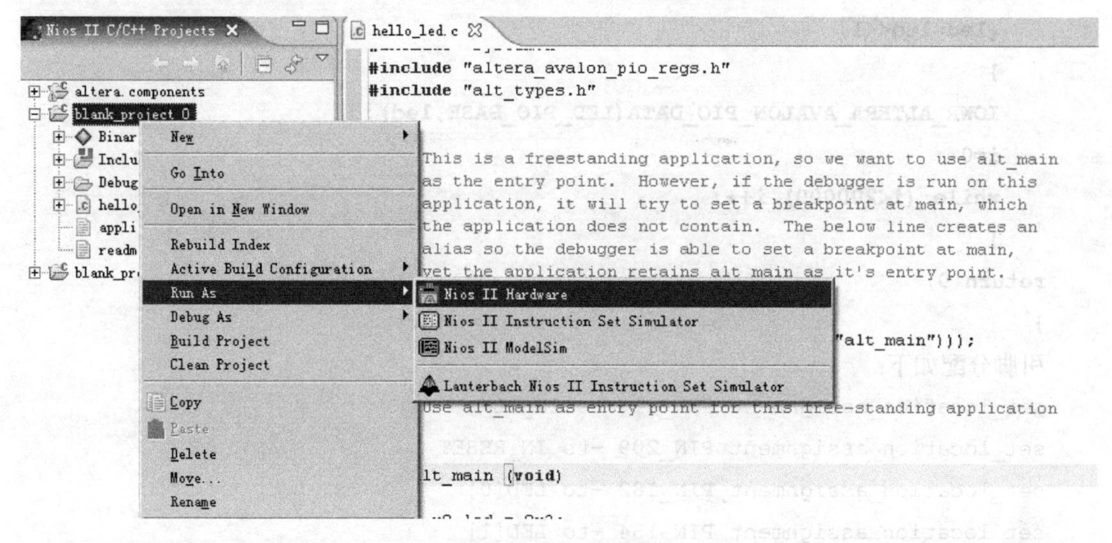

图9-30 运行程序

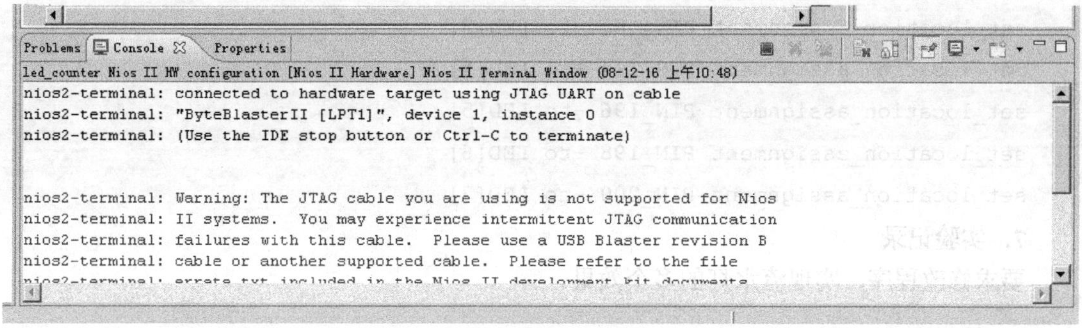

```
Problems  Console  Properties
led_counter Nios II HW configuration [Nios II Hardware] Nios II Terminal Window (08-12-16 上午10:48)
nios2-terminal: connected to hardware target using JTAG UART on cable
nios2-terminal: "ByteBlasterII [LPT1]", device 1, instance 0
nios2-terminal: (Use the IDE stop button or Ctrl-C to terminate)

nios2-terminal: Warning: The JTAG cable you are using is not supported for Nios
nios2-terminal: II systems.  You may experience intermittent JTAG communication
nios2-terminal: failures with this cable.  Please use a USB Blaster revision B
nios2-terminal: cable or another supported cable.  Please refer to the file
nios2-terminal: errata.txt included in the Nios II development kit documents
```

图9-31 运行成功

6. 实验参考程序

```
#include "system.h"
#include "altera_avalon_pio_regs.h"
#include "alt_types.h"
int main (void) __attribute__ ((weak,alias ("alt_main")));
int alt_main (void)
{  alt_u8 led=0x2;
   alt_u8 dir=0;
   volatile int i;
    while (1)
   {    if (led & 0x81)
    {       dir=(dir^0x1);}
    if (dir)
```

```
        { led=led>>1;
        } else
        {led=led<<1;
        }
        IOWR_ALTERA_AVALON_PIO_DATA(LED_PIO_BASE,led);
        i=0;
        while (i<200000) i++;
        }
    return 0;
    }
```

引脚分配如下：

```
set_location_assignment PIN_31 -to IN_CLK
set_location_assignment PIN_209 -to IN_RESET
set_location_assignment PIN_182 -to LED[0]
set_location_assignment PIN_184 -to LED[1]
set_location_assignment PIN_186 -to LED[2]
set_location_assignment PIN_188 -to LED[3]
set_location_assignment PIN_194 -to LED[4]
set_location_assignment PIN_196 -to LED[5]
set_location_assignment PIN_198 -to LED[6]
set_location_assignment PIN_200 -to LED[7]
```

7．实验记录

要求修改程序，实现流水灯的多个效果。

9.2.2 数码管显示实验

1．实验目的

进一步熟悉 SOPC Builder 和 Nios II IDE 的使用方法和步骤，掌握 Nios II 软核的配置方法，掌握对 IO 接口的写操作。

2．实验模块

FPGA 主控制板模块。

3．实验原理

通过程序向数码管送相应的显示代码，即可点亮数码管段，实现数字显示。

4．实验内容

编写程序，实现两个数码管的 0～99 的循环计数；实验者也可以适当修改程序来实现其他效果。

5．实验步骤

（1）利用 Quartus II 软件建立工程，命名为 led_counter，启动 SOPC Builder 建立 CPU，命名为 counter。

（2）为 CPU 添加 Nios II 软核，选择 Nios II/s，建立片内 2KB 的 on-chip ram，命名为

RAM，并为 CPU 添加复位地址为 RAM 地址。添加 PIO 模块，设置为两个 8 路输出，并命名为 LED1 和 LED2；然后生成 CPU。

（3）建立顶层原理图文件，加入生成的 counter CPU 与 I/O 接口，并在重命名后分配引脚（系统时钟 pin31，复位 pin209），用排线按顺序连接硬件电路。编译后见图 9-32：**复位可直接使用 Vcc 拉高电平，也可使用引脚实现复位控制。**

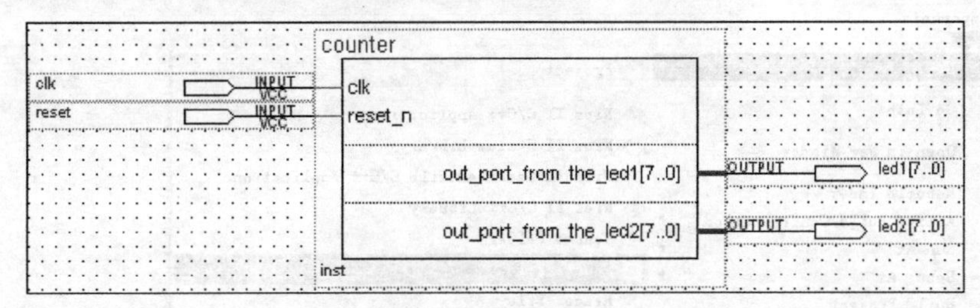

图 9-32　顶层原理图

（4）启动 Nios II IDE 并重新设置工作目录路径，建立新的 C/C++应用程序；选择 counter.ptf CPU 和实例（见图 9-33），选择空工程，然后重命名工程为 led_counter，接着创建工程。

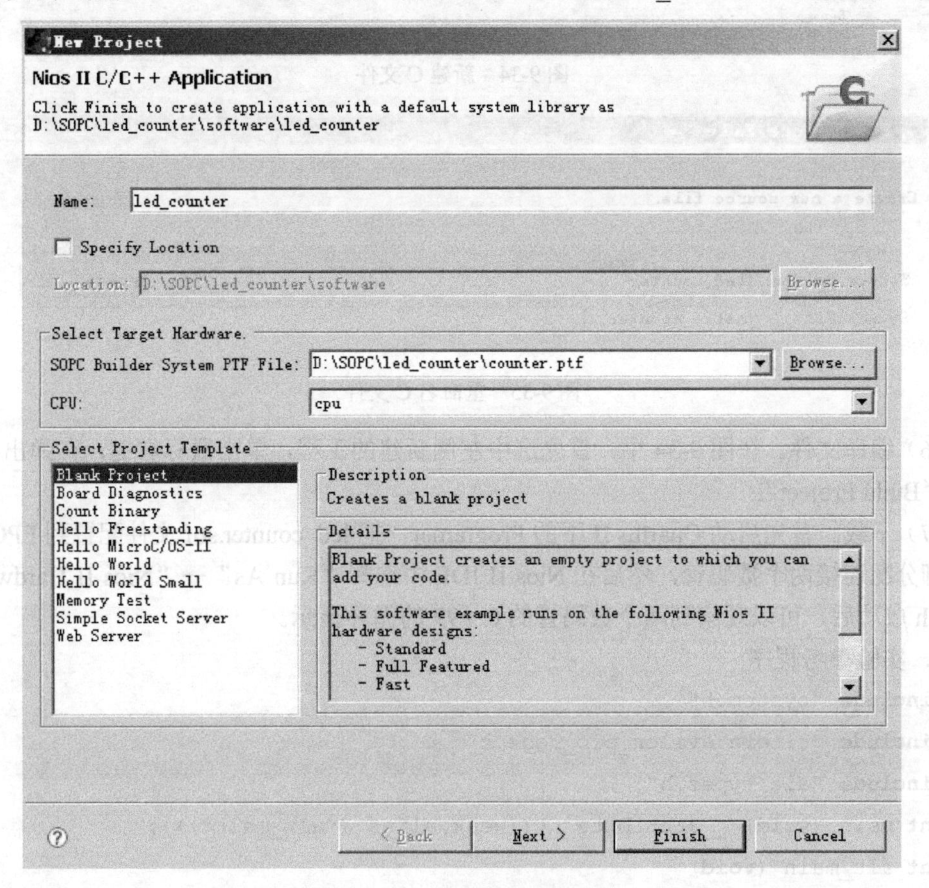

图 9-33　新建 Nios II 工程

（5）新建 C 文件。如图 9-34 所示，首先选中左侧新建的工程，单击鼠标右键，在弹出菜单中选择“New”→“Source File”，新建 C 文件，然后重命名，见图 9-35。完成后在其中输入参考程序代码。

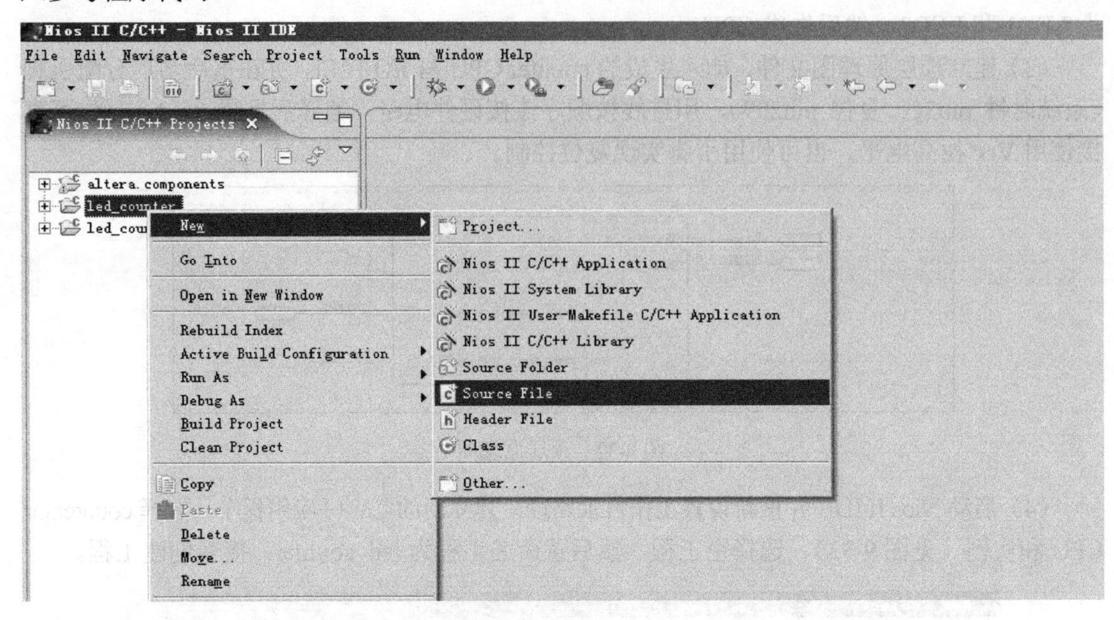

图9-34　新建C文件

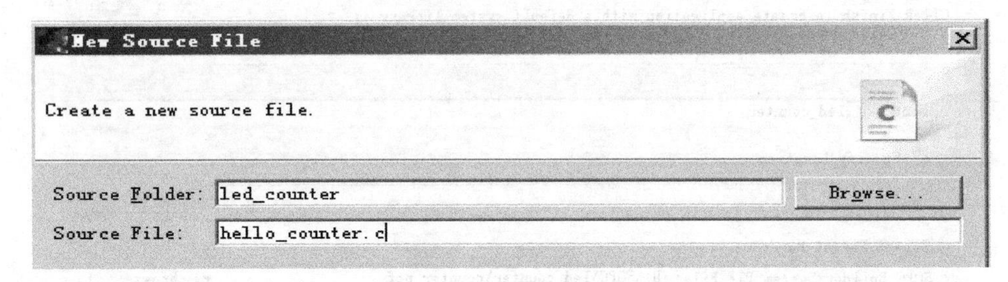

图9-35　重命名C文件

（6）编译文件。在图9-34中，首先选中左侧新建的工程，单击鼠标右键，在弹出菜单中选择“Build Project”。

（7）下载。首先启动Quartus II下的Programer，把led_counter.sof文件配置到FPGA中，按引脚分配连接两个数码管，然后在Nios II IDE中选择“Run As”→“Nios II Hardware”，运行ch成功后，可以观察到两个数码管的0~99的循环显示。

6．实验参考程序

```
#include "system.h"
#include "altera_avalon_pio_regs.h"
#include "alt_types.h"
int main (void) __attribute__ ((weak,alias ("alt_main")));
int alt_main (void)
{volatile int i;
      alt_u8 counter;
      alt_u8 led_table[10]={0xC0,0XF9,0xA4,0xB0,0x99,0x92,0x82,0xF8,
```

```
                0x80,0x90};
    while(1)
    {if(counter<99)counter=counter+1;
    else counter=0;
    IOWR_ALTERA_AVALON_PIO_DATA(LED1_BASE,led_table[counter/10]);
    IOWR_ALTERA_AVALON_PIO_DATA(LED2_BASE,led_table[counter%10]);
    i=0;
    while (i<300000)
    i++;
     }
    return 0;
}
```

7．实验记录

要求修改程序，实现0～99的递加后再递减的循环显示效果。

引脚分配如下：

```
set_location_assignment PIN_31 -to CLK
set_location_assignment PIN_182 -to LED1[0]
set_location_assignment PIN_184 -to LED1[1]
set_location_assignment PIN_186 -to LED1[2]
set_location_assignment PIN_188 -to LED1[3]
set_location_assignment PIN_194 -to LED1[4]
set_location_assignment PIN_196 -to LED1[5]
set_location_assignment PIN_198 -to LED1[6]
set_location_assignment PIN_200 -to LED1[7]
set_location_assignment PIN_202 -to LED2[0]
set_location_assignment PIN_207 -to LED2[1]
set_location_assignment PIN_216 -to LED2[2]
set_location_assignment PIN_218 -to LED2[3]
set_location_assignment PIN_220 -to LED2[4]
set_location_assignment PIN_222 -to LED2[5]
set_location_assignment PIN_224 -to LED2[6]
set_location_assignment PIN_230 -to LED2[7]
```

9.2.3　按键输入中断实验

1．实验目的

进一步熟悉SOPC Builder和Nios II IDE的使用方法和步骤，掌握Nios II软核的配置方法，掌握对IO接口的写操作，了解对Nios II输入中断的操作。

2．实验模块

FPGA主控制板模块。

3．实验原理

按键中断时会向 CPU 发出中断申请，CPU 在接到申请后会相应中断，并执行相应的中断服务子程序。

4．实验内容

编写程序，利用按键实现输入中断，每按一次 BUTTON1 数码管加 1，BUTTON2 数码管减 1，实现 0～99 的循环显示；实验者也可以适当修改程序来实现其他效果。

5．实验步骤

（1）利用 Quartus II 软件建立工程，命名为 Button_interrupt，启动 SOPC Builder 建立 CPU，命名为 interrupt。

（2）为 CPU 添加 Nios II 软核，选择 Nios II/S，建立片内 4KB 的 on-chip ram，命名为 RAM，并为 CPU 添加复位地址为 RAM 地址。添加 PIO 模块，设置为两个 8 路输出，并命名为 LED1 和 LED2，两个输入 PIO，命名为 BUTTON1，BUTTON2，并设置 BUTTON1 为沿边捕获下降沿中断;然后生成 CPU。

（3）选择“File”→“New”→“Block Diagram/Schematic File”，加入生成的 counter CPU 与 I/O 接口，并在重命名后分配引脚，用排线按顺序连接硬件电路。编译后见图 9-36。

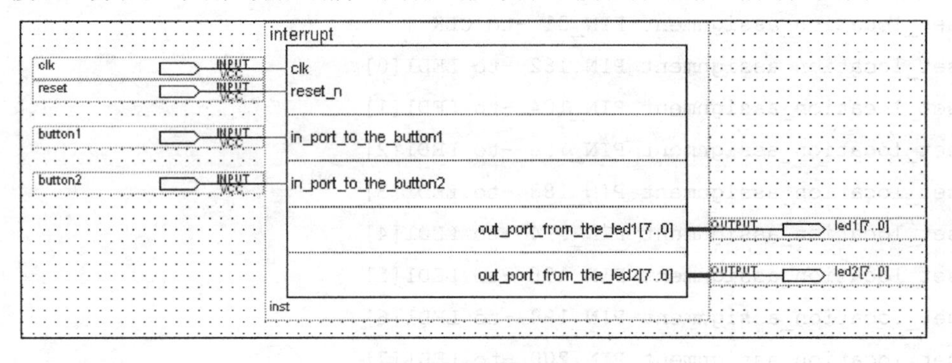

图 9-36 顶层原理图

（4）启动 Nios II IDE 并重新设置工作目录路径，建立新的空 C/C++应用程序；选择 interrupt.ptf CPU 和命名工程为 interrupt（自定义，无汉字或空格）实例（见图 9-37），然后新建 button_interrupt.c 文件，录入参考程序代码，编译文件。

（5）下载。首先启动 Quartus II 下的 Programer,把 Button_interrupt.sof 文件配置到 FPGA 中，然后在 Nios II IDE 中选择“Run As”→“Nios II Hardware”，开始运行程序，成功后，按下 BUTTON1 和 BUTTON2 时可以观察到两个数码管的 0～99 的加一减一循环显示。

6．实验参考程序

```
#include "system.h"
#include "string.h"
#include "altera_avalon_pio_regs.h"
#include "alt_types.h"
#include "sys/alt_irq.h"
alt_u8 counter=0;
void delay(alt_u16 temp)
```

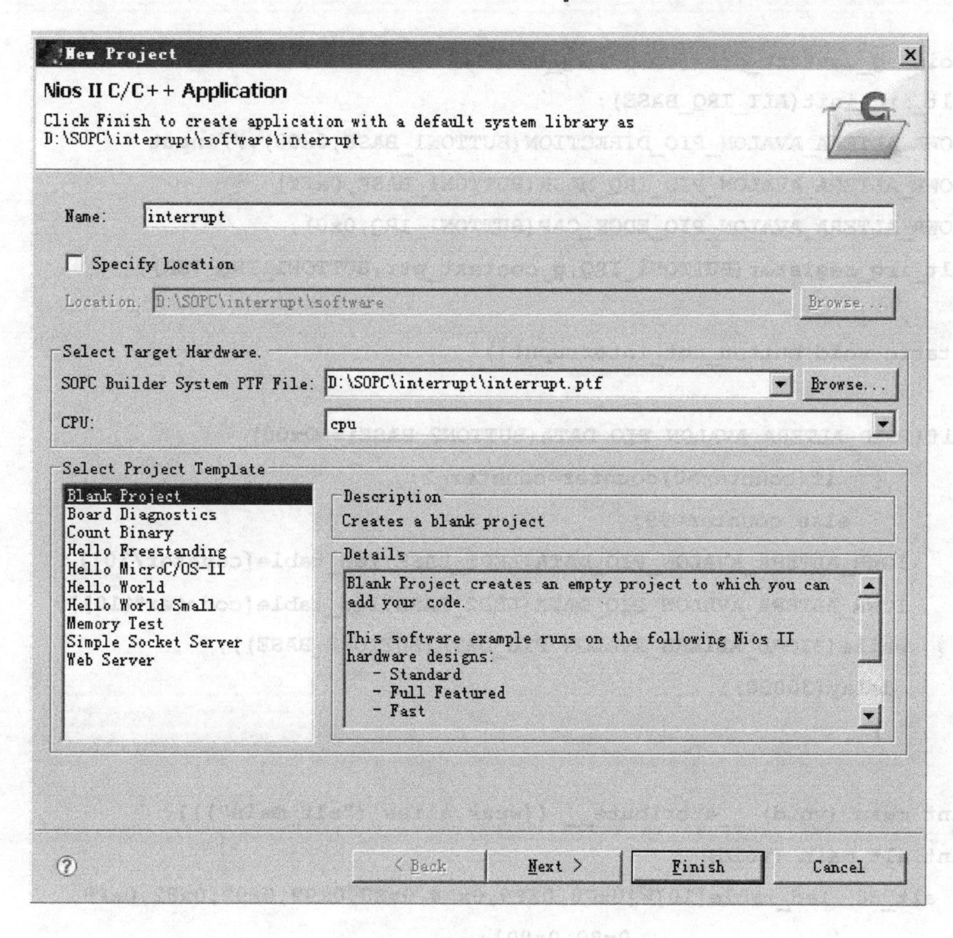

图9-37 新建interrupt工程

```
{ alt_u16 i=0;
   while (i<temp)i++;
}
volatile alt_irq_context  g_context;
static void BUTTON1_IRQ_ISR(void * context,alt_u32 id)
   {volatile int* g_context_ptr=(volatile int*) g_context;
   if (counter<99)counter=counter+1;
   else  counter=0;
   while(!IORD_ALTERA_AVALON_PIO_DATA(BUTTON1_BASE));
   delay(30000);
   *g_context_ptr=IORD_ALTERA_AVALON_PIO_EDGE_CAP(BUTTON1_BASE);
   IOWR_ALTERA_AVALON_PIO_EDGE_CAP(BUTTON1_BASE,0);
IOWR_ALTERA_AVALON_PIO_IRQ_MASK(BUTTON1_BASE,0x01);
}
static void Init_BUTTON1Ext_interrupt()
{//-- Reset the edge capture register.
```

```
void* g_context_ptr=(void*)&g_context;
alt_irq_init(ALT_IRQ_BASE);
IOWR_ALTERA_AVALON_PIO_DIRECTION(BUTTON1_BASE,0x00);//input
IOWR_ALTERA_AVALON_PIO_IRQ_MASK(BUTTON1_BASE,0xff);
IOWR_ALTERA_AVALON_PIO_EDGE_CAP(BUTTON1_IRQ,0x0);
alt_irq_register(BUTTON1_IRQ,g_context_ptr,BUTTON1_IRQ_ISR);
}
static void button_not_interruput()
{
 if(IORD_ALTERA_AVALON_PIO_DATA(BUTTON2_BASE)==0x00)
      {   if(counter>0)counter=counter-1;
         else counter=99;
     IOWR_ALTERA_AVALON_PIO_DATA(LED1_BASE,led_table[counter/10]);
     IOWR_ALTERA_AVALON_PIO_DATA(LED2_BASE,led_table[counter%10]);
     while(!IORD_ALTERA_AVALON_PIO_DATA(BUTTON2_BASE));
      delay(30000);
      }
}
int main (void) __attribute__ ((weak,alias ("alt_main")));
int alt_main (void)
{ alt_u8  led_table[10]={0xC0,0XF9,0xA4,0xB0,0x99,0x92,0x82,0xF8,
                          0x80,0x90};
    Init_BUTTON1Ext_interrupt();
    while (1)
  { button_not_interruput();
OWR_ALTERA_AVALON_PIO_DATA(LED1_BASE,led_table[counter/10]);
    IOWR_ALTERA_AVALON_PIO_DATA(LED2_BASE,led_table[counter%10]);
    delay(20000);
  }
   return 0;
}
```

引脚分配如下：

```
set_location_assignment PIN_31 -to CLK
set_location_assignment PIN_209 -to RESET
set_location_assignment PIN_182 -to LED1[0]
set_location_assignment PIN_184 -to LED1[1]
set_location_assignment PIN_186 -to LED1[2]
set_location_assignment PIN_188 -to LED1[3]
set_location_assignment PIN_194 -to LED1[4]
```

```
set_location_assignment PIN_196 -to LED1[5]
set_location_assignment PIN_198 -to LED1[6]
set_location_assignment PIN_200 -to LED1[7]
set_location_assignment PIN_202 -to LED2[0]
set_location_assignment PIN_207 -to LED2[1]
set_location_assignment PIN_216 -to LED2[2]
set_location_assignment PIN_218 -to LED2[3]
set_location_assignment PIN_220 -to LED2[4]
set_location_assignment PIN_222 -to LED2[5]
set_location_assignment PIN_224 -to LED2[6]
set_location_assignment PIN_230 -to LED2[7]
set_location_assignment PIN_181 -to BUTTON1
set_location_assignment PIN_183 -to BUTTON2
```

9.2.4 定时计数器实验

1. 实验目的

掌握SOPC Builder和Nios II IDE的使用方法和步骤，掌握Nios II软核的配置方法，掌握对IO接口的读写操作，掌握Nios II定时计数器的使用及中断的操作。

2. 实验模块

FPGA主控制板模块。

3. 实验原理

定时器工作时是将两个寄存器的值调入32位计数器，然后根据CPU的时钟，逐步递减计数器的值，直到减到0为止，然后触发中断，并且再次从预制寄存器中将预设值调入32位计数器中的初始值；实验者也可以使用下面的两个函数来改变计数器的初始值。

```
IOWR_ALTERA_AVALON_TIMER_PERIODL(TIMER_0_BASE,TimerValueLow);
IOWR_ALTERA_AVALON_TIMER_PERIODH(TIMER_0_BASE,TimerValueHigh);
```

其中，TimerValueLow和TimerValueHigh是要设置的低16位和高16位的定时器初值。计数初值计算方法：计数初值=2^32−FREQ*时间。

4. 实验内容

编写程序，利用定时计数器实现每秒数码管加1在0～99的循环显示，并伴随一个小灯闪烁；实验者也可以适当修改程序来实现其他效果。

5. 实验步骤

（1）利用Quartus II软件建立工程，命名为timer_interrupt，启动SOPC Builder，建立CPU，命名为timer。

（2）为CPU添加Nios II软核，选择Nios II/S，建立片内8KB的on-chip ram，命名为RAM，并为CPU添加复位地址为RAM地址。添加PIO模块，设置为两个8路输出，并命名为LED1和LED2，再设置一个输出PIO端口，命名为LED；然后生成CPU。

（3）选择“File”→“New”→“Block Diagram/Schematic File”，加入生成的timer CPU与I/O接口，并在重命名后分配引脚，用排线按顺序连接硬件电路。编译后见图9-38。

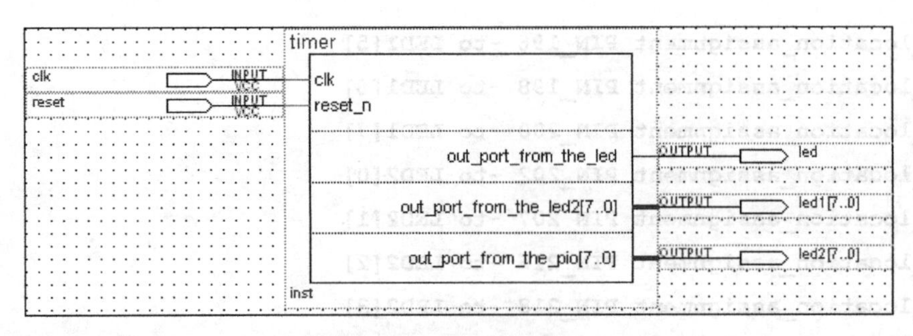

图 9-38 顶层原理图

（4）启动 Nios II IDE 并重新设置工作目录路径，建立新的空 C/C++应用程序；选择 timer.ptf CPU 和命名工程为 timer（自定义，无汉字或空格）实例（见图 9-39），然后新建 timer.c 文件，录入参考程序代码，编译文件。

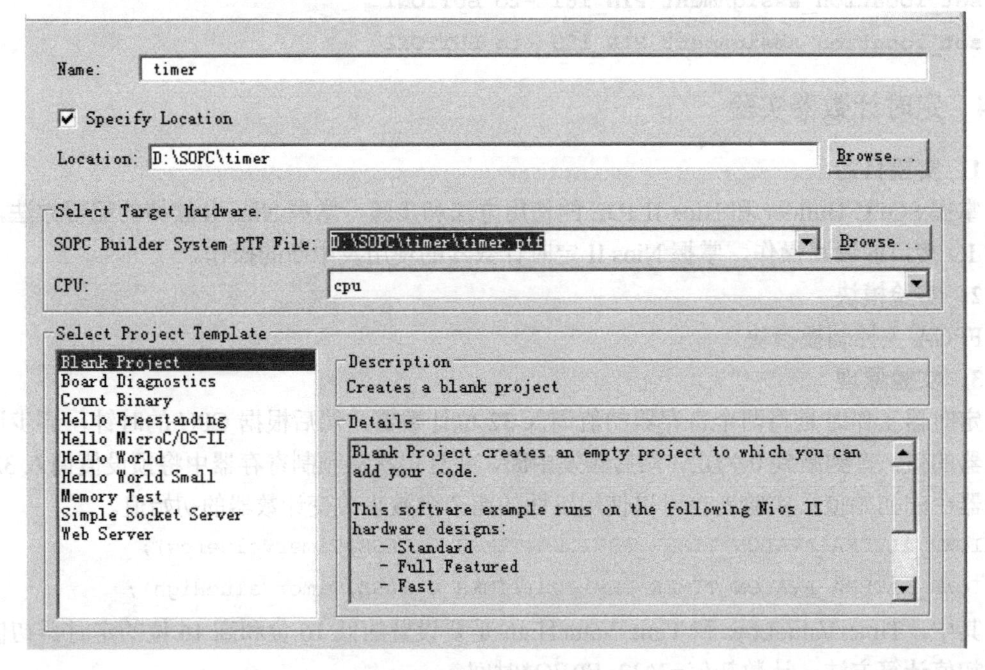

图 9-39 新建 Nios II 工程

（5）下载。首先启动 Quartus II 下的 Programer，把 timer_interrupt.sof 文件配置到 FPGA 中，把两个数码管按照分配的引脚连接好，然后在 Nios II IDE 中选择“Run As”→“Nios II Hardware”，可以观察到两个数码管的 0～99 的循环显示并伴随 LED 小灯的闪烁。

6．实验参考程序

```
#include "system.h"
#include "string.h"
#include "altera_avalon_pio_regs.h"
#include "altera_avalon_timer_regs.h"
#include "alt_types.h"
#include "sys/alt_irq.h"
```

```
alt_u8 counter=0;
alt_u8 led_sign=0;
static void handle_Timer1_interrupts(void* context,alt_u32 id)
{IOWR_ALTERA_AVALON_TIMER_STATUS(TIMER1_BASE,0);//清TO标志
 /****************在下面开始编写用户中断程序*****************************/
 led_sign=~led_sign;
 counter=counter+1;
 IOWR_ALTERA_AVALON_PIO_DATA(LED_BASE,led_sign);
 /*****************************************************************/
 }
static void inti_Timer1(void)
{  alt_u8 count=1;
   alt_irq_init(ALT_IRQ_BASE);
   alt_irq_register( TIMER1_IRQ,(void *)& count,handle_Timer1_interrupts);
   //注册中断函数 IOWR_ALTERA_AVALON_TIMER_CONTROL(TIMER1_BASE,7);
   //启动timer允许中断连续计数
}
int main (void) __attribute__ ((weak,alias ("alt_main")));
int alt_main (void)
{ alt_u8 led_table[10]={0xC0,0XF9,0xA4,0xB0,0x99,0x92,0x82,0xF8,0x80,0x90};
  inti_Timer1();
  while (1) {IOWR_ALTERA_AVALON_PIO_DATA(LED1_BASE,
             led_table[(counter%100)/10]);
 IOWR_ALTERA_AVALON_PIO_DATA(LED2_BASE,led_table[counter%10]);
}
  return 0;
}
```

引脚分配如下：

```
set_location_assignment PIN_31 -to CLK
set_location_assignment PIN_209 -to RESET
set_location_assignment PIN_182 -to LED1[0]
set_location_assignment PIN_184 -to LED1[1]
set_location_assignment PIN_186 -to LED1[2]
set_location_assignment PIN_188 -to LED1[3]
set_location_assignment PIN_194 -to LED1[4]
set_location_assignment PIN_196 -to LED1[5]
set_location_assignment PIN_198 -to LED1[6]
set_location_assignment PIN_200 -to LED1[7]
set_location_assignment PIN_202 -to LED2[0]
```

```
set_location_assignment PIN_207 -to LED2[1]
set_location_assignment PIN_216 -to LED2[2]
set_location_assignment PIN_218 -to LED2[3]
set_location_assignment PIN_220 -to LED2[4]
set_location_assignment PIN_222 -to LED2[5]
set_location_assignment PIN_224 -to LED2[6]
set_location_assignment PIN_230 -to LED2[7]
set_location_assignment PIN_181 -to LED
```

9.2.5 串行接口通信实验

1．实验目的

熟练掌握 SOPC Builder 和 Nios II IDE 的使用方法和步骤，Nios II 软核的配置方法，初步学会 Nios II 串行接口（串口）的使用及其中断的操作方法。

2．实验模块

FPGA 主控制板模块和串口通信模块。

3．实验原理

利用串口控制核，向串口发送数据，并通过串口调试软件观察接收到的数据。

4．实验内容

编写程序，借助于串口调试工具或 JTAG UART，实现串口中断接收计算机数据后再由串口发送回计算机。

5．实验步骤

（1）利用 Quartus II 软件建立工程，命名为 uart_interrupt，启动 SOPC Builder，建立 CPU，命名为 uart。

（2）为 CPU 添加 Nios II 软核，选择 Nios II/S，建立片内 4KB 的 on-chip ram，命名为 RAM，并为 CPU 添加复位地址为 RAM 地址。添加 UART 模块设置波特率为 115200；8 位数据位，无校验位，1 停止位；然后生成 CPU。

（3）选择“File”→“New”→“Block Diagram/Schematic File”，加入生成的 uart CPU 与 I/O 接口，并在重命名后分配引脚，用排线按顺序连接硬件电路，编译后见图 9-40。

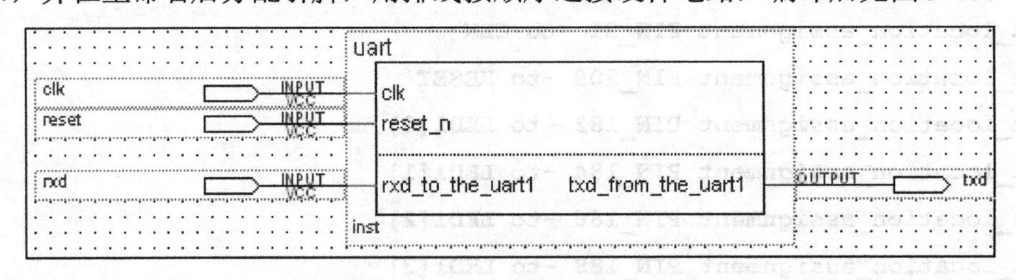

图 9-40 顶层原理图

（4）启动 Nios II IDE 并重新设置工作目录路径，建立新的空 C/C++应用程序；选择 UART.ptf CPU 和命名工程为 uart（自定义，无汉字或空格）实例（见图 9-41），然后新建 uart.c 文件，录入参考程序代码，编译文件。

（5）下载。首先启动 Quartus II 下的 Programer，把 uart_interrupt.sof 文件配置到 FPGA 中，

再连接 FPGA 和 RS232 串口模块，使用串口线接到计算机的串口端，使用串口调试工具发送数据来判断程序的正确性。

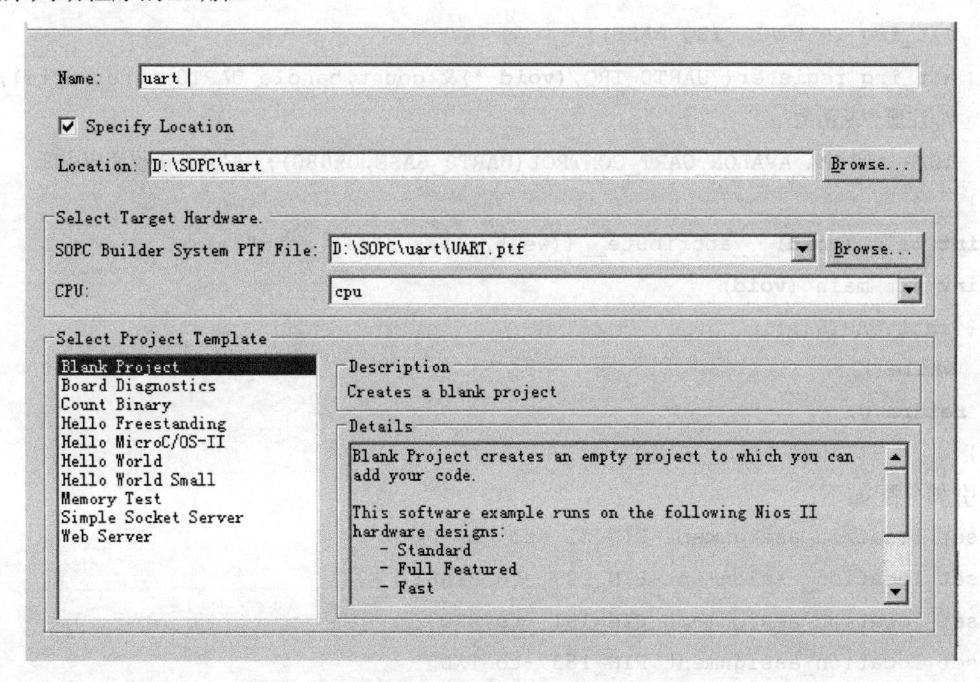

图 9-41　新建 Nios II 工程

然后在 Nios II IDE 中选择“Run As”→“Nios II Hardware”，由串口调试助手或 JTAG UART0 来观察发送和接收数据。

6. 实验参考程序

```
#include "system.h"
#include "string.h"
#include "altera_avalon_uart_regs.h"
#include "alt_types.h"
#include "sys/alt_irq.h"
void uart_WRData(unsigned char data)
 { //等待发送寄存器为空
 while(!(IORD_ALTERA_AVALON_UART_STATUS(UART0_BASE)&0X20));
 IOWR_ALTERA_AVALON_UART_TXDATA(UART0_BASE,data);
 }
static void handle_UART0_interrupts(void* context,alt_u32 id)
{   alt_u16 data;
 /****************在下面开始编写用户中断程序**************************/
    data =IORD_ALTERA_AVALON_UART_RXDATA(UART0_BASE);
    uart_WRData(data);
    /**************************************************************/
 }
```

```
static void inti_UART0(void)
{ alt_u8 count=1;
  alt_irq_init(ALT_IRQ_BASE);
  alt_irq_register( UART0_IRQ,(void *)& count,handle_UART0_interrupts);
  //注册中断函数
  IOWR_ALTERA_AVALON_UART_CONTROL(UART0_BASE,0x080); //允许接收完成中断
}
int main (void) __attribute__((weak,alias ("alt_main")));
int alt_main (void)
{ inti_UART0();
  while(1);
 return 0;
}
```

引脚分配如下：

```
set_location_assignment PIN_31 -to CLK
set_location_assignment PIN_209 -to RESET
set_location_assignment PIN_181 -to RXD
set_location_assignment PIN_183 -to TXD
```

7．实验记录

修改程序，实现字符串的发送和接收，并使用串口调试工具验证。

9.2.6 存储器配置实验

1．实验目的

（1）进一步熟悉 SOPC 系统的构成，掌握完整的 Nios II CPU 的定制。

（2）熟悉锁相环的使用及配置方法。

2．实验内容

SOPC 系统定制 FLASH(TE28F320J3A110_BYTE)、SDRAM(single Micron MT48LC4M32B2-7 chip)，编程实现 Hello word！及流水灯效果。

3．实验步骤

（1）建立工程，命名为 Project，启动 SOPC Builder。

（2）添加 Nios II 处理器，在存储器或存储器控制器（memories and memory controller）中添加 SDRAM controller，见图 9-42。

（3）同上继续添加 FLASH controller，型号选择 TE28F320J3A110_BYTE。

（4）添加三态桥总线用于 FLASH 的控制，按照图 9-43 和图 9-44 所示选择添加。

（5）添加 jtag_uart 和 8 位 PIO，用来实现实验效果，生成 CPU。

（6）新建原理图文件命名为 Project.bdf，新建 PLL 锁相环，输入时钟 25MHz，输出时钟 50MHz，CLK1 设置 50MHz 偏移量−126deg，见图 9-45 和图 9-46。

（7）连接并分配引脚，保存后，全编译，其顶层原理图见图 9-47。

（8）启动 Nios II IDE，新建工程见图 9-48。

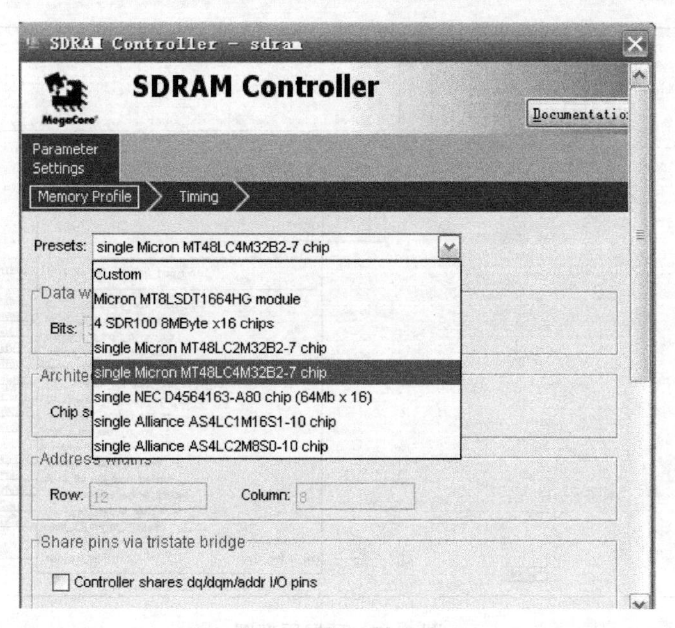

图 9-42　选择 SDRAM 类型

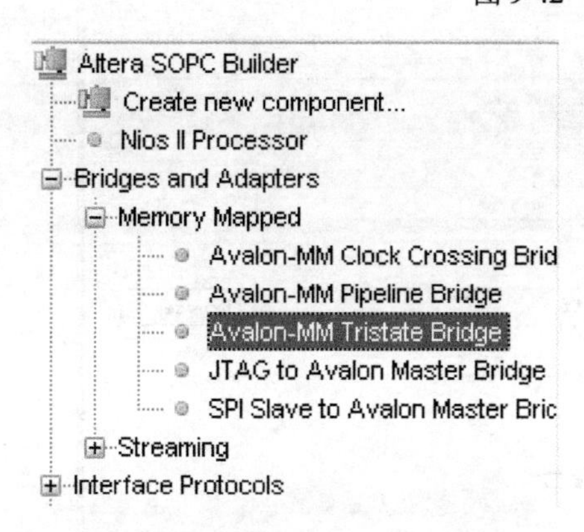

图 9-43　选择 Avalon-MM 三态桥

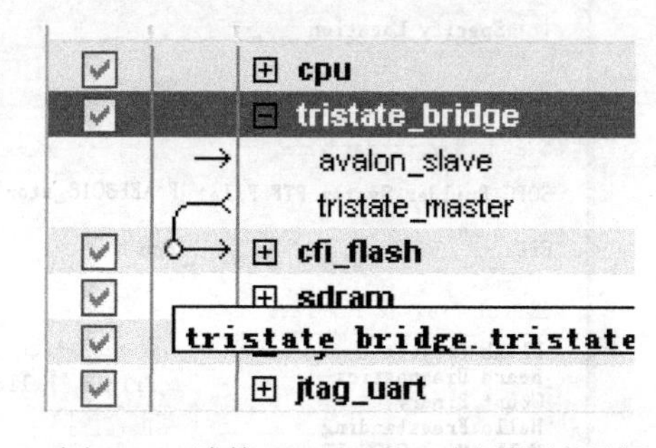

图 9-44　连接 FLASH 和三态桥控制总线

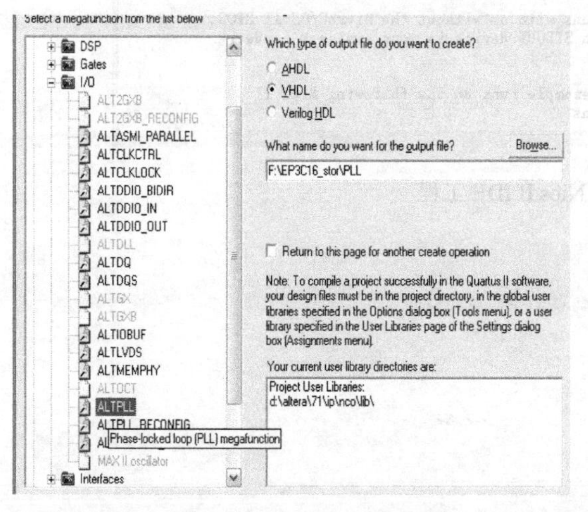

图 9-45　新建 PLL 锁相环

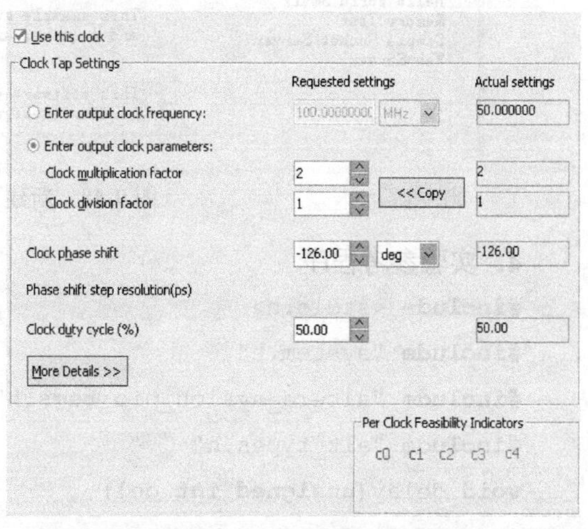

图 9-46　设置 SDRAM 时钟偏移量

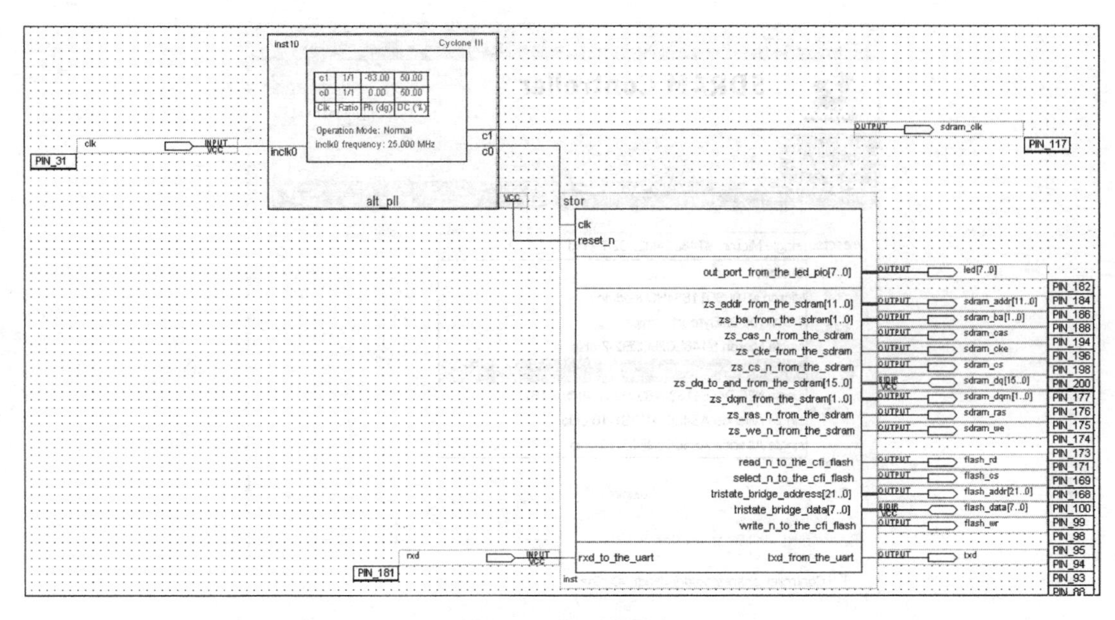

图 9-47　顶层原理图

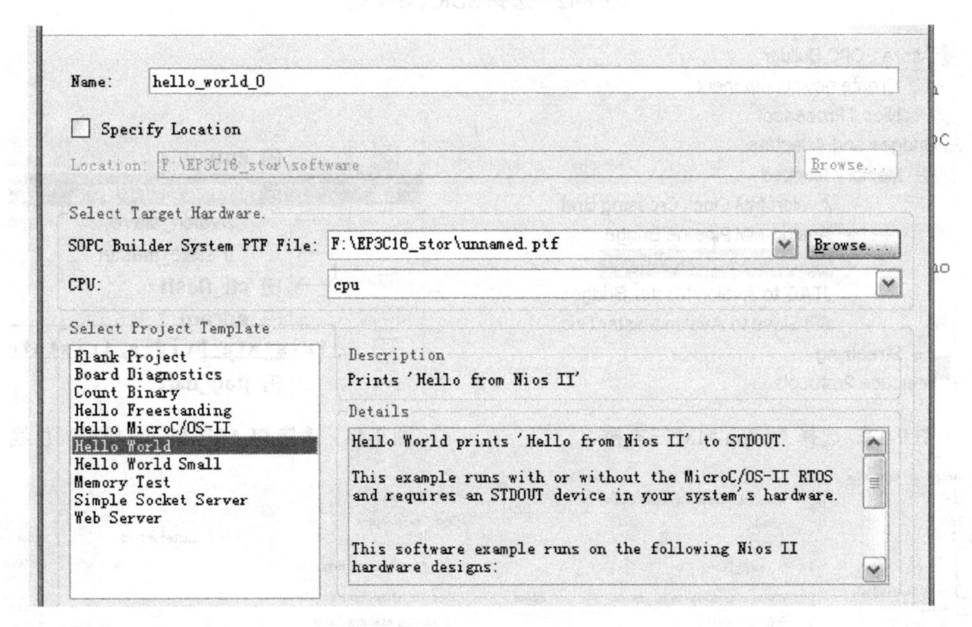

图 9-48　新建 Nios II IDE 工程

4. 实验参考程序

```
#include <stdio.h>
#include "system.h"
#include "altera_avalon_pio_regs.h"
#include "alt_types.h"
void delay(unsigned int del)
{
    while(del)del--;
```

```
 }
int main()
{unsigned int i,dat;
printf("Hello from Nios II!\n");
while(1)
{dat=0x7f;
  for(i=0;i<8;i++)
  {
   IOWR_ALTERA_AVALON_PIO_DATA(LED_PIO_BASE,dat);
   dat=dat>>1;
   delay(200000);
 }
 printf("Finish one time cycle!\n");
}
 return 0;
}
```

引脚配置如下：

```
set_location_assignment PIN_31 -to clk
set_location_assignment PIN_181 -to rxd
set_location_assignment PIN_183 -to txd
set_location_assignment PIN_85 -to flash_addr[21]
set_location_assignment PIN_84 -to flash_addr[20]
set_location_assignment PIN_83 -to flash_addr[19]
set_location_assignment PIN_82 -to flash_addr[18]
set_location_assignment PIN_81 -to flash_addr[17]
set_location_assignment PIN_80 -to flash_addr[16]
set_location_assignment PIN_78 -to flash_addr[15]
set_location_assignment PIN_51 -to flash_addr[14]
set_location_assignment PIN_52 -to flash_addr[13]
set_location_assignment PIN_55 -to flash_addr[12]
set_location_assignment PIN_57 -to flash_addr[11]
set_location_assignment PIN_63 -to flash_addr[10]
set_location_assignment PIN_64 -to flash_addr[9]
set_location_assignment PIN_65 -to flash_addr[8]
set_location_assignment PIN_68 -to flash_addr[7]
set_location_assignment PIN_69 -to flash_addr[6]
set_location_assignment PIN_70 -to flash_addr[5]
set_location_assignment PIN_71 -to flash_addr[4]
set_location_assignment PIN_72 -to flash_addr[3]
```

```
set_location_assignment PIN_73 -to flash_addr[2]
set_location_assignment PIN_76 -to flash_addr[1]
set_location_assignment PIN_49 -to flash_addr[0]
set_location_assignment PIN_56 -to flash_cs
set_location_assignment PIN_37 -to flash_data[7]
set_location_assignment PIN_38 -to flash_data[6]
set_location_assignment PIN_39 -to flash_data[5]
set_location_assignment PIN_41 -to flash_data[4]
set_location_assignment PIN_43 -to flash_data[3]
set_location_assignment PIN_44 -to flash_data[2]
set_location_assignment PIN_45 -to flash_data[1]
set_location_assignment PIN_46 -to flash_data[0]
set_location_assignment PIN_22 -to flash_rd
set_location_assignment PIN_21 -to flash_wr
set_location_assignment PIN_160 -to sdram_addr[11]
set_location_assignment PIN_147 -to sdram_addr[10]
set_location_assignment PIN_103 -to sdram_addr[9]
set_location_assignment PIN_106 -to sdram_addr[8]
set_location_assignment PIN_107 -to sdram_addr[7]
set_location_assignment PIN_108 -to sdram_addr[6]
set_location_assignment PIN_109 -to sdram_addr[5]
set_location_assignment PIN_110 -to sdram_addr[4]
set_location_assignment PIN_111 -to sdram_addr[3]
set_location_assignment PIN_144 -to sdram_addr[2]
set_location_assignment PIN_145 -to sdram_addr[1]
set_location_assignment PIN_146 -to sdram_addr[0]
set_location_assignment PIN_148 -to sdram_ba[1]
set_location_assignment PIN_159 -to sdram_ba[0]
set_location_assignment PIN_164 -to sdram_cas
set_location_assignment PIN_102 -to sdram_cke
set_location_assignment PIN_161 -to sdram_cs
set_location_assignment PIN_101 -to sdram_dqm[1]
set_location_assignment PIN_167 -to sdram_dqm[0]
set_location_assignment PIN_162 -to sdram_ras
set_location_assignment PIN_166 -to sdram_we
set_location_assignment PIN_117 -to sdram_clk
set_location_assignment PIN_177 -to sdram_dq[0]
set_location_assignment PIN_176 -to sdram_dq[1]
set_location_assignment PIN_175 -to sdram_dq[2]
```

```
set_location_assignment PIN_174 -to sdram_dq[3]
set_location_assignment PIN_173 -to sdram_dq[4]
set_location_assignment PIN_171 -to sdram_dq[5]
set_location_assignment PIN_169 -to sdram_dq[6]
set_location_assignment PIN_168 -to sdram_dq[7]
set_location_assignment PIN_100 -to sdram_dq[8]
set_location_assignment PIN_99 -to sdram_dq[9]
set_location_assignment PIN_98 -to sdram_dq[10]
set_location_assignment PIN_95 -to sdram_dq[11]
set_location_assignment PIN_94 -to sdram_dq[12]
set_location_assignment PIN_93 -to sdram_dq[13]
set_location_assignment PIN_88 -to sdram_dq[14]
set_location_assignment PIN_87 -to sdram_dq[15]
set_location_assignment PIN_142 -to sdram_dq[16]
set_location_assignment PIN_139 -to sdram_dq[17]
set_location_assignment PIN_137 -to sdram_dq[18]
set_location_assignment PIN_135 -to sdram_dq[19]
set_location_assignment PIN_134 -to sdram_dq[20]
set_location_assignment PIN_133 -to sdram_dq[21]
set_location_assignment PIN_132 -to sdram_dq[22]
set_location_assignment PIN_131 -to sdram_dq[23]
set_location_assignment PIN_128 -to sdram_dq[24]
set_location_assignment PIN_127 -to sdram_dq[25]
set_location_assignment PIN_126 -to sdram_dq[26]
set_location_assignment PIN_120 -to sdram_dq[27]
set_location_assignment PIN_119 -to sdram_dq[28]
set_location_assignment PIN_118 -to sdram_dq[29]
set_location_assignment PIN_114 -to sdram_dq[30]
set_location_assignment PIN_113 -to sdram_dq[31]
set_location_assignment PIN_143 -to sdram_dqm[2]
set_location_assignment PIN_112 -to sdram_dqm[3]
set_location_assignment PIN_182 -to led[0]
set_location_assignment PIN_184 -to led[1]
set_location_assignment PIN_186 -to led[2]
set_location_assignment PIN_188 -to led[3]
set_location_assignment PIN_194 -to led[4]
set_location_assignment PIN_196 -to led[5]
set_location_assignment PIN_198 -to led[6]
set_location_assignment PIN_200 -to led[7]
```

9.2.7 4 乘 4 键盘实验

1. 实验目的

（1）了解 4×4 键盘的工作原理。

（2）进一步学习在 Quartus 和 Nios 环境下进行试验。

2. 实验内容

4 乘 4 键盘可以输出从 1 至 F 的数字显示，通过按键在数码管上显示相应的数值。键盘的扫描一般有两种方法：反转法和逐行扫描法。本实验采用反转法，先将行置 0，扫描列；然后将列置 0，扫描行。

3. 实验步骤

（1）新建工程文件，命名为 jianpan，打开 SOPC 工具，添加 Nios 软核，生成 block 文件，编译后下载，其顶层视图见图 9-49。

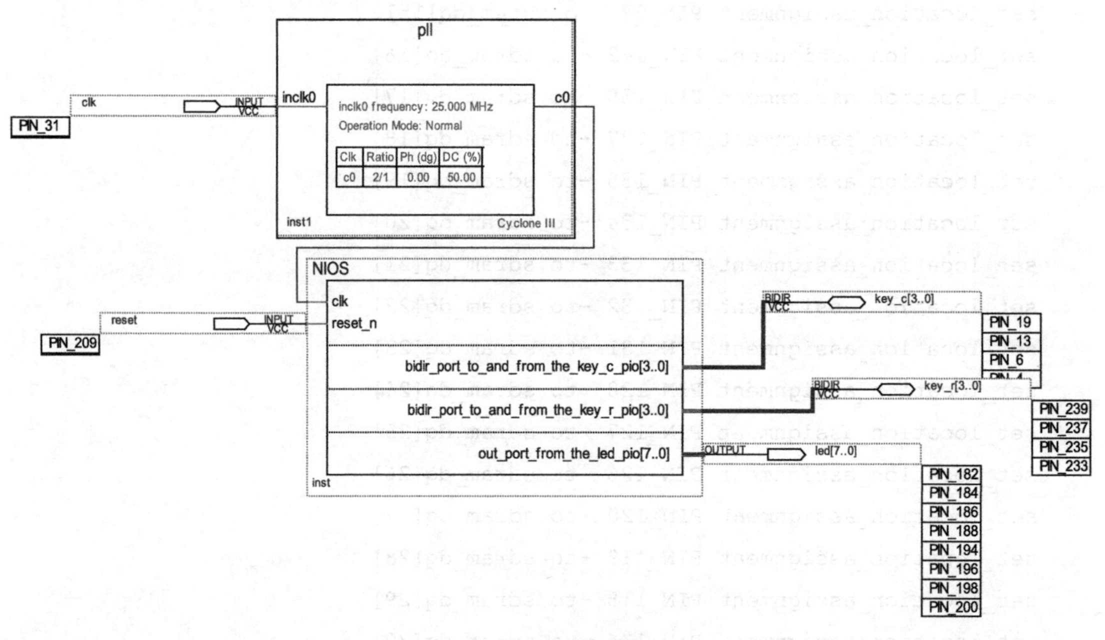

图 9-49 顶层原理图

（2）打开 Nios II IDE，新建工程，选择相应的 CPU 后输入参考程序代码，编译后下载。

4. 实验参考程序

```
#include "system.h"
#include "altera_avalon_pio_regs.h"
#include "alt_types.h"
#include <stdio.h>

unsigned char num[4][4]={{0xc0,0xf9,0xa4,0xb0},
                         {0x99,0x92,0x82,0xf8},
                         {0x80,0x90,0x88,0x83},
```

```
                        {0xc6,0xa1,0x86,0x8e}};
void delay(unsigned char del)
{while(del--);}
void main(void)
{
 unsigned char i=0,j=0;
 unsigned char hang,lie;
 while(1)
 {
  IOWR_ALTERA_AVALON_PIO_DIRECTION(KEY_R_PIO_BASE,0xF);
  IOWR_ALTERA_AVALON_PIO_DIRECTION(KEY_C_PIO_BASE,0x0);
  IOWR_ALTERA_AVALON_PIO_DATA(KEY_R_PIO_BASE,0x0);
  delay(500);
  lie=IORD_ALTERA_AVALON_PIO_DATA(KEY_C_PIO_BASE);
  if(lie!=0xF)
  {
   switch(lie)
   {
    case 0xe:  i=0; break;
    case 0xd:  i=1; break;
    case 0xb:  i=2; break;
    case 0x7:  i=3; break;
    default:   i=4; break;
   }
  IOWR_ALTERA_AVALON_PIO_DIRECTION(KEY_R_PIO_BASE,0x0);
  IOWR_ALTERA_AVALON_PIO_DIRECTION(KEY_C_PIO_BASE,0xF);
  IOWR_ALTERA_AVALON_PIO_DATA(KEY_C_PIO_BASE,0x0);
  delay(500);
  hang=IORD_ALTERA_AVALON_PIO_DATA(KEY_R_PIO_BASE);
  if(hang!=0xF)
  {
   switch(hang)
   {
    case 0x7:  j=3; break;
    case 0xb:  j=2; break;
    case 0xd:  j=1; break;
    case 0xe:  j=0; break;
    default:   i=4; break;
   }
```

```
    }
   }
  printf("%x %x\n",hang,lie);
  IOWR_ALTERA_AVALON_PIO_DATA(LED_PIO_BASE,num[j][i]);
 }
}
```

引脚分配如下：

```
set_location_assignment PIN_19 -to key_c[3]
set_location_assignment PIN_13 -to key_c[2]
set_location_assignment PIN_6 -to key_c[1]
set_location_assignment PIN_4 -to key_c[0]
set_location_assignment PIN_239 -to key_r[3]
set_location_assignment PIN_237 -to key_r[2]
set_location_assignment PIN_235 -to key_r[1]
set_location_assignment PIN_233 -to key_r[0]
set_location_assignment PIN_209 -to reset
set_location_assignment PIN_182 -to led[0]
set_location_assignment PIN_184 -to led[1]
set_location_assignment PIN_186 -to led[2]
set_location_assignment PIN_188 -to led[3]
set_location_assignment PIN_194 -to led[4]
set_location_assignment PIN_196 -to led[5]
set_location_assignment PIN_198 -to led[6]
set_location_assignment PIN_200 -to led[7]
set_location_assignment PIN_31 -to clk
```

9.3 SOPC 系统综合实验

9.3.1 高速 DAC 实验

1. 实验目的

进一步熟练使用 SOPC 软件及其外设配置方法，理解 D-A 转换原理，掌握模数转电压的计算方法。

2. 实验模块

FPGA 主控制板模块、DAC 数模转换模块、RS232 串口通信模块。

3. 实验原理

本实验采用美国 ADI 公司出品的视频模数转换电路芯片 ADV9767。ADV9767 在单芯片上集成了 2 个独立的 14 位高速 D-A 转换器，特别适用于高分辨率模拟接口的显示终端和要求高速 D-A 转换的应用系统。在每个时钟周期的上升沿，3 路数据寄存器锁存各自的 14 位视频数据，通过各自的 DAC 单元电路转换成相应的模拟电流信号，然后通过对地电阻转换为电压信号。

4. 实验内容

编写程序，通过键盘用计算机软件来设置 DAC 模块的正弦波频率输出。使用示波器验证频率数据的正确性，误差分析后通过软件算法来矫正。实验框图见图 9-50。

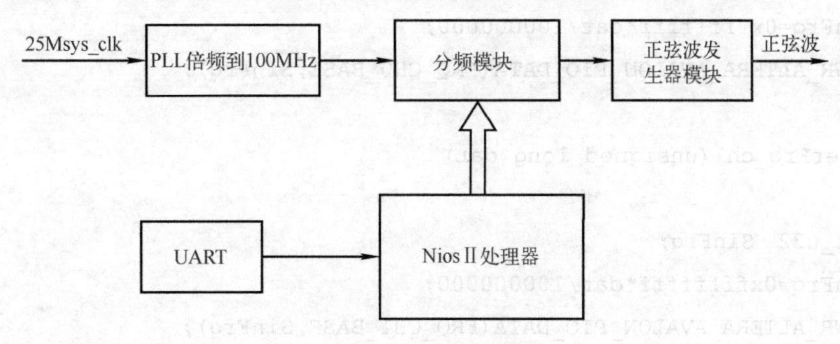

图 9-50　实验框图

100MHz 的时钟信号经过分频模块，为正弦波发生器提供时钟，Nios II 通过 UART 控制分频系数（0～255），本实验要求实现频率的加减调节。

5. 实验步骤

（1）利用 Quartus II 软件建立工程，命名为 DAC，建立正弦波数据表及其发生的原理图，完成正弦波发生器的设计。

（2）加入 compare，sub，NCO，PLL 等宏模块。

（3）启动 SOPC Builder，建立 CPU。

（4）为 CPU 添加 Nios II 软核，选择 Nios II/S，建立片内 8KB 的 on-chip ram，命名为 RAM，并为 CPU 添加复位地址为 RAM 地址，加入 sdram 和 flash，然后生成 CPU。

（5）加入生成的 CPU 与 I/O 接口，正弦信号发生模块，并在重命名后分配引脚，用排线按顺序连接硬件电路，然后编译。

（6）启动 Nios II IDE 并重新设置工作目录路径，建立新的 C/C++应用程序；选择 DA CPU 和空白实例，并录入代码，然后编译文件。

（7）下载。首先启动 Quartus II 下的 Programer，把 DAC.sof 文件配置到 FPGA 中，然后在 Nios II IDE 中选择“Run As”→“Nios II Hardware”，通过串口调试工具由 UART 设定，然后使用示波器或逻辑分析仪来观察波形变化。

（8）根据例程 SOPC→AdvancedLab→DAC 自己动手完成对频率变化特性的分析。

6. 实验参考程序

```
#include "system.h"
#include <io.h>
#include "system.h"
#include "altera_avalon_pio_regs.h"
#include "alt_types.h"
#define Set_Volt_CH0(dat)  IOWR_ALTERA_AVALON_PIO_DATA(VOLT_CH0_BASE,(dat))
//0-65536
```

```
#define Set_Volt_CH1(dat)  IOWR_ALTERA_AVALON_PIO_DATA(VOLT_CH1_BASE,(dat))
#define Set_Phase(dat)  IOWR_ALTERA_AVALON_PIO_DATA(PHASE_BASE,(dat))
void SetFrq_ch0(unsigned long dat)
{
    alt_u32  SinFrq;
    SinFrq=0xffffffff*dat/100000000;
    IOWR_ALTERA_AVALON_PIO_DATA(FRQ_CH0_BASE,SinFrq);
}
void SetFrq_ch1(unsigned long dat)
{
    alt_u32  SinFrq;
    SinFrq=0xffffffff*dat/100000000;
    IOWR_ALTERA_AVALON_PIO_DATA(FRQ_CH1_BASE,SinFrq);
}
void Run(void)
{
    IOWR_ALTERA_AVALON_PIO_DATA(WAVE_RESET_N_BASE,1);
}
void Stop(void)
{
    IOWR_ALTERA_AVALON_PIO_DATA(WAVE_RESET_N_BASE,0);
}
#include <stdio.h>
int main()
{
  printf("Hello from Nios II!\n");
  Run();
  SetFrq_ch0(1000000000);
  Set_Volt_CH0(40000);
  Set_Phase(100);
  return 0;
}
```

引脚分配如下：

```
set_location_assignment PIN_31 -to clk
set_location_assignment PIN_49 -to flash_addr[0]
set_location_assignment PIN_76 -to flash_addr[1]
set_location_assignment PIN_73 -to flash_addr[2]
set_location_assignment PIN_72 -to flash_addr[3]
set_location_assignment PIN_71 -to flash_addr[4]
```

```
set_location_assignment PIN_70 -to flash_addr[5]
set_location_assignment PIN_69 -to flash_addr[6]
set_location_assignment PIN_68 -to flash_addr[7]
set_location_assignment PIN_65 -to flash_addr[8]
set_location_assignment PIN_64 -to flash_addr[9]
set_location_assignment PIN_63 -to flash_addr[10]
set_location_assignment PIN_57 -to flash_addr[11]
set_location_assignment PIN_55 -to flash_addr[12]
set_location_assignment PIN_52 -to flash_addr[13]
set_location_assignment PIN_51 -to flash_addr[14]
set_location_assignment PIN_78 -to flash_addr[15]
set_location_assignment PIN_80 -to flash_addr[16]
set_location_assignment PIN_81 -to flash_addr[17]
set_location_assignment PIN_82 -to flash_addr[18]
set_location_assignment PIN_83 -to flash_addr[19]
set_location_assignment PIN_84 -to flash_addr[20]
set_location_assignment PIN_85 -to flash_addr[21]
set_location_assignment PIN_56 -to flash_cs
set_location_assignment PIN_46 -to flash_data[0]
set_location_assignment PIN_45 -to flash_data[1]
set_location_assignment PIN_44 -to flash_data[2]
set_location_assignment PIN_43 -to flash_data[3]
set_location_assignment PIN_41 -to flash_data[4]
set_location_assignment PIN_39 -to flash_data[5]
set_location_assignment PIN_38 -to flash_data[6]
set_location_assignment PIN_37 -to flash_data[7]
set_location_assignment PIN_22 -to flash_rd
set_location_assignment PIN_21 -to flash_wr
set_location_assignment PIN_209 -to reset_n
set_location_assignment PIN_146 -to Sdram_addr[0]
set_location_assignment PIN_145 -to Sdram_addr[1]
set_location_assignment PIN_144 -to Sdram_addr[2]
set_location_assignment PIN_111 -to Sdram_addr[3]
set_location_assignment PIN_110 -to Sdram_addr[4]
set_location_assignment PIN_109 -to Sdram_addr[5]
set_location_assignment PIN_108 -to Sdram_addr[6]
set_location_assignment PIN_107 -to Sdram_addr[7]
set_location_assignment PIN_106 -to Sdram_addr[8]
set_location_assignment PIN_103 -to Sdram_addr[9]
```

```
set_location_assignment PIN_147 -to Sdram_addr[10]
set_location_assignment PIN_160 -to Sdram_addr[11]
set_location_assignment PIN_159 -to sdram_ba[0]
set_location_assignment PIN_148 -to sdram_ba[1]
set_location_assignment PIN_164 -to sdram_cas
set_location_assignment PIN_102 -to sdram_cke
set_location_assignment PIN_117 -to sdram_clk
set_location_assignment PIN_161 -to sdram_cs
set_location_assignment PIN_177 -to sdram_dq[0]
set_location_assignment PIN_176 -to sdram_dq[1]
set_location_assignment PIN_175 -to sdram_dq[2]
set_location_assignment PIN_174 -to sdram_dq[3]
set_location_assignment PIN_173 -to sdram_dq[4]
set_location_assignment PIN_171 -to sdram_dq[5]
set_location_assignment PIN_169 -to sdram_dq[6]
set_location_assignment PIN_168 -to sdram_dq[7]
set_location_assignment PIN_100 -to sdram_dq[8]
set_location_assignment PIN_99 -to sdram_dq[9]
set_location_assignment PIN_98 -to sdram_dq[10]
set_location_assignment PIN_95 -to sdram_dq[11]
set_location_assignment PIN_94 -to sdram_dq[12]
set_location_assignment PIN_93 -to sdram_dq[13]
set_location_assignment PIN_88 -to sdram_dq[14]
set_location_assignment PIN_87 -to sdram_dq[15]
set_location_assignment PIN_142 -to sdram_dq[16]
set_location_assignment PIN_139 -to sdram_dq[17]
set_location_assignment PIN_137 -to sdram_dq[18]
set_location_assignment PIN_135 -to sdram_dq[19]
set_location_assignment PIN_134 -to sdram_dq[20]
set_location_assignment PIN_133 -to sdram_dq[21]
set_location_assignment PIN_132 -to sdram_dq[22]
set_location_assignment PIN_131 -to sdram_dq[23]
set_location_assignment PIN_128 -to sdram_dq[24]
set_location_assignment PIN_127 -to sdram_dq[25]
set_location_assignment PIN_126 -to sdram_dq[26]
set_location_assignment PIN_120 -to sdram_dq[27]
set_location_assignment PIN_119 -to sdram_dq[28]
set_location_assignment PIN_118 -to sdram_dq[29]
set_location_assignment PIN_114 -to sdram_dq[30]
```

```
set_location_assignment PIN_113 -to sdram_dq[31]
set_location_assignment PIN_167 -to sdram_dqm[0]
set_location_assignment PIN_101 -to sdram_dqm[1]
set_location_assignment PIN_143 -to sdram_dqm[2]
set_location_assignment PIN_112 -to sdram_dqm[3]
set_location_assignment PIN_162 -to sdram_ras
set_location_assignment PIN_166 -to sdram_we
set_location_assignment PIN_233 -to CH0_data[0]
set_location_assignment PIN_232 -to CH0_data[1]
set_location_assignment PIN_235 -to CH0_data[2]
set_location_assignment PIN_234 -to CH0_data[3]
set_location_assignment PIN_237 -to CH0_data[4]
set_location_assignment PIN_236 -to CH0_data[5]
set_location_assignment PIN_239 -to CH0_data[6]
set_location_assignment PIN_238 -to CH0_data[7]
set_location_assignment PIN_4 -to CH0_data[8]
set_location_assignment PIN_240 -to CH0_data[9]
set_location_assignment PIN_6 -to CH0_data[10]
set_location_assignment PIN_5 -to CH0_data[11]
set_location_assignment PIN_13 -to CH0_data[12]
set_location_assignment PIN_9 -to CH0_data[13]
set_location_assignment PIN_185 -to ch1_data[0]
set_location_assignment PIN_184 -to ch1_data[1]
set_location_assignment PIN_187 -to ch1_data[2]
set_location_assignment PIN_186 -to ch1_data[3]
set_location_assignment PIN_189 -to ch1_data[4]
set_location_assignment PIN_188 -to ch1_data[5]
set_location_assignment PIN_195 -to ch1_data[6]
set_location_assignment PIN_194 -to ch1_data[7]
set_location_assignment PIN_197 -to ch1_data[8]
set_location_assignment PIN_196 -to ch1_data[9]
set_location_assignment PIN_199 -to ch1_data[10]
set_location_assignment PIN_198 -to ch1_data[11]
set_location_assignment PIN_201 -to ch1_data[12]
set_location_assignment PIN_200 -to ch1_data[13]
set_location_assignment PIN_18 -to CLK0
set_location_assignment PIN_183 -to CLK1
set_location_assignment PIN_19 -to WRT0
set_location_assignment PIN_182 -to WRT1
```

9.3.2 DDS 实验

1．实验目的

进一步熟练使用 SOPC 软件及其配置方法，理解 DDS（直接数字频率合成）实验的原理，掌握其实现方法。

2．实验模块

FPGA 主控制板模块、DAC 数模转换模块、RS232 串口通信模块。

3．实验原理

DDS 系统的核心是相位累加器，每来一个时钟脉冲，它的内容就更新一次。在每次更新时，相位增量寄存器的相位增量 M 就加到相位累加器中的相位累加值上。相位累加器的输出作为正弦查找表的查找地址。查找表中的每个地址代表一个周期的正弦波的一个相位点，每个相位点对应一个量化振幅值。因此，这个查找表相当于一个相位-振幅转换器，它将相位累加器的相位信息映射成数字振幅信息，这个数字振幅值就作为 D-A 转换器的输入，见图 9-51。

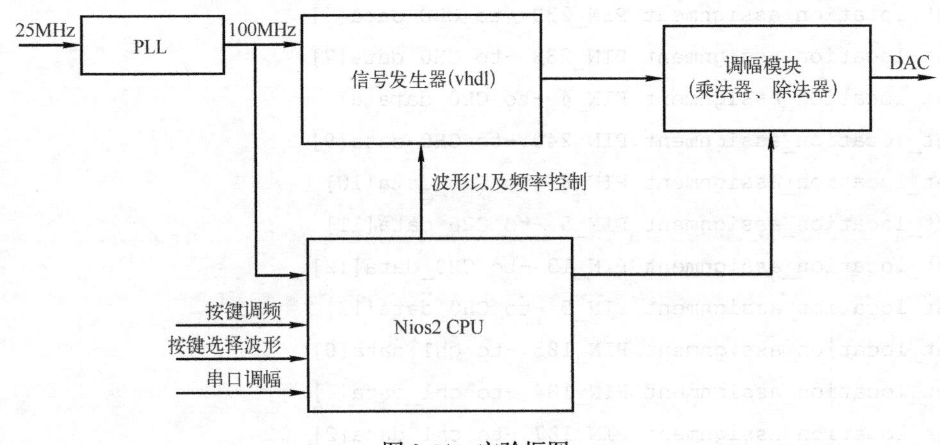

图 9-51 实验框图

4．实验内容

编写程序，实现正弦波、方波、三角波、锯齿波的输出，要求波形频率和幅度在一定范围内连续可调，并且通过按键或串口能够进行相应调节，输出接高速 DAC。

5．实验步骤

（1）利用 Quartus II 软件建立工程，命名为 DDS。

（2）波形的产生。正弦波：利用 IP 核建立 NCO，并设置为 8 位频率控制字，8 位相位控制字，8 位波形数据输出。方波：利用 8 位计数器根据 8 位的频率控制字来计数并输出相应的 8 位 0 或 8 位 1。三角波：利用一个计数器 2 先由 0 到 255 计数，再由 255 到 0 反相计数，产生方波。锯齿波：利用计数器 3 由 15 计数到 255，再由 15 开始重新计数，产生锯齿波。

（3）启动 SOPC Builder，建立 CPU，命名 Nios2_DDS；为 CPU 添加 Nios II 软核，建立片内 4KB 的 on-chip ram，命名为 RAM，并为 CPU 添加复位地址为 RAM 地址。添加 UART 模块，设置波特率为 115200；8 位数据位，无校验位，1 位停止位；添加波形转换和频率控制字输入输出端口 PIO；然后生成 CPU。

（4）选择“File”→“New”→“Block Diagram/Schematic File”，设置锁相环输出 100MHz

的时钟；加入生成的 DA CPU 与 I/O 接口，添加并设置除法器（LPM_DIV），乘法器（LPM_MULT），分别命名为 ALT_DIV，ALT_MULT；重命名后分配引脚，用排线连接硬件电路，其顶层原理图见图 9-52，然后编译。

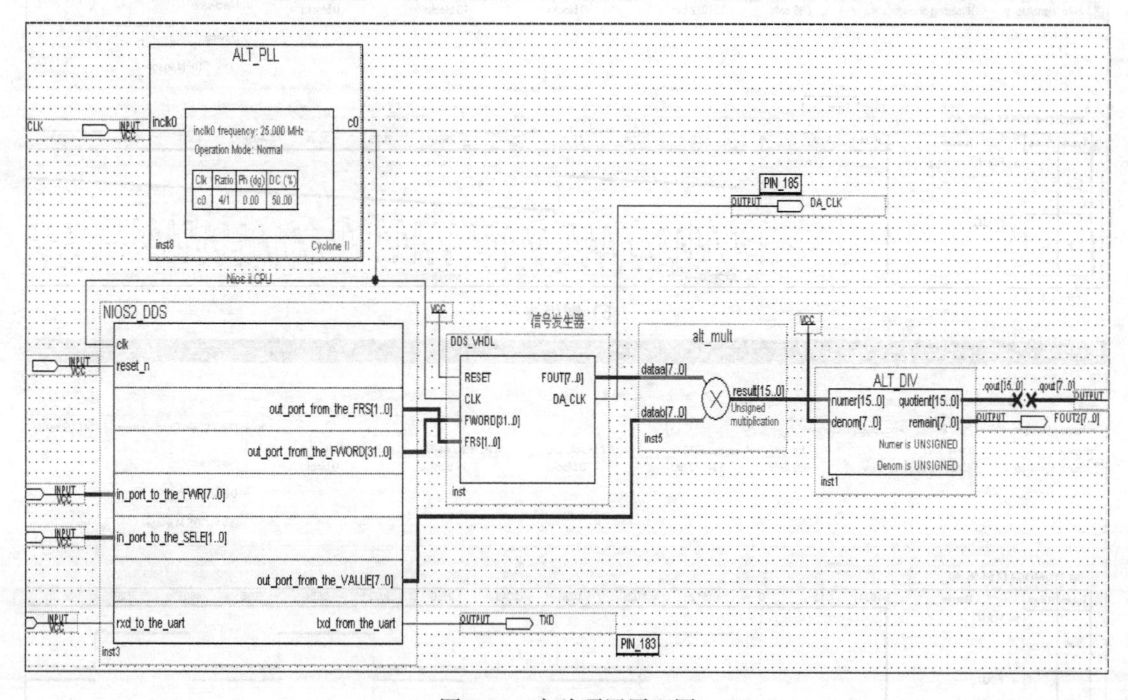

图 9-52　实验顶层原理图

（5）新建 Nios II IDE 工程，及工程文件，实现实时读取按键数据，并接收串口调幅数据。

（6）下载。首先启动 Quartus II 下的 Programer，把 DDS.sof 文件配置到 FPGA 中，然后在 Nios II IDE 中选择“Run As”→“Nios II Hardware”。

（7）运行成功后，由按键来控制波形的选择，以及频率的大小，计算机通过串口调试工具来设置波形的幅度，并使用示波器或 Signal Tap 逻辑分析仪进行观察调试，见图 9-53。

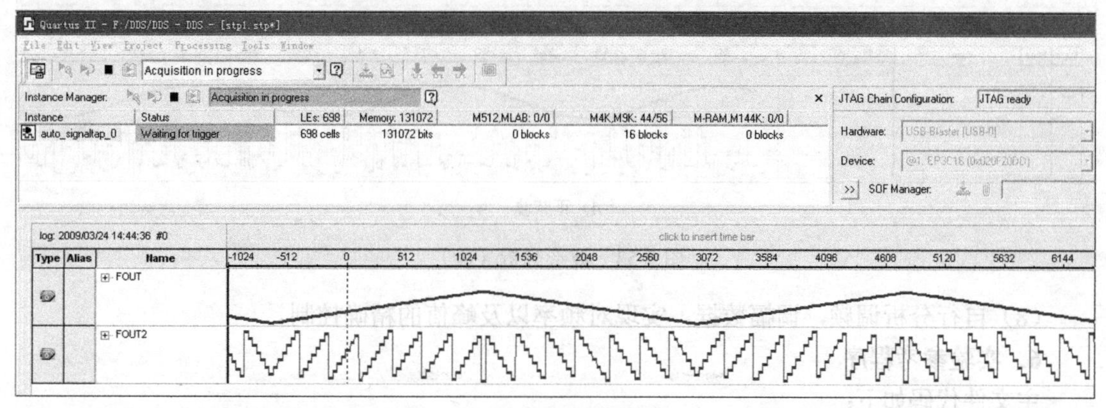

a）三角波

图 9-53　波形分析

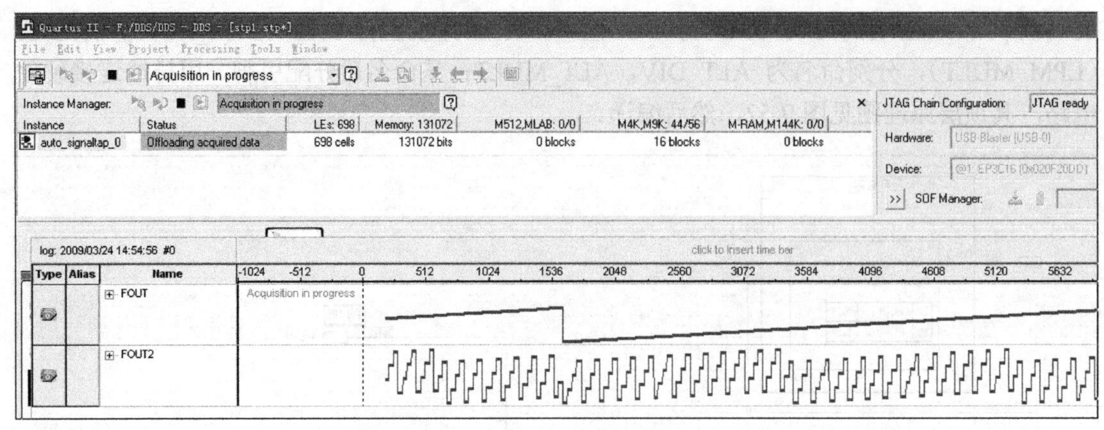

b）锯齿波

c）方波

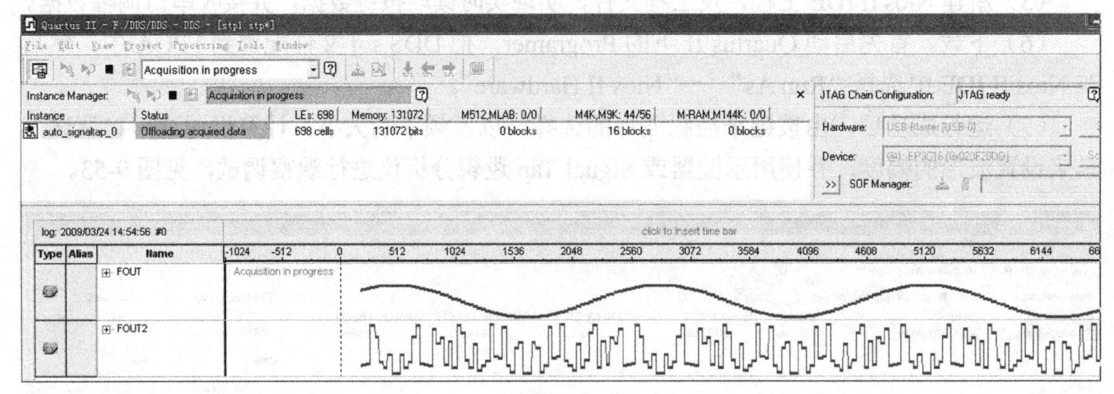

d）正弦波

图 9-53　波形分析（续）

（8）自行分析调频，调幅数据，实现对频率以及峰值的精确控制。

6. 实验参考程序

主文件代码如下：

```
#include "system.h"
#include "string.h"
```

```
#include "altera_avalon_pio_regs.h"
#include "altera_avalon_uart_regs.h"
#include "alt_types.h"
#include "sys/alt_irq.h"
#include "UART.h"
alt_u8 counter=0;
void delay(alt_u16 temp)
{
alt_u16 i=0;
 while (i<temp)i++;
}
int main (void) __attribute__ ((weak,alias ("alt_main")));
int alt_main (void)
{
 inti_UART0();
 uart_WRString("system is start!!\r\n");
 printf("system is start!!\r\n");
 while (1)
 {
IOWR_ALTERA_AVALON_PIO_DATA(FWORD_BASE,IORD_ALTERA_AVALON_PIO_DATA
                                (FWR_BASE));
  IOWR_ALTERA_AVALON_PIO_DATA(FRS_BASE,IORD_ALTERA_AVALON_PIO_DATA
                                 (SELE_BASE));
  delay(1600);
 }
 return 0;
}
```

头文件代码如下：

```
#ifndef UART_H_
#define UART_H_
#include "system.h"
#include "string.h"
#include "altera_avalon_pio_regs.h"
#include "altera_avalon_uart_regs.h"
#include "alt_types.h"
#include "sys/alt_irq.h"
alt_u16 contorl=0;
void uart_WRData(unsigned char data)
{ //等待发送寄存器为空
```

```
 while(!(IORD_ALTERA_AVALON_UART_STATUS(UART_BASE)&0X20));
 IOWR_ALTERA_AVALON_UART_TXDATA(UART_BASE,data);
}
void uart_WRString(unsigned char *s)
{
  while(*s) uart_WRData(*s++);
 }
static void handle_UART_interrupts(void* context,alt_u32 id)
{
 alt_u16 data;
 /****************在下面开始编写用户中断程序*************************/
  data =IORD_ALTERA_AVALON_UART_RXDATA(UART_BASE);
  contorl=data;
  IOWR_ALTERA_AVALON_PIO_DATA(VALUE_BASE,contorl);
  uart_WRString("OK!!\r\n");
/*****************************************************************/
 }
static void inti_UART0(void)
{
alt_u8 count=1;
  alt_irq_init(ALT_IRQ_BASE);
  alt_irq_register(UART_IRQ,(void *)& count,handle_UART_interrupts);
  //注册中断函数
  IOWR_ALTERA_AVALON_UART_CONTROL(UART_BASE,0x080); //允许接收完成中断
}
#endif
```

引脚分配如下：

```
set_location_assignment PIN_31 -to sys_clk
set_location_assignment PIN_209 -to reset
set_location_assignment PIN_181 -to rxd
set_location_assignment PIN_183 -to txd
set_location_assignment PIN_185 -to da_clk
set_location_assignment PIN_182 -to FWORD[0]
set_location_assignment PIN_184 -to FWORD[1]
set_location_assignment PIN_186 -to FWORD[2]
set_location_assignment PIN_188 -to FWORD[3]
set_location_assignment PIN_194 -to FWORD[4]
set_location_assignment PIN_196 -to FWORD[5]
set_location_assignment PIN_198 -to FWORD[6]
```

```
set_location_assignment PIN_200 -to FWORD[7]
set_location_assignment PIN_202 -to FRS[0]
set_location_assignment PIN_207 -to FRS[1]
set_location_assignment PIN_216 -to FOUT[0]
set_location_assignment PIN_218 -to FOUT[1]
set_location_assignment PIN_220 -to FOUT[2]
set_location_assignment PIN_222 -to FOUT[3]
set_location_assignment PIN_224 -to FOUT[4]
set_location_assignment PIN_230 -to FOUT[5]
set_location_assignment PIN_232 -to FOUT[6]
set_location_assignment PIN_234 -to FOUT[7]
set_location_assignment PIN_187 -to FOUT2[0]
set_location_assignment PIN_189 -to FOUT2[1]
set_location_assignment PIN_195 -to FOUT2[2]
set_location_assignment PIN_199 -to FOUT2[3]
set_location_assignment PIN_201 -to FOUT2[4]
set_location_assignment PIN_203 -to FOUT2[5]
set_location_assignment PIN_214 -to FOUT2[6]
set_location_assignment PIN_217 -to FOUT2[7]
```

9.3.3 高速ADC实验

1．实验目的

进一步熟练使用SOPC软件及其配置方法，理解A-D转换实验原理，掌握其实现方法。

2．实验模块

FPGA主控制板模块和ADC模数转换模块。

3．实验原理

本实验采用独立双通道的高速AD9288，其转换频率可达到100MHz，详见AD9288.PDF。

4．实验内容

设置信号发生器输出正弦波、方波、三角波，幅度小于1V，频率大于1MHz，由ADC采样到FPGA中进行波形数据存储分析，并使用Signal Tap逻辑分析仪观察输入波形，并判断其频率大小。

5．实验步骤

（1）利用Quartus II软件建立工程，命名为ADC，实现顶层模块设计。

（2）选择“File”→“New”→“Block Diagram/Schematic File”，加入I/O接口，分配引脚，用排线按顺序连接硬件电路，其顶层原理图见图9-54。

（3）下载。首先启动Quartus II下的Programer，把ADC.sof文件配置到FPGA中。用电缆将信号源产生的模拟信号接入AD9288模块，将AD9288的数字输出接入FPGA，通过Signal Tap逻辑分析仪观察波形，见图9-55。

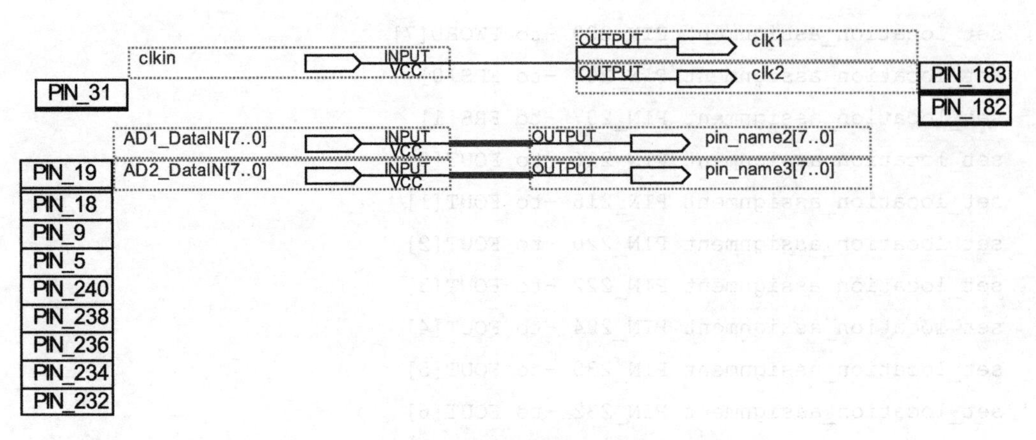

图 9-54 实验顶层原理图

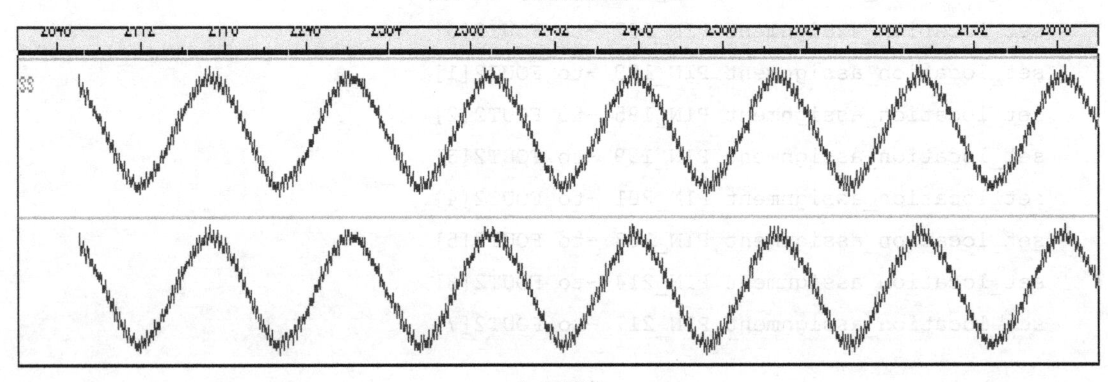

a）正弦波

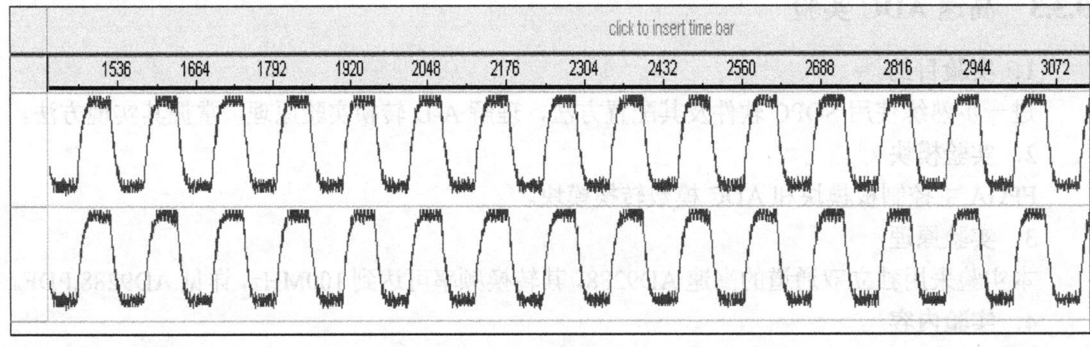

b）方波

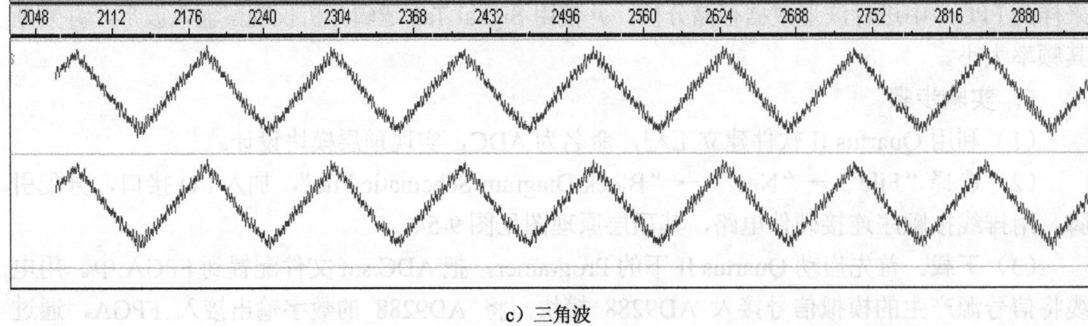

c）三角波

图 9-55 波形分析

引脚分配如下：

```
set_location_assignment PIN_19 -to AD1_DataIN[0]
set_location_assignment PIN_13 -to AD1_DataIN[1]
set_location_assignment PIN_6 -to AD1_DataIN[2]
set_location_assignment PIN_4 -to AD1_DataIN[3]
set_location_assignment PIN_239 -to AD1_DataIN[4]
set_location_assignment PIN_237 -to AD1_DataIN[5]
set_location_assignment PIN_235 -to AD1_DataIN[6]
set_location_assignment PIN_233 -to AD1_DataIN[7]
set_location_assignment PIN_18 -to AD2_DataIN[0]
set_location_assignment PIN_9 -to AD2_DataIN[1]
set_location_assignment PIN_5 -to AD2_DataIN[2]
set_location_assignment PIN_240 -to AD2_DataIN[3]
set_location_assignment PIN_238 -to AD2_DataIN[4]
set_location_assignment PIN_236 -to AD2_DataIN[5]
set_location_assignment PIN_234 -to AD2_DataIN[6]
set_location_assignment PIN_232 -to AD2_DataIN[7]
set_location_assignment PIN_183 -to clk1
set_location_assignment PIN_182 -to clk2
set_location_assignment PIN_31 -to clkin
```

9.3.4 静态数码管显示实验

1. 实验目的

（1）掌握数码管静态显示的原理。

（2）学习用 SPI 控制核驱动数码管的原理及编程方法。

2. 实验原理

数码管静态显示是利用 HC164 将数据线送来的数据在时钟下并行送到数码管段口，点亮数码段，显示相应的数据。本实验用 8 个数码管循环显示数字 0～9，每显示一个数向右移动一位，延时后再显示另一个数，见图 9-56。

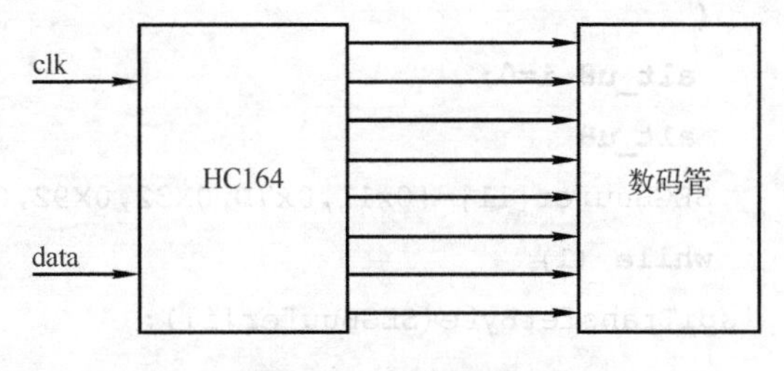

图 9-56　系统框图

3. 实验步骤

（1）打开 Quartus 环境，新建工程，命名为 seg8，打开 SOPC Builder，输入 cpu，ram，SPI 控制核，分配引脚后编译下载，其顶层原理图见图 9-57。

（2）打开 Nios 环境，编写程序，实现数码管从数字 0～9 循环显示。

4. 实验参考程序

```
#include "system.h"
#include "string.h"
```

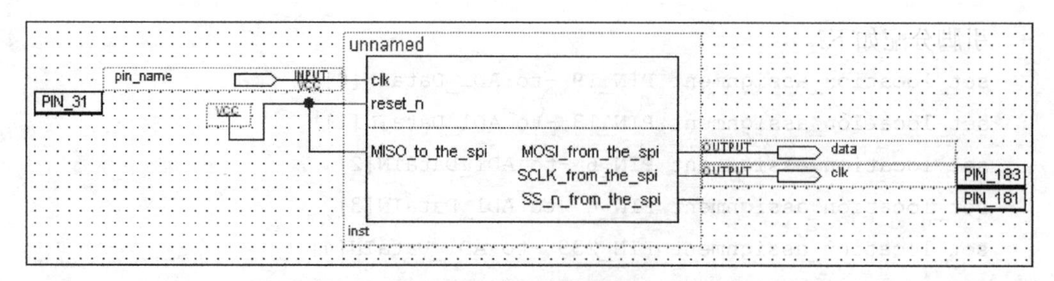

图 9-57 实验顶层原理图

```
#include "alt_types.h"
#include "altera_avalon_spi_regs.h"
void delay(unsigned long del)
{
  while(del--);
}
unsigned char spiTransferByte(unsigned char  tempdat)
{
while(!(IORD_ALTERA_AVALON_SPI_STATUS(SPI_BASE)&ALTERA_AVALON_SPI_STATUS_
TRDY_MSK));
IOWR_ALTERA_AVALON_SPI_TXDATA(SPI_BASE,tempdat);
while(!(IORD_ALTERA_AVALON_SPI_STATUS(SPI_BASE)&ALTERA_AVALON_SPI_STATUS_
TMT_MSK));
while(!(IORD_ALTERA_AVALON_SPI_STATUS(SPI_BASE)&ALTERA_AVALON_SPI_STATUS_
RRDY_MSK));
return IORD_ALTERA_AVALON_SPI_RXDATA(SPI_BASE);
}
int main()
{
 alt_u8 i=0;
 alt_u8
SEGBuufer[11]={0x11,0x7D,0X32,0X92,0XD4,0X98,0X18,0XD3,0X10,0X90,0XFF};
while (1)
{spiTransferByte(SEGBuufer[i]);
 i++;
 if(i>9)
 i=0;
delay(8900000);
delay(8900000);
delay(8900000);
delay(5900000);
```

```
}
return 0;
}
```

引脚分配如下：

```
set_location_assignment PIN_31 -to clk
set_location_assignment PIN_181 -to seg_clk
set_location_assignment PIN_183 -to seg_dat
```

9.3.5 VGA彩条显示实验

1．实验目的

进一步熟练使用SOPC软件及其配置方法，理解VGA计算机显示器显示原理，掌握其时序描述方法。

2．实验模块

VGA控制器接口模块。

3．实验原理

VGA显示控制图像信号通过电缆传输到显示器上并显示出来，主要包括两种：阴极射线管（Cathode Ray Tube，CRT）和液晶显示屏（Liquid Crystal Display，LCD）。CRT通过帧同步信号和行同步信号控制电子枪的电子束逐行逐点地扫描，将电子打在荧光点上，使之发光。通过视觉停留作用，看到的是一幅完整的画面。LCD与CRT类似，也是动态地扫描。但CRT是模拟方式的，通过电路控制，电子束可以任意移动；而LCD是数字方式的，只有位置固定的电流通路，所以只能通过电路矩阵逐行扫描，而不能逐点，即一行上的所有的点同时工作。本模块以高速D-A转换芯片ADV7120实现VGA对其同轴电缆的驱动。详细内容见ADV7120.pdf 。

4．实验内容

编写程序实现VGA彩条显示，640像素×480像素，刷新频率60Hz，实现8位色的彩条显示。

5．实验步骤

（1）利用Quartus II软件建立工程，命名为VGA,并选择Cyclone III器件。新建并编写VHDL程序，然后生成框图文件。

（2）选择“File”→“New”→“Block Diagram/Schematic File”，加入生成的框图文件与I/O接口，并在重命名后分配引脚，用排线按顺序连接硬件电路。编译后下载到FPGA中，其顶层原理图见图9-58。

6．实验参考程序

颜色显示模块程序如下：

```
library IEEE;
use IEEE.STD_LOGIC_1164.ALL;
use IEEE.STD_LOGIC_ARITH.ALL;
use IEEE.STD_LOGIC_UNSIGNED.ALL;
entity color is
```

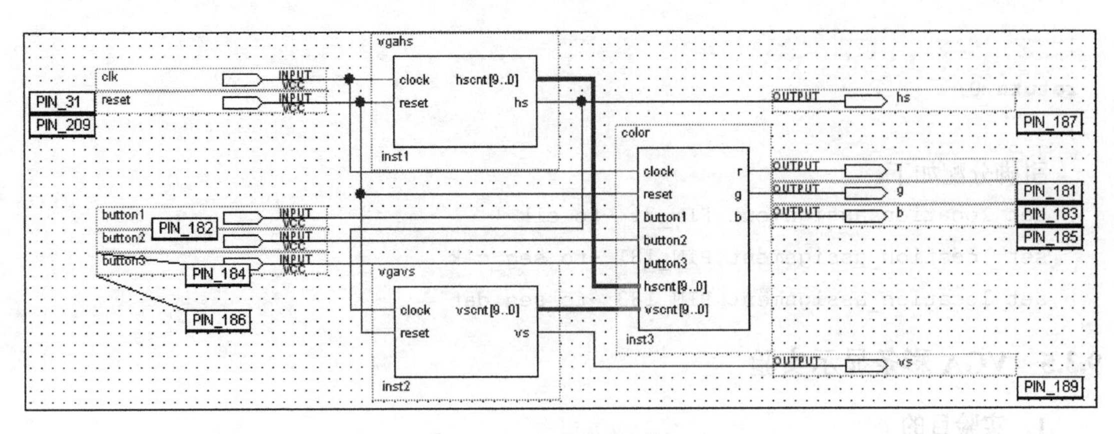

图 9-58 实验顶层原理图

```
    Port( clock : in std_logic;
          reset : in std_logic;
          button1:in std_logic;
          button2:in std_logic;
          button3:in std_logic;
          hscnt  : in std_logic_vector(9 downto 0);
          vscnt  : in std_logic_vector(9 downto 0);
          r  : out std_logic;
          g  : out std_logic;
          b  : out std_logic);
end color;
architecture Behavioral of color is
signal  vs_num: integer:=0;
signal  hs_num: integer:=0;
signal  qvs: integer:=460;
signal  qhs: integer:=620;
signal  rgb:std_logic_vector(2 downto 0);
 begin
   c:PROCESS(CLOCK)
     BEGIN
     if reset='1' then
       IF CLOCK'EVENT AND CLOCK='1' THEN
         IF((hscnt<640)and(vscnt<480)) then
           if (button1='0')then
                  if((hscnt>=0)and(hscnt<80)and(vscnt>=0)and
                        (vscnt<=480))then
                      rgb<="100";
                elsif((hscnt>=80)and(hscnt<160)and(vscnt>=0)and
```

```
                    (vscnt<=480))then
                  rgb<="010";
              elsif((hscnt>=160)and(hscnt<240)and(vscnt>=0)and
                    (vscnt<=480))then
                  rgb<="001";
              elsif((hscnt>=240)and(hscnt<320)and(vscnt>=0)and
                    (vscnt<=480))then
                  rgb<="000";
              elsif((hscnt>=320)and(hscnt<400)and(vscnt>=0)and
                    (vscnt<=480))then
                  rgb<="111";
              elsif((hscnt>=400)and(hscnt<480)and(vscnt>=0)and
                    (vscnt<=480))then
                  rgb<="110";
              elsif((hscnt>=480)and(hscnt<560)and(vscnt>=0)and
                    (vscnt<=480))then
                  rgb<="011";
              elsif((hscnt>=560)and(hscnt<640)and(vscnt>=0)and
                    (vscnt<=480))then
                  rgb<="101";
               else
                  rgb<="001";
               end if;
          elsif (button2='0')then
               if((hscnt>=0)and(hscnt<80)and(vscnt>=0)and
                    (vscnt<=480))then
                  rgb<="101";
              elsif((hscnt>=80)and(hscnt<160)and(vscnt>=0)and
                    (vscnt<=480))then
                  rgb<="011";
              elsif((hscnt>=160)and(hscnt<240)and(vscnt>=0)and
                    (vscnt<=480))then
                  rgb<="110";
              elsif((hscnt>=240)and(hscnt<320)and(vscnt>=0)and
                    (vscnt<=480))then
                  rgb<="111";
              elsif((hscnt>=320)and(hscnt<400)and(vscnt>=0)and
                    (vscnt<=480))then
                  rgb<="000";
```

```
                elsif((hscnt>=400)and(hscnt<480)and(vscnt>=0)and
                      (vscnt<=480))then
                    rgb<="001";
                elsif((hscnt>=480)and(hscnt<560)and(vscnt>=0)and
                      (vscnt<=480))then
                    rgb<="010";
                elsif((hscnt>=560)and(hscnt<640)and(vscnt>=0)and
                      (vscnt<=480))then
                    rgb<="100";
                 else
                    rgb<="001";
                 end if;
          elsif (button3='0')then
                 if((hscnt>=0)and(hscnt<80)and(vscnt>=0)and
                      (vscnt<=480))then
                    rgb<="100";
                elsif((hscnt>=80)and(hscnt<160)and(vscnt>=0)and
                      (vscnt<=480))then
                    rgb<="010";
                elsif((hscnt>=160)and(hscnt<240)and(vscnt>=0)and
                      (vscnt<=480))then
                    rgb<="001";
                elsif((hscnt>=240)and(hscnt<320)and(vscnt>=0)and
                      (vscnt<=480))then
                    rgb<="111";
                elsif((hscnt>=320)and(hscnt<400)and(vscnt>=0)and
                      (vscnt<=480))then
                    rgb<="000";
                elsif((hscnt>=400)and(hscnt<480)and(vscnt>=0)and
                      (vscnt<=480))then
                    rgb<="001";
                elsif((hscnt>=480)and(hscnt<560)and(vscnt>=0)and
                      (vscnt<=480))then
                    rgb<="010";
                elsif((hscnt>=560)and(hscnt<640)and(vscnt>=0)and
                      (vscnt<=480))then
                    rgb<="100";
                 else
                    rgb<="001";
```

```
                end if;
            else
              if((vscnt=200)and(hscnt>280)and(hscnt<360))then
                rgb<="100";
              elsif((vscnt=280)and(hscnt>280)and(hscnt<360))then
                rgb<="100";
              elsif((hscnt=280)and(vscnt>200)and(vscnt<280))then
                rgb<="100";
              elsif((hscnt=360)and(vscnt>200)and(vscnt<280))then
                rgb<="100";
              elsif(vscnt=qvs or hscnt=qhs)then
                vs_num<=vs_num+1;
                rgb<="110";
               if(vscnt>=160 and vscnt<=480)then
                 rgb<="100";
               end if;
               if(hscnt>=160 and hscnt<=480)then
                 rgb<="010";
               end if;
               if(vs_num>=3080) then vs_num<=0;
                 if(qvs>0)then qvs<=qvs-1;else qvs<=460; end if;
                 if(qhs>0)then qhs<=qhs-1;else qhs<=620; end if;
               end if;
              else
                rgb<="001";
              end if;
            end if;
         ELSE
          rgb<="000";  -- 消隐信号--黑色
         END IF;
      END IF;
     end if;
    END PROCESS;
    r<=rgb(2);
    g<=rgb(1);
    b<=rgb(0);
end Behavioral;
```

引脚分配如下：

```
set_location_assignment PIN_181 -to r
```

```
set_location_assignment PIN_183 -to g
set_location_assignment PIN_185 -to b
set_location_assignment PIN_189 -to hs
set_location_assignment PIN_187 -to vs
set_location_assignment PIN_209 -to reset
set_location_assignment PIN_31 -to clk
set_location_assignment PIN_182 -to button1
set_location_assignment PIN_184 -to button2
set_location_assignment PIN_186 -to button3
```

9.3.6 PS2键盘实验

1．实验目的

进一步熟练使用SOPC软件及其配置方法，理解PS2键盘编码原理，掌握其读键盘码方法。

2．实验模块

FPGA主控制板模块、PS2控制器接口模块、串口通信模块。

3．实验原理

键盘的处理器花费很多的时间来扫描或监视按键矩阵，如果它发现有键被按下释放或按住键盘，将发送扫描码的信息包到计算机。扫描码有两种不同的类型：通码和断码。当一个键被按下或按住就发送通码；当一个键被释放就发送断码。每个按键被分配了唯一的通码和断码，这样主机通过查找唯一的扫描码就可以测定是哪个按键。每个键一整套的通断码组成了扫描码集。有3套标准的扫描码集，分别是第一套、第二套和第三套。所有现代的键盘默认使用第二套扫描码；详细请参考有关技术资料。

4．实验内容

把键盘数据通过串口发送到计算机上显示哪个键被按下。

5．实验步骤

（1）利用Quartus II软件建立工程，命名为PS2，建立键盘通码的采集模块文件。

（2）启动SOPC Builder，建立CPU，命名为key_nios2；为CPU添加Nios II软核，选择Nios II/S，建立片内15KB的RAM，并为CPU添加复位地址为RAM地址。添加UART模块，设置波特率为115200；8位数据位，无校验位，1位停止位；添加SDRAM，并进行相关设置；然后生成CPU。

（3）选择“File”→“New”→“Block Diagram/Schematic File”，加入生成的框图文件与I/O接口，并在重命名后分配引脚，用排线按顺序连接硬件电路，其顶层原理图见图9-59。

（4）编译后启动Quartus II下的Programer，把PS2.sof文件配置到FPGA中，然后在Nios II IDE中选择“Run As”→“Nios II Hardware”，按下按键会观察到计算机串口发出的键盘数据，见图9-60。

6．实验参考程序

本例程为键盘通码的采集程序，数据采集后再由Nios II核进行处理判断。

```
library ieee;
use ieee.std_logic_1164.all;
```

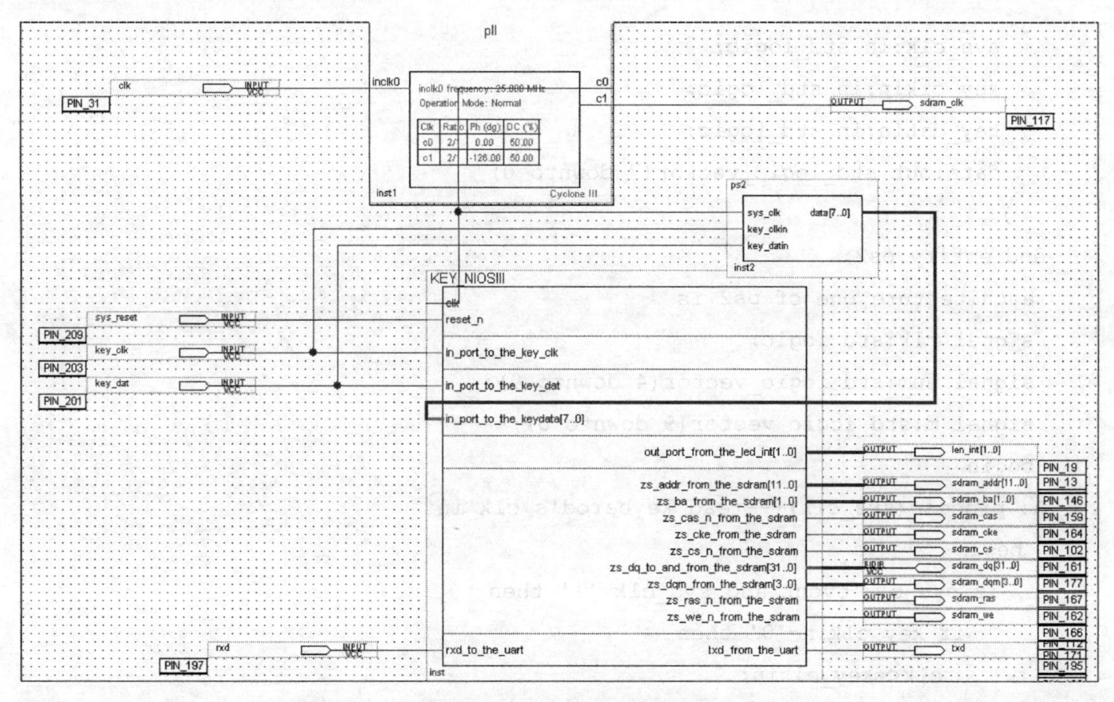

图 9-59 实验顶层原理图

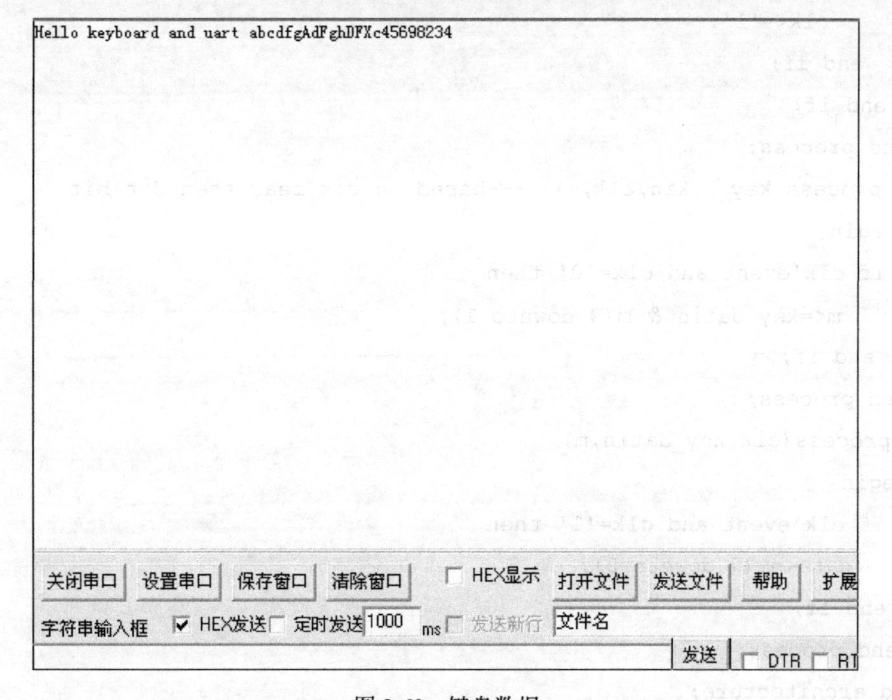

图 9-60 键盘数据

```
use ieee.std_logic_unsigned.all;
entity ps2 is
port
  (
```

```
    sys_clk:in std_logic;
    key_clkin:in std_logic;
    key_datin:in std_logic;
    data:out std_logic_vector(7 downto 0)
   );
end entity ps2;
 architecture one of ps2 is
 signal clk:std_logic;
 signal num:std_logic_vector(4 downto 0);
 signal m:std_logic_vector(9 downto 0);
 begin
A: process(sys_clk)---read keybarod's clk in
  begin
    if sys_clk'event and sys_clk='1' then
       if key_clkin='0' then
         clk<=key_clkin;
        else
         clk<='1';
      end if;
    end if;
  end process;
B:  process(key_clkin,clk,m)  ---based on clk read then dat bit
   begin
    if clk'event and clk='0' then
        m<=key_datin & m(9 downto 1);
     end if;
  end process;
C: process(clk,key_datin,m)
  begin
    if clk'event and clk='1' then
       data<=m(7 downto 0);
    end if;
   end process;
 end architecture;
```

引脚分配如下：

```
set_location_assignment PIN_209 -to sys_reset
set_location_assignment PIN_146 -to sdram_addr[0]
set_location_assignment PIN_145 -to sdram_addr[1]
set_location_assignment PIN_144 -to sdram_addr[2]
```

```
set_location_assignment PIN_111 -to sdram_addr[3]
set_location_assignment PIN_110 -to sdram_addr[4]
set_location_assignment PIN_109 -to sdram_addr[5]
set_location_assignment PIN_108 -to sdram_addr[6]
set_location_assignment PIN_107 -to sdram_addr[7]
set_location_assignment PIN_106 -to sdram_addr[8]
set_location_assignment PIN_103 -to sdram_addr[9]
set_location_assignment PIN_147 -to sdram_addr[10]
set_location_assignment PIN_160 -to sdram_addr[11]
set_location_assignment PIN_159 -to sdram_ba[0]
set_location_assignment PIN_148 -to sdram_ba[1]
set_location_assignment PIN_164 -to sdram_cas
set_location_assignment PIN_102 -to sdram_cke
set_location_assignment PIN_117 -to sdram_clk
set_location_assignment PIN_161 -to sdram_cs
set_location_assignment PIN_177 -to sdram_dq[0]
set_location_assignment PIN_176 -to sdram_dq[1]
set_location_assignment PIN_175 -to sdram_dq[2]
set_location_assignment PIN_174 -to sdram_dq[3]
set_location_assignment PIN_173 -to sdram_dq[4]
set_location_assignment PIN_171 -to sdram_dq[5]
set_location_assignment PIN_169 -to sdram_dq[6]
set_location_assignment PIN_168 -to sdram_dq[7]
set_location_assignment PIN_100 -to sdram_dq[8]
set_location_assignment PIN_99 -to sdram_dq[9]
set_location_assignment PIN_98 -to sdram_dq[10]
set_location_assignment PIN_95 -to sdram_dq[11]
set_location_assignment PIN_94 -to sdram_dq[12]
set_location_assignment PIN_93 -to sdram_dq[13]
set_location_assignment PIN_88 -to sdram_dq[14]
set_location_assignment PIN_87 -to sdram_dq[15]
set_location_assignment PIN_142 -to sdram_dq[16]
set_location_assignment PIN_139 -to sdram_dq[17]
set_location_assignment PIN_137 -to sdram_dq[18]
set_location_assignment PIN_135 -to sdram_dq[19]
set_location_assignment PIN_134 -to sdram_dq[20]
set_location_assignment PIN_133 -to sdram_dq[21]
set_location_assignment PIN_132 -to sdram_dq[22]
set_location_assignment PIN_131 -to sdram_dq[23]
```

```
set_location_assignment PIN_128 -to sdram_dq[24]
set_location_assignment PIN_127 -to sdram_dq[25]
set_location_assignment PIN_126 -to sdram_dq[26]
set_location_assignment PIN_120 -to sdram_dq[27]
set_location_assignment PIN_119 -to sdram_dq[28]
set_location_assignment PIN_118 -to sdram_dq[29]
set_location_assignment PIN_114 -to sdram_dq[30]
set_location_assignment PIN_113 -to sdram_dq[31]
set_location_assignment PIN_167 -to sdram_dqm[0]
set_location_assignment PIN_101 -to sdram_dqm[1]
set_location_assignment PIN_143 -to sdram_dqm[2]
set_location_assignment PIN_112 -to sdram_dqm[3]
set_location_assignment PIN_166 -to sdram_we
set_location_assignment PIN_31 -to clk
set_location_assignment PIN_203 -to key_clk
set_location_assignment PIN_201 -to key_dat
set_location_assignment PIN_19 -to len_int[1]
set_location_assignment PIN_13 -to len_int[0]
set_location_assignment PIN_197 -to rxd
set_location_assignment PIN_195 -to txd
set_location_assignment PIN_162 -to sdram_ras
```

9.3.7 USB 数据读写实验

1. 实验目的

进一步熟练使用 SOPC 软件及其配置方法，理解 USB 数据传输原理，掌握其时序描述和读写方法。

2. 实验模块

USB 控制器接口模块和 FPGA 主控制板模块。

3. 实验原理

通用串行总线（Universal Serial Bus，USB）是 1995 年 Microsoft、Compaq、IBM 等公司联合制定的一种新的计算机串行通信协议。FT232BM 的主要功能是进行 USB 和串口之间的协议转换。芯片一方面可从主机接收 USB 数据，并将其转换为串口的数据流格式发送给外设；另一方面外设可通过虚拟串口将数据转换为 USB 的数据格式传回主机。中间的转换工作全部由芯片自动完成，开发者无须考虑固件的设计。详细见 FT232BM.pdf 。

4. 实验内容

安装 USB 串口驱动程序，计算机通过 USB 接口把数据传到 FPGA，再由 FPGA 通过 USB 接口传回到计算机。

5. 实验步骤

（1）利用 Quartus II 软件建立工程，命名为 USB_WR，并选择 Cyclone III 器件 EP3C16Q240C8。

启动 SOPC Builder，添加 CPU，命名为 Nios2。为 CPU 添加 Nios II 软核，选择 Nios II/S 建立片内 10KB 的 on-chip ram，命名为 RAM，并为 CPU 添加复位地址为 RAM 地址。然后生成 CPU；分配引脚，并编译文件，其顶层原理图见图 9-61。

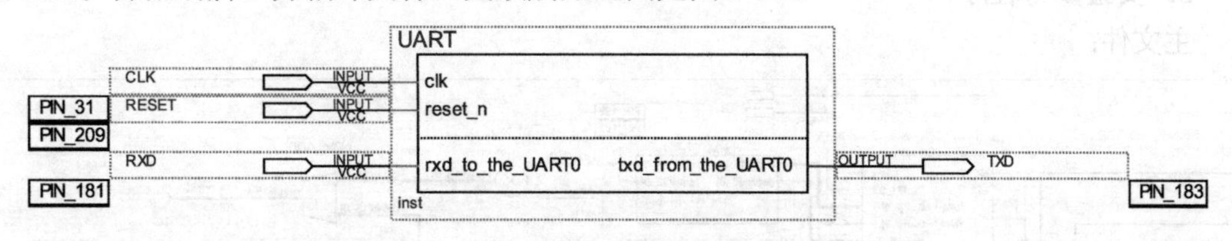

图 9-61 实验顶层原理图

（2）根据 FT232BM 的时序在 Nios II IDE 中编写应用程序，并观察 USB 和计算机的通信情况。

6．实验参考程序

参考 UART 读写实验例程。

引脚分配如下：

```
set_location_assignment PIN_31 -to CLK
set_location_assignment PIN_209 -to RESET
set_location_assignment PIN_181 -to RXD
set_location_assignment PIN_183 -to TXD
```

9.3.8 TFT 真彩屏实验

1．实验目的

（1）进一步掌握 TFT 彩色液晶显示。

（2）了解触摸屏原理，掌握其简单编程。

2．实验模块

TFT 液晶模块、TFT 控制器接口模块、FPGA 主控制板模块。

3．实验原理

触摸屏由液晶显示部分和触摸检测部分构成，二者相互独立。本实验使用的控制芯片是 ADI 公司生产的 AD7843 四线式触摸屏控制器，目前该控制器已广泛应用于电阻式触摸屏输入系统中。AD7843 数字转换器在一个 12 位逐次逼近式比较寄存器 SAR ADC 架构上集成了用于驱动触摸屏的低通阻抗开关。其测量原理可以参考 AD7843.pdf 和张井刚的《AD7843 在触摸屏系统中的应用》。

4．实验步骤

（1）新建 Quartus II 工程文件，然后按照真彩屏的显示时序，设置显示字符及按键。

（2）启动 SOPC Builder，然后添加 CPU，添加 ram，添加 AD7843 所需要的控制及数据 PIO 端口、JTAG 等组件，并重命名，生成 CPU。

（3）建立 block 文件，搭建硬件图，其顶层原理图见图 9-62。然后编译，下载。

（4）启动 Nios II IDE 并建立空白工程，然后编写程序，实现汉字、字符、按钮的显示效果。

（5）参考 AD7843.pdf，完成 AD7843 的初始化时序工作，然后分别从 x，y 两个方向读出其 ADC 转换的电压值，然后在每个按钮上多次触摸，确定该按钮在受到触摸时的输出电压范围，并根据此范围写出控制程序。编写程序，实现“济南”二字的颜色变化及 0~99 的加减变化。

5．实验参考程序

主文件：

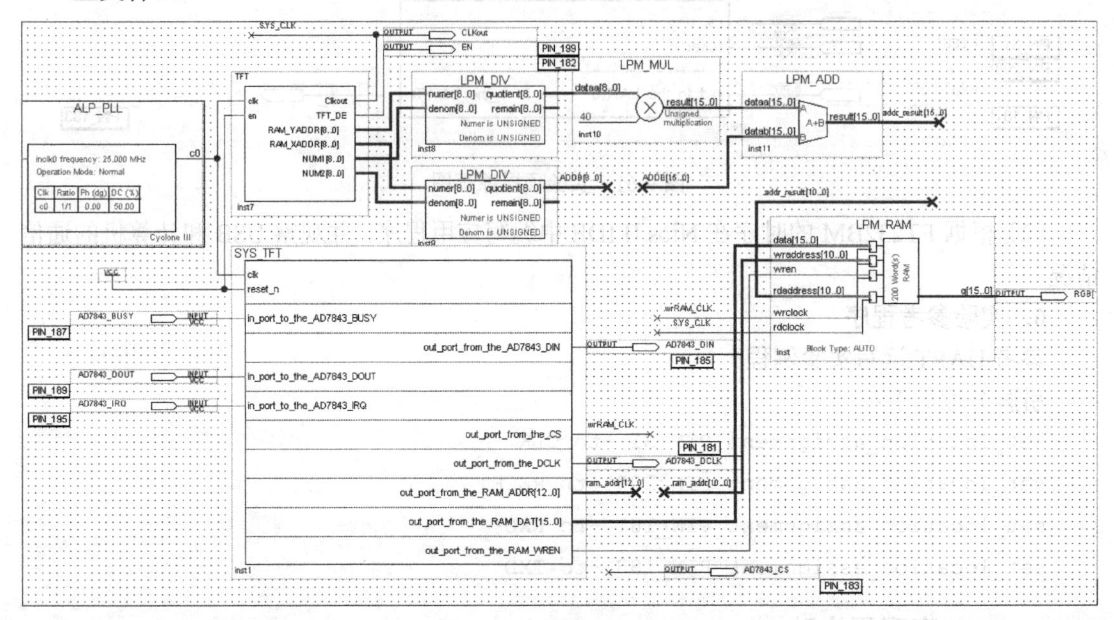

图 9-62　实验顶层原理图

```
#include "system.h"
#include "string.h"
#include "stdio.h"
#include "altera_avalon_pio_regs.h"
#include "alt_types.h"
#include "sys/alt_irq.h"
#include "ad7843.h"
#include "RAM.h"
#include "pio_irq.h"
extern void WRsre_NUM(unsigned int num);
int main (void) __attribute__ ((weak,alias ("alt_main")));
int alt_main (void)
{ unsigned int i=0;
  alt_irq_init(ALT_IRQ_BASE);
  Init_AD7843_IRQExt_interrupt();
  ReadAD7843_X();
  ReadAD7843_Y();
  clr_screen();
  WR_HZ12(0,0,0,frontcolor);//济
```

```
    WR_HZ12(0,13,1,frontcolor);//南
    printf("system is start!!\r\n");
    WR_BUttoncolor(3,30,10,color1);
    WR_BUttoncolor(9,30,10,color2);
    WR_BUttoncolor(15,30,10,color3);
    WR_BUtton(23,22,5);
    WR_BUtton(23,30,0);
    WRsre_NUM(num);
    while(1)
    {
     ;;
    }
}
```

引脚分配如下：

```
set_location_assignment PIN_195 -to AD7843_DCLK
set_location_assignment PIN_189 -to AD7843_CS
set_location_assignment PIN_187 -to AD7843_DIN
set_location_assignment PIN_185 -to AD7843_BUSY
set_location_assignment PIN_183 -to AD7843_DOUT
set_location_assignment PIN_181 -to AD7843_IRQ
set_location_assignment PIN_31 -to CLK
set_location_assignment PIN_234 -to EN
set_location_assignment PIN_186 -to RGB[14]
set_location_assignment PIN_188 -to RGB[12]
set_location_assignment PIN_194 -to RGB[10]
set_location_assignment PIN_196 -to RGB[8]
set_location_assignment PIN_198 -to RGB[6]
set_location_assignment PIN_200 -to RGB[4]
set_location_assignment PIN_202 -to RGB[2]
set_location_assignment PIN_207 -to RGB[0]
set_location_assignment PIN_235 -to CLKout
set_location_assignment PIN_201 -to RGB[15]
set_location_assignment PIN_203 -to RGB[13]
set_location_assignment PIN_214 -to RGB[11]
set_location_assignment PIN_217 -to RGB[9]
set_location_assignment PIN_219 -to RGB[7]
set_location_assignment PIN_221 -to RGB[5]
set_location_assignment PIN_223 -to RGB[3]
set_location_assignment PIN_226 -to RGB[1]
```

9.3.9 SD 卡实验

1．实验目的

进一步熟练使用 SOPC 软件及其配置方法，理解 SD 卡原理，掌握其时序描述和读写方法。

2．实验模块

SD 卡实验模块、RS232 串口模块、FPGA 主控制板模块。

3．实验原理

SD 有两个可以选择的通信协议：SD 模式和 SPI 模式。为了简化电路，本模块实验采用 SPI 模式。由于 SD 卡的默认模式为 SD 模式，若要进入 SPI 模式，只要在接收到 RESET 命令时，将 CS 拉低即可。关于 SD 卡的模式命令格式详见“SD 卡要点说明”。

4．实验内容

在 SD 卡中存入*.txt 文件，编写程序，读出其中文件名及其格式。

5．实验步骤

（1）利用 Quartus II 软件建立工程，命名为 SD，并选择 Cyclone III 器件 EP3C16Q240C8。

（2）建立 SOPC Builder，命名为 Nios2_SD，加入 I/O 接口和 UART 串口，建立 15KB 的 RAM 空间或使用外部 SDRAM 和 FLASH，加入内部定时器 timer，加入系统 ID，加入 SPI 控制器核，并生成 CPU。

（3）新建原理图文件，添加分配引脚，并编译文件。其顶层原理图见图 9-63。

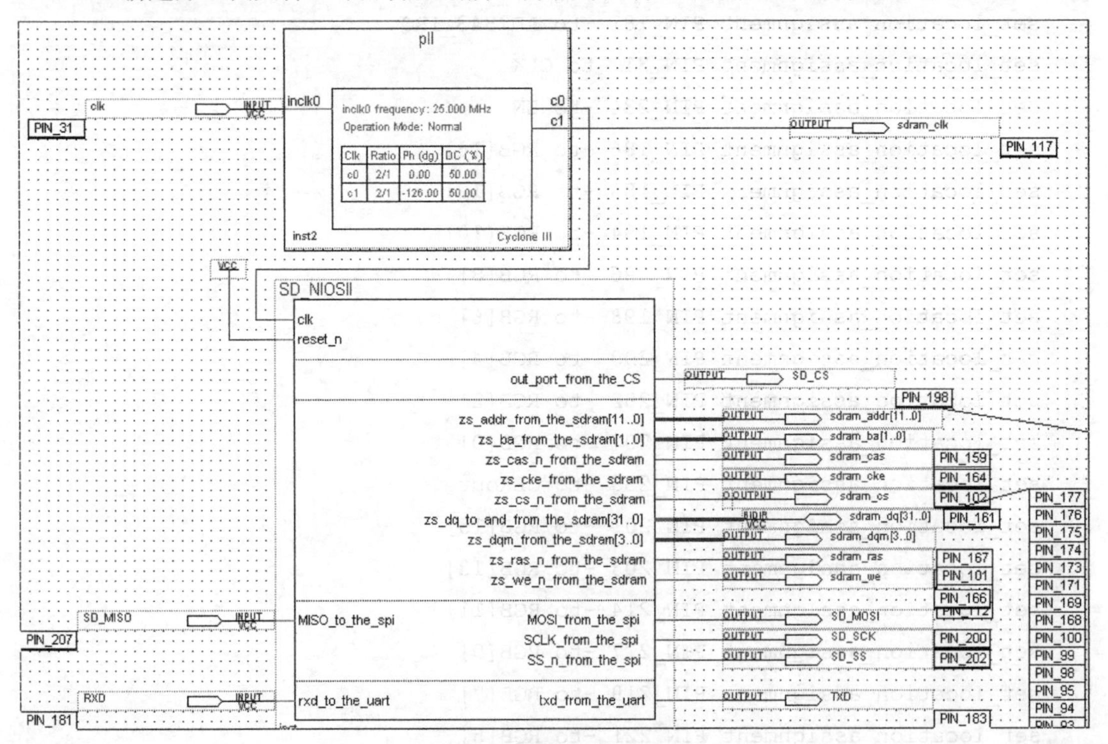

图 9-63 实验顶层原理图

（4）启动 Nios II IDE 并重新设置工作目录路径，建立新的 C/C++应用程序；选择 Nios2_SD

的 CPU 和示例“hello word”，生成工程。生成工程文件后，设置系统属性。选择“Project”→“properties”在弹出对话框中选择 System Library Properties 设置。

（5）下载。编译后首先把 Quartus II 中的*.sof 文件下载到 FPGA，然后在 Nios II IDE 中选择“Run As”→“Nios II Hardware”，运行程序。

6. 实验参考程序

主文件：

```
#include <stdio.h>
#include "includes.h"
#include "system.h"
#include "string.h"
#include "altera_avalon_pio_regs.h"
#include "alt_types.h"
#include "altera_avalon_spi_regs.h"
#include "common.h"
#include "hal.h"
#include "sdinf.h"
#include "fat16.h"
/* Definition of Task Stacks */
#define   TASK_STACKSIZE      2048
OS_STK    task1_stk[TASK_STACKSIZE];
OS_STK    task2_stk[TASK_STACKSIZE];
/* Definition of Task Priorities */
#define TASK1_PRIORITY      1
#define TASK2_PRIORITY      2
/* Prints "Hello World" and sleeps for three seconds */
void task1(void* pdata)
{ int i;
  OSTimeDlyHMSM(0,0,3,0);
 if(SdReset()==0)
 {
   printf("Hello sucess\n");
   if(InitFat16()==SD_SUCC){  printf("init sucess\n");
    ReadFileID(ReadRoootDir());
  }
  else printf("inti fail\n");
 }
 else
   printf("SdReset failed\r\n");
 while (1)
```

```
  {
    OSTimeDlyHMSM(0,0,0,1);
    OSTimeDlyHMSM(0,0,1,1);
  }
}
static alt_u8 fun;
/* Prints "Hello World" and sleeps for three seconds */
void task2(void* pdata)
{  while (1)
  {
    scanf("%s",&fun);
    if(fun=='1')
    ReadFileID(ReadRoootDir());
    else if(fun<58)
ReadFileNr(fun-48,TempFilePBP[fun-48].StartClusPosit,
          TempFilePBP[fun-48].Size);
    else
    printf("Hello from task2 fun=%d\n",fun);
    break;
    OSTimeDlyHMSM(0,0,1,0);
  }
}
/* The main function creates two task and starts multi-tasking */
int main(void)
{
  OSTaskCreateExt(task1,
                  NULL,
                  (void *)&task1_stk[TASK_STACKSIZE],
                  TASK1_PRIORITY,
                  TASK1_PRIORITY,
                  task1_stk,
                  TASK_STACKSIZE,
                  NULL,
                  0);
  OSTaskCreateExt(task2,
                  NULL,
                  (void *)&task2_stk[TASK_STACKSIZE],
                  TASK2_PRIORITY,
                  TASK2_PRIORITY,
```

```
                    task2_stk,
                    TASK_STACKSIZE,
                    NULL,
                    0);
  OSStart();
  return 0;
}
```

引脚分配如下：

```
set_location_assignment PIN_209 -to sys_reset
set_location_assignment PIN_146 -to sdram_addr[0]
set_location_assignment PIN_145 -to sdram_addr[1]
set_location_assignment PIN_144 -to sdram_addr[2]
set_location_assignment PIN_111 -to sdram_addr[3]
set_location_assignment PIN_110 -to sdram_addr[4]
set_location_assignment PIN_109 -to sdram_addr[5]
set_location_assignment PIN_108 -to sdram_addr[6]
set_location_assignment PIN_107 -to sdram_addr[7]
set_location_assignment PIN_106 -to sdram_addr[8]
set_location_assignment PIN_103 -to sdram_addr[9]
set_location_assignment PIN_147 -to sdram_addr[10]
set_location_assignment PIN_160 -to sdram_addr[11]
set_location_assignment PIN_159 -to sdram_ba[0]
set_location_assignment PIN_148 -to sdram_ba[1]
set_location_assignment PIN_164 -to sdram_cas
set_location_assignment PIN_102 -to sdram_cke
set_location_assignment PIN_117 -to sdram_clk
set_location_assignment PIN_161 -to sdram_cs
set_location_assignment PIN_177 -to sdram_dq[0]
set_location_assignment PIN_176 -to sdram_dq[1]
set_location_assignment PIN_175 -to sdram_dq[2]
set_location_assignment PIN_174 -to sdram_dq[3]
set_location_assignment PIN_173 -to sdram_dq[4]
set_location_assignment PIN_171 -to sdram_dq[5]
set_location_assignment PIN_169 -to sdram_dq[6]
set_location_assignment PIN_168 -to sdram_dq[7]
set_location_assignment PIN_100 -to sdram_dq[8]
set_location_assignment PIN_99 -to sdram_dq[9]
set_location_assignment PIN_98 -to sdram_dq[10]
set_location_assignment PIN_95 -to sdram_dq[11]
```

```
set_location_assignment PIN_94 -to sdram_dq[12]
set_location_assignment PIN_93 -to sdram_dq[13]
set_location_assignment PIN_88 -to sdram_dq[14]
set_location_assignment PIN_87 -to sdram_dq[15]
set_location_assignment PIN_142 -to sdram_dq[16]
set_location_assignment PIN_139 -to sdram_dq[17]
set_location_assignment PIN_137 -to sdram_dq[18]
set_location_assignment PIN_135 -to sdram_dq[19]
set_location_assignment PIN_134 -to sdram_dq[20]
set_location_assignment PIN_133 -to sdram_dq[21]
set_location_assignment PIN_132 -to sdram_dq[22]
set_location_assignment PIN_131 -to sdram_dq[23]
set_location_assignment PIN_128 -to sdram_dq[24]
set_location_assignment PIN_127 -to sdram_dq[25]
set_location_assignment PIN_126 -to sdram_dq[26]
set_location_assignment PIN_120 -to sdram_dq[27]
set_location_assignment PIN_119 -to sdram_dq[28]
set_location_assignment PIN_118 -to sdram_dq[29]
set_location_assignment PIN_114 -to sdram_dq[30]
set_location_assignment PIN_113 -to sdram_dq[31]
set_location_assignment PIN_167 -to sdram_dqm[0]
set_location_assignment PIN_101 -to sdram_dqm[1]
set_location_assignment PIN_143 -to sdram_dqm[2]
set_location_assignment PIN_162 -to sdram_ras
set_location_assignment PIN_112 -to sdram_dqm[3]
set_location_assignment PIN_166 -to sdram_we
set_location_assignment PIN_31 -to clk
set_location_assignment PIN_181 -to RXD
set_location_assignment PIN_198 -to SD_CS
set_location_assignment PIN_200 -to SD_MOSI
set_location_assignment PIN_202 -to SD_SCK
set_location_assignment PIN_207 -to SD_MISO
set_location_assignment PIN_183 -to TXD
```

9.3.10 UC\OS-II 操作系统移植实验

1．实验目的

进一步熟练使用 SOPC 软件及其配置方法，理解操作系统工作原理，掌握其在 Nios II IDE 中的简单使用。

2．实验模块

RS232 串口模块和 FPGA 主控制板模块。

3．实验原理

在 Nios II IDE 中使用 MicroC/OS-II RTOS，开发人员可以根据具体实验任务的需要通过在面板选项中的设定来自己剪裁程序，可以通过 RTOS Option 选项来自己定义所需要的功能选项。

4．实验内容

以 Nios II IDE 软件中已经剪切的例程 Hello MicroC/OS-II 为例，来进行串口实验。

5．实验步骤

（1）利用 Quartus II 软件建立工程，命名为 uCOSII，并选择 Cyclone III 器件 EP3C16Q240C8。

（2）建立 SOPC Builder，命名为 Ucosii_move，加入 JTAG_UART 和 UART 串口，建立 15KB 的 RAM，加入外部 SDRAM 和 FLASH，加入内部定时器 timer，加入系统 ID，加入三态桥，并生成 CPU。

（3）新建原理图文件，添加分配引脚，并编译文件。其顶层原理图见图 9-64。

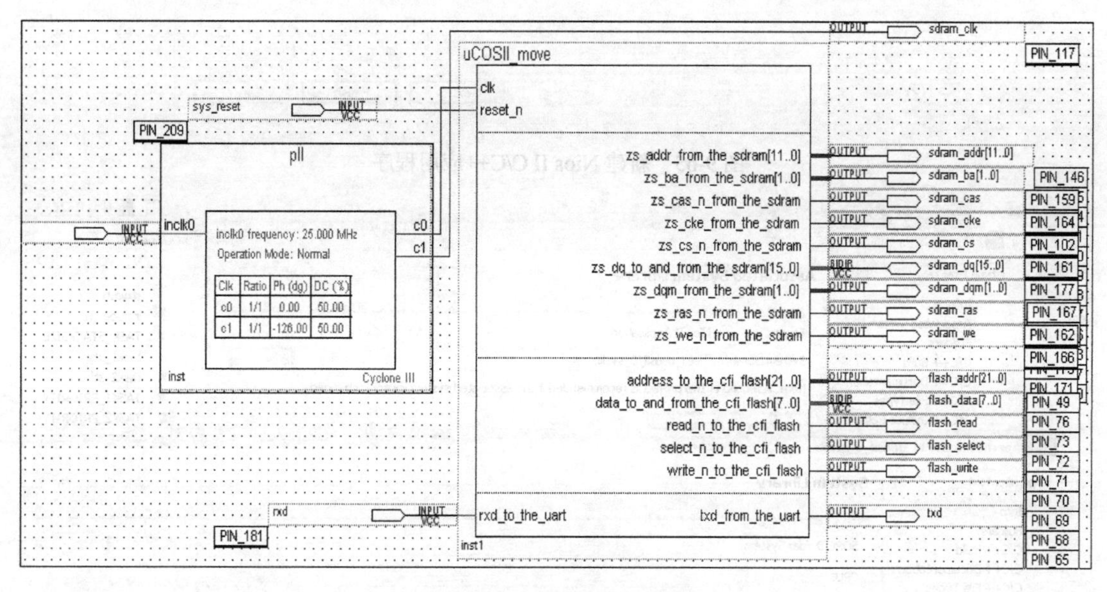

图 9-64　实验顶层原理图

（4）启动 Nios II IDE。新建 Nios II C/C++应用程序，见图 9-65：选择 CPU，并选中 Hello MicroC/OS-II 工程实例。

生成工程文件后，设置系统属性。选择“Project”→“properties”，在弹出对话框中选择 System Library Properties，设置见图 9-66。

（5）下载。编译后首先把 Quartus II 中的*.sof 文件下载到 FPGA，然后在 Nios II IDE 中选择“Run As”→“Nios II Hardware”，运行程序。

6．实验参考程序

```
#include <stdio.h>
#include "includes.h"
```

图 9-65 新建 Nios II C/C++应用程序

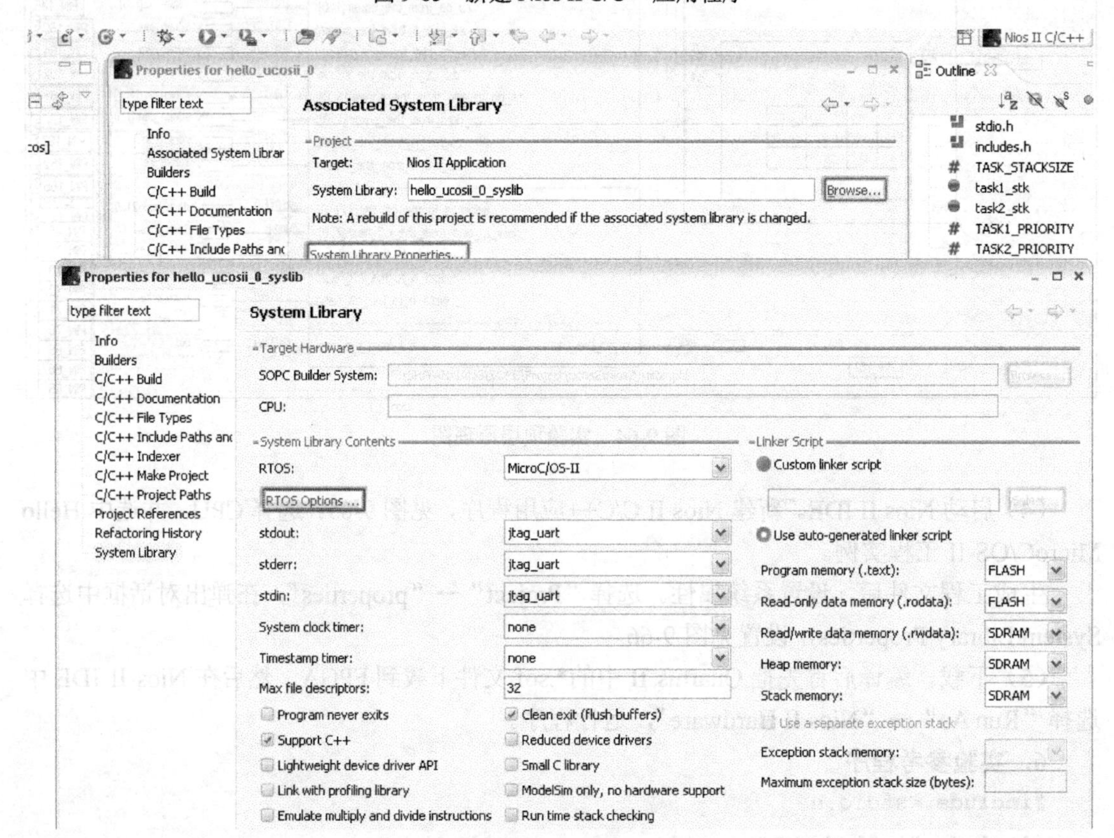

图 9-66 设置系统属性

```
/* Definition of Task Stacks */
#define   TASK_STACKSIZE      2048
OS_STK    task1_stk[TASK_STACKSIZE];
OS_STK    task2_stk[TASK_STACKSIZE]; /* Definition of Task Priorities */
#define TASK1_PRIORITY      7
#define TASK2_PRIORITY      9
/* Prints "Hello World" and sleeps for three seconds */
void task1(void* pdata)
{  while (1)
  {  printf("Hello from task1\n");
OSTimeDlyHMSM(0,0,3,0);
inti_UART0();
  }}
/* Prints "Hello World" and sleeps for three seconds */
void task2(void* pdata)
{  while (1)
  {  printf("Hello from task2\n");
    OSTimeDlyHMSM(0,0,3,0);
  }}/* The main function creates two task and starts multi-tasking */
int main(void)
{ OSTaskCreateExt(task1,
                  NULL,
                  (void *)&task1_stk[TASK_STACKSIZE],
                  TASK1_PRIORITY,
                  TASK1_PRIORITY,
                  task1_stk,
                  TASK_STACKSIZE,
                  NULL,
                  0);
  OSTaskCreateExt(task2,
             NULL,
             (void *)&task2_stk[TASK_STACKSIZE],
             TASK2_PRIORITY,
             TASK2_PRIORITY,
             task2_stk,
             TASK_STACKSIZE,
             NULL,
             0);
 OSStart();
```

```
  return 0;
}
```

引脚分配如下：

```
set_location_assignment PIN_209 -to sys_reset
set_location_assignment PIN_31 -to sys_clk
set_location_assignment PIN_146 -to sdram_addr[0]
set_location_assignment PIN_145 -to sdram_addr[1]
set_location_assignment PIN_144 -to sdram_addr[2]
set_location_assignment PIN_111 -to sdram_addr[3]
set_location_assignment PIN_110 -to sdram_addr[4]
set_location_assignment PIN_109 -to sdram_addr[5]
set_location_assignment PIN_108 -to sdram_addr[6]
set_location_assignment PIN_107 -to sdram_addr[7]
set_location_assignment PIN_106 -to sdram_addr[8]
set_location_assignment PIN_103 -to sdram_addr[9]
set_location_assignment PIN_147 -to sdram_addr[10]
set_location_assignment PIN_160 -to sdram_addr[11]
set_location_assignment PIN_159 -to sdram_ba[0]
set_location_assignment PIN_148 -to sdram_ba[1]
set_location_assignment PIN_164 -to sdram_cas
set_location_assignment PIN_102 -to sdram_cke
set_location_assignment PIN_117 -to sdram_clk
set_location_assignment PIN_161 -to sdram_cs
set_location_assignment PIN_177 -to sdram_dq[0]
set_location_assignment PIN_176 -to sdram_dq[1]
set_location_assignment PIN_175 -to sdram_dq[2]
set_location_assignment PIN_174 -to sdram_dq[3]
set_location_assignment PIN_173 -to sdram_dq[4]
set_location_assignment PIN_171 -to sdram_dq[5]
set_location_assignment PIN_169 -to sdram_dq[6]
set_location_assignment PIN_168 -to sdram_dq[7]
set_location_assignment PIN_100 -to sdram_dq[8]
set_location_assignment PIN_99 -to sdram_dq[9]
set_location_assignment PIN_98 -to sdram_dq[10]
set_location_assignment PIN_95 -to sdram_dq[11]
set_location_assignment PIN_94 -to sdram_dq[12]
set_location_assignment PIN_93 -to sdram_dq[13]
set_location_assignment PIN_88 -to sdram_dq[14]
set_location_assignment PIN_87 -to sdram_dq[15]
```

```
set_location_assignment PIN_142 -to sdram_dq[16]
set_location_assignment PIN_139 -to sdram_dq[17]
set_location_assignment PIN_137 -to sdram_dq[18]
set_location_assignment PIN_135 -to sdram_dq[19]
set_location_assignment PIN_134 -to sdram_dq[20]
set_location_assignment PIN_133 -to sdram_dq[21]
set_location_assignment PIN_132 -to sdram_dq[22]
set_location_assignment PIN_131 -to sdram_dq[23]
set_location_assignment PIN_128 -to sdram_dq[24]
set_location_assignment PIN_127 -to sdram_dq[25]
set_location_assignment PIN_126 -to sdram_dq[26]
set_location_assignment PIN_120 -to sdram_dq[27]
set_location_assignment PIN_119 -to sdram_dq[28]
set_location_assignment PIN_118 -to sdram_dq[29]
set_location_assignment PIN_114 -to sdram_dq[30]
set_location_assignment PIN_113 -to sdram_dq[31]
set_location_assignment PIN_167 -to sdram_dqm[0]
set_location_assignment PIN_101 -to sdram_dqm[1]
set_location_assignment PIN_143 -to sdram_dqm[2]
set_location_assignment PIN_162 -to sdram_ras
set_location_assignment PIN_112 -to sdram_dqm[3]
set_location_assignment PIN_166 -to sdram_we
set_location_assignment PIN_181 -to rxd
set_location_assignment PIN_183 -to txd
set_location_assignment PIN_49 -to flash_addr[0]
set_location_assignment PIN_76 -to flash_addr[1]
set_location_assignment PIN_73 -to flash_addr[2]
set_location_assignment PIN_72 -to flash_addr[3]
set_location_assignment PIN_71 -to flash_addr[4]
set_location_assignment PIN_70 -to flash_addr[5]
set_location_assignment PIN_69 -to flash_addr[6]
set_location_assignment PIN_68 -to flash_addr[7]
set_location_assignment PIN_65 -to flash_addr[8]
set_location_assignment PIN_64 -to flash_addr[9]
set_location_assignment PIN_63 -to flash_addr[10]
set_location_assignment PIN_57 -to flash_addr[11]
set_location_assignment PIN_55 -to flash_addr[12]
set_location_assignment PIN_52 -to flash_addr[13]
set_location_assignment PIN_51 -to flash_addr[14]
```

```
set_location_assignment PIN_78 -to flash_addr[15]
set_location_assignment PIN_80 -to flash_addr[16]
set_location_assignment PIN_81 -to flash_addr[17]
set_location_assignment PIN_82 -to flash_addr[18]
set_location_assignment PIN_83 -to flash_addr[19]
set_location_assignment PIN_84 -to flash_addr[20]
set_location_assignment PIN_85 -to flash_addr[21]
set_location_assignment PIN_56 -to flash_select
set_location_assignment PIN_46 -to flash_data[0]
set_location_assignment PIN_45 -to flash_data[1]
set_location_assignment PIN_44 -to flash_data[2]
set_location_assignment PIN_43 -to flash_data[3]
set_location_assignment PIN_41 -to flash_data[4]
set_location_assignment PIN_39 -to flash_data[5]
set_location_assignment PIN_38 -to flash_data[6]
set_location_assignment PIN_37 -to flash_data[7]
set_location_assignment PIN_22 -to flash_read
set_location_assignment PIN_21 -to flash_write
```

9.3.11 PS2 鼠标控制实验

1．实验目的

（1）了解 PS2 鼠标键盘协议。

（2）学会分析简单的数字信号和使用 Nios II 软件捕捉及及解码信号。

2．实验原理

PS2 接口用于许多现代的鼠标和键盘，由 IBM 公司最初开发和使用。物理上的 PS2 有两种类型的连接器：5 脚的 DIN 和 6 脚的 MINI-DIN。PS2 鼠标接口采用一种双向同步串行协议，即在时钟线上每发一个脉冲，就在数据线上发送一位数据。在相互传输中，主机拥有总线控制权，即它可以在任何时候抑制鼠标的发送。方法是把时钟线一直拉低，鼠标就不能产生时钟信号和发送数据。在两个方向的传输中，时钟信号都是由鼠标产生，即主机不产生通信时钟信号。

3．实验步骤

（1）建立 Nios II 工程，添加两个三态 I/O 接口，分别作为鼠标的时钟引脚和数据引脚。添加 UART 模块便于调试。生成软核，然后编译，其顶层原理图见图 9-67。

（2）首先鼠标上电后自检，向主机发送 0xaa、0x00；在这里 FPGA 不进行此项检测，直接发送使能鼠标命令 0xF4，鼠标在接收该命令后以 0xFA 应答，单击或移动鼠标，观察实验效果。

4．实验参考程序

以下是发送命令部分程序：

```
void Send_To_Mouse(unsigned char command,unsigned char pir)
```

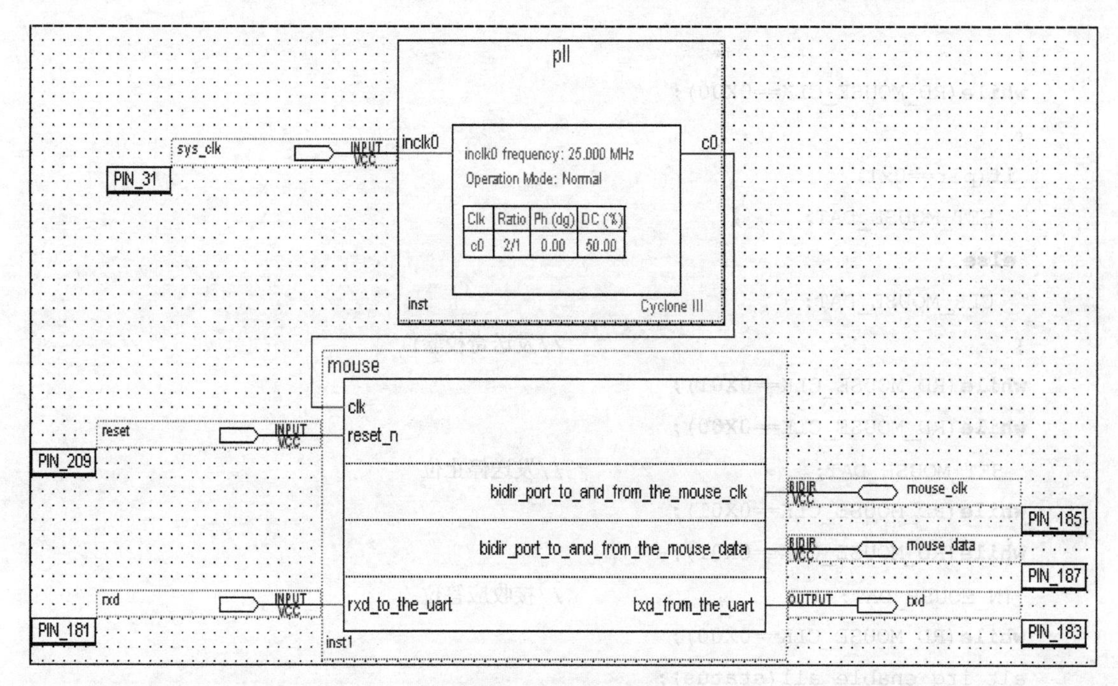

图 9-67　实验顶层原理图

```
{
unsigned char i;
alt_irq_context  status;
status=alt_irq_disable_all();
OUT_MOUSE_CLK;
OUT_MOUSE_DAT;
CLR_MOUSE_CLK;                          //拉低时钟线
delay_10us(2000);                       //拉低至少100μs
CLR_MOUSE_DAT;                          //拉低数据线
SET_MOUSE_CLK;                          //拉高时钟线
IN_MOUSE_CLK;                           //释放时钟线
while(RD_MOUSE_CLK==0X01)CLR_MOUSE_DAT;
for(i=0;i<=7;i++)
{
 while(RD_MOUSE_CLK==0X00);
 {
  if(((command>>i)&0x01)==0x01)
   SET_MOUSE_DAT;                       //命令
  else
   CLR_MOUSE_DAT;
 }
 while(RD_MOUSE_CLK==0X01);
```

```
    }
    while(RD_MOUSE_CLK==0X00);
    {
     if(pir==0x1)
       SET_MOUSE_DAT;
     else
       CLR_MOUSE_DAT;
    }                                           //发送奇校验位
    while(RD_MOUSE_CLK==0X01);
    while(RD_MOUSE_CLK==0X00);
      SET_MOUSE_DAT;                            //发送停止位
    while(RD_MOUSE_CLK==0X01);
    while(RD_MOUSE_CLK==0X01);
     IN_MOUSE_DAT;                              //接收应答位
    while(RD_MOUSE_CLK==0X00);
    alt_irq_enable_all(status);
   }
```

5．实验要求

有余力的同学可以试着将鼠标的坐标信息以坐标点的形式显示到 VGA 显示器上。或参考 PS2 有关资料，自行使用 VHDL 语言描述 PS2 时序。

引脚分配如下：

```
set_location_assignment PIN_6 -to rxd
set_location_assignment PIN_4 -to txd
set_location_assignment PIN_31 -to sys_clk
set_location_assignment PIN_209 -to reset
set_location_assignment PIN_19 -to mouse_clk
set_location_assignment PIN_13 -to mouse_data
set_location_assignment PIN_32 -to clk
```

9.3.12 音频接口实验

1．实验目的

（1）进一步熟练使用 SOPC 软件及其配置方法，理解操作系统工作原理。

（2）掌握其在 Nios II IDE 中的使用方法。

（3）了解数字音频发生及合成原理。

2．实验模块

音频实验模块和 FPGA 主控制板模块。

3．实验原理

在 Nios II IDE 中使用 MicroC/OS-II RTOS，开发人员可以根据具体实验任务的需要通过在面板选项中的设定来自己剪裁程序，可以通过 RTOS Option 选项来自己定义所需要的功能选项。通过多任务协调来处理音频信号。

4. 实验内容

首先使用接入音频信号经音频实验模块转换为数字信号，再由 FPGA 将音频数据发送到计算机。

5. 实验步骤

（1）利用 Quartus II 软件建立工程，命名为 Audio，并选择 Cyclone III 器件 EP3C16Q240C8。

（2）建立 SOPC Builder，命名为 Nios2_Audio，加入 I/O 接口，SPI，timer，timer_1，sdram，systemID，ram，并生成 CPU。

（3）新建原理图文件，添加分配引脚，并编译文件。

（4）启动 Nios II IDE 并重新设置工作目录路径，建立新的 C/C++应用程序；选择 Nios2_IDE 的 CPU，按照 UC\OS-II 操作系统移植实验生成工程。生成工程文件后，设置系统属性。

（5）下载。编译后首先把 Quartus II 中的*.sof 文件下载到 FPGA，然后在 Nios II IDE 中选择“Run As”→“Nios II Hardware”，运行程序，通过控制台控制录音与播放。

6. 实验参考程序

主函数：

```
#include <stdio.h>
#include "includes.h"
#include "altera_avalon_spi_regs.h"
#include "altera_avalon_pio_regs.h"
#include "system.h"
#include "altera_avalon_pio_regs.h"
#include "alt_types.h"
#include "wm7137.h"
#include "sys/alt_irq.h"
#include "altera_avalon_timer_regs.h"
#include "altera_avalon_timer.h"
/* Definition of Task Stacks */
#define   TASK_STACKSIZE       2048
OS_STK    task1_stk[TASK_STACKSIZE];
OS_STK    task2_stk[TASK_STACKSIZE];
/* Definition of Task Priorities */
#define TASK1_PRIORITY      1
#define TASK2_PRIORITY      2
int TimerFlag;
alt_u32 AudioData[1000000];
alt_u32 DataIndex=0,DataLenth;
alt_u8 stateFlag;
static void Timer_Interrupts(void * context,alt_u32 id)
```

```
{
    IOWR_ALTERA_AVALON_TIMER_STATUS(TIMER_BASE,0);
    if(TimerFlag) TimerFlag=0;
    else
      TimerFlag=0xff;
    if(stateFlag==1)
    {
    AudioData[DataIndex++]=IORD_ALTERA_AVALON_PIO_DATA(AUDIO_DATAIN_BASE);
    }
    if (stateFlag==2)
    {
    IOWR_ALTERA_AVALON_PIO_DATA(AUDIO_DATAOUT_BASE,AudioData[DataIndex++]);
    }
}
void Timer_Initialize(alt_u32 TimerPeriod)
{
      alt_irq_register(TIMER_IRQ,0,Timer_Interrupts);
      IOWR_ALTERA_AVALON_TIMER_PERIODL(TIMER_BASE,TimerPeriod &
                                        0x0000ffff);
      IOWR_ALTERA_AVALON_TIMER_PERIODH(TIMER_BASE,(TimerPeriod>>16) &
                                        0x0000ffff);
      IOWR_ALTERA_AVALON_TIMER_CONTROL(TIMER_BASE,
              ALTERA_AVALON_TIMER_CONTROL_START_MSK
              |ALTERA_AVALON_TIMER_CONTROL_ITO_MSK
              |ALTERA_AVALON_TIMER_CONTROL_CONT_MSK);
}
/* Prints "Hello World" and sleeps for three seconds */
void task1(void* pdata)
{
    char cmd[20];
    WM817_Init();
    printf("系统开始\n");
    Timer_Initialize(12500-1);
  while (1)
  {
    scanf("%s",cmd);
    printf("%s",cmd);
    if(strcmp(cmd,"start")==0)
    {
```

```
        stateFlag=1;
        printf("录音开始\n");
        DataIndex=0;
    }
    if(strcmp(cmd,"stop")==0)
    {
        stateFlag=0;
        DataLenth=DataIndex;
        printf("录音结束!,共录 %d 秒\n",DataIndex/8000);
    }
    if(strcmp(cmd,"play")==0)
    {
        stateFlag=2;
        DataLenth=DataIndex;
        printf("开始播放\n",DataIndex/8000);
        DataIndex=0;
    }
  }
}
/* Prints "Hello World" and sleeps for three seconds */
void task2(void* pdata)
{
  while(1)
  {
     if(stateFlag==1)
     {

        if(DataIndex>=999999)
        {
           stateFlag=0;
           DataLenth=DataIndex;
           printf("时间到,录音结束!\n");
        }
        printf("正在录音: %d秒\n",DataIndex/8000);
     }
      if(stateFlag==2)
     {
        printf("正在回放: %d秒\n",DataIndex/8000);
        if(DataIndex>=DataLenth)
```

```
        {
          stateFlag=0;
          printf("时间到,播放结束!\n");
        }
      }
    OSTimeDlyHMSM(0,0,1,0);
   }
}
/* The main function creates two task and starts multi-tasking */
int main(void)
{
  OSTaskCreateExt(task1,
                  NULL,
                  (void *)&task1_stk[TASK_STACKSIZE],
                  TASK1_PRIORITY,
                  TASK1_PRIORITY,
                  task1_stk,
                  TASK_STACKSIZE,
                  NULL,
                  0);

  OSTaskCreateExt(task2,
                  NULL,
                  (void *)&task2_stk[TASK_STACKSIZE],
                  TASK2_PRIORITY,
                  TASK2_PRIORITY,
                  task2_stk,
                  TASK_STACKSIZE,
                  NULL,
                  0);
  OSStart();
  return 0;
}
```

引脚分配如下:

```
set_location_assignment PIN_31 -to clk
set_location_assignment PIN_49 -to flash_addr[0]
set_location_assignment PIN_76 -to flash_addr[1]
set_location_assignment PIN_73 -to flash_addr[2]
set_location_assignment PIN_72 -to flash_addr[3]
```

```
set_location_assignment PIN_71 -to flash_addr[4]
set_location_assignment PIN_70 -to flash_addr[5]
set_location_assignment PIN_69 -to flash_addr[6]
set_location_assignment PIN_68 -to flash_addr[7]
set_location_assignment PIN_65 -to flash_addr[8]
set_location_assignment PIN_64 -to flash_addr[9]
set_location_assignment PIN_63 -to flash_addr[10]
set_location_assignment PIN_57 -to flash_addr[11]
set_location_assignment PIN_55 -to flash_addr[12]
set_location_assignment PIN_52 -to flash_addr[13]
set_location_assignment PIN_51 -to flash_addr[14]
set_location_assignment PIN_78 -to flash_addr[15]
set_location_assignment PIN_80 -to flash_addr[16]
set_location_assignment PIN_81 -to flash_addr[17]
set_location_assignment PIN_82 -to flash_addr[18]
set_location_assignment PIN_83 -to flash_addr[19]
set_location_assignment PIN_84 -to flash_addr[20]
set_location_assignment PIN_85 -to flash_addr[21]
set_location_assignment PIN_56 -to flash_cs
set_location_assignment PIN_46 -to flash_data[0]
set_location_assignment PIN_45 -to flash_data[1]
set_location_assignment PIN_44 -to flash_data[2]
set_location_assignment PIN_43 -to flash_data[3]
set_location_assignment PIN_41 -to flash_data[4]
set_location_assignment PIN_39 -to flash_data[5]
set_location_assignment PIN_38 -to flash_data[6]
set_location_assignment PIN_37 -to flash_data[7]
set_location_assignment PIN_22 -to flash_rd
set_location_assignment PIN_21 -to flash_wr
set_location_assignment PIN_209 -to reset_n
set_location_assignment PIN_146 -to Sdram_addr[0]
set_location_assignment PIN_145 -to Sdram_addr[1]
set_location_assignment PIN_144 -to Sdram_addr[2]
set_location_assignment PIN_111 -to Sdram_addr[3]
set_location_assignment PIN_110 -to Sdram_addr[4]
set_location_assignment PIN_109 -to Sdram_addr[5]
set_location_assignment PIN_108 -to Sdram_addr[6]
set_location_assignment PIN_107 -to Sdram_addr[7]
set_location_assignment PIN_106 -to Sdram_addr[8]
```

```
set_location_assignment PIN_103 -to Sdram_addr[9]
set_location_assignment PIN_147 -to Sdram_addr[10]
set_location_assignment PIN_160 -to Sdram_addr[11]
set_location_assignment PIN_159 -to sdram_ba[0]
set_location_assignment PIN_148 -to sdram_ba[1]
set_location_assignment PIN_164 -to sdram_cas
set_location_assignment PIN_102 -to sdram_cke
set_location_assignment PIN_117 -to sdram_clk
set_location_assignment PIN_161 -to sdram_cs
set_location_assignment PIN_177 -to sdram_dq[0]
set_location_assignment PIN_176 -to sdram_dq[1]
set_location_assignment PIN_175 -to sdram_dq[2]
set_location_assignment PIN_174 -to sdram_dq[3]
set_location_assignment PIN_173 -to sdram_dq[4]
set_location_assignment PIN_171 -to sdram_dq[5]
set_location_assignment PIN_169 -to sdram_dq[6]
set_location_assignment PIN_168 -to sdram_dq[7]
set_location_assignment PIN_100 -to sdram_dq[8]
set_location_assignment PIN_99 -to sdram_dq[9]
set_location_assignment PIN_98 -to sdram_dq[10]
set_location_assignment PIN_95 -to sdram_dq[11]
set_location_assignment PIN_94 -to sdram_dq[12]
set_location_assignment PIN_93 -to sdram_dq[13]
set_location_assignment PIN_88 -to sdram_dq[14]
set_location_assignment PIN_87 -to sdram_dq[15]
set_location_assignment PIN_142 -to sdram_dq[16]
set_location_assignment PIN_139 -to sdram_dq[17]
set_location_assignment PIN_137 -to sdram_dq[18]
set_location_assignment PIN_135 -to sdram_dq[19]
set_location_assignment PIN_134 -to sdram_dq[20]
set_location_assignment PIN_133 -to sdram_dq[21]
set_location_assignment PIN_132 -to sdram_dq[22]
set_location_assignment PIN_131 -to sdram_dq[23]
set_location_assignment PIN_128 -to sdram_dq[24]
set_location_assignment PIN_127 -to sdram_dq[25]
set_location_assignment PIN_126 -to sdram_dq[26]
set_location_assignment PIN_120 -to sdram_dq[27]
set_location_assignment PIN_119 -to sdram_dq[28]
set_location_assignment PIN_118 -to sdram_dq[29]
```

```
set_location_assignment PIN_114 -to sdram_dq[30]
set_location_assignment PIN_113 -to sdram_dq[31]
set_location_assignment PIN_167 -to sdram_dqm[0]
set_location_assignment PIN_101 -to sdram_dqm[1]
set_location_assignment PIN_143 -to sdram_dqm[2]
set_location_assignment PIN_112 -to sdram_dqm[3]
set_location_assignment PIN_162 -to sdram_ras
set_location_assignment PIN_166 -to sdram_we
set_location_assignment PIN_186 -to ADCDATA
set_location_assignment PIN_184 -to ADCLRC
set_location_assignment PIN_196 -to BCLK
set_location_assignment PIN_207 -to CSB
set_location_assignment PIN_194 -to DACDATA
set_location_assignment PIN_188 -to DACLRC
set_location_assignment PIN_200 -to SCLK
set_location_assignment PIN_202 -to SDATA
set_location_assignment PIN_198 -to xck
```

9.3.13 百兆以太网实验

1．实验目的

熟练使用SOPC软件，掌握操作系统工作原理，理解以太网数据传输的原理及其数据报的组成，掌握以太网在IP核的使用方法。

2．实验模块

10/100Mbit/s以太网通信模块和FPGA主控制板模块。

3．实验原理

实验运用DP83848以太网管理芯片来收发数据，并通过上位机控制界面来发送控制命令，控制数码管和LED灯的亮灭。

4．实验步骤

（1）利用Quartus II软件建立工程，命名为PHYTest，并选择Cyclone III器件EP3C16Q240C8。

（2）建立SOPC Builder，加入I/O接口，JTAG，systemID，timer，sdram等，建立10KB以上的RAM空间，并生成CPU。

（3）新建原理图文件，新建Block_Rx和Block_TxVHDL文件，并生成模块；搭建硬件图，添加分配引脚，并编译文件。

（4）启动Nios II IDE并重新设置工作目录路径，建立新的C/C++应用程序；选择Nios2_IDE的CPU和示例“hello word”，生成工程。生成工程文件后，设置系统属性。选择“Project”→“properties”，在弹出对话框中选择System Library Properties，设置同上实验。

（5）下载。编译后首先把Quartus II中的*.sof文件下载到FPGA，然后在Nios II IDE中选择“Run As”→“Nios II Hardware”，运行程序。

（6）通过 VB 程序编写的上位机控制界面来实现小灯的亮灭以及数码管的数字显示，见图 9-68。

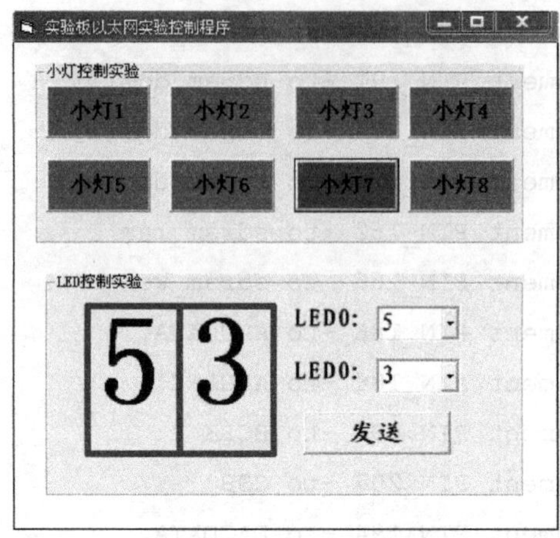

图 9-68　上位机控制界面

5．实验参考程序

```
#include <stdio.h>
#include <string.h>
#include <stdlib.h>
#include "system.h"
#include "altera_avalon_pio_regs.h"
#include "alt_types.h"
static alt_u8 RX_buff[2000];
static alt_u16 RX_lengh;
static int RX_FLAG=0;
static alt_u8 LED_CODE[17]={0xc0,0xF9,0xA4,0xB0,0x99,0x92,0x82,0xf8,0x80,
0x90,0x88,0x83,0xc6,0xa1,0x86,0x8e,0x8c,0xc1,0xce,0x91,0x00,0xff};
int main(void)
{
 int i;
 char str[10];
 alt_u8 led=0;
IOWR_ALTERA_AVALON_PIO_DATA(LED_7_SEG_A_BASE,LED_CODE[0]);
IOWR_ALTERA_AVALON_PIO_DATA(LED_7_SEG_B_BASE,LED_CODE[0]);
printf("Hello from Nios II!\n");
RX_lengh=0;
while (1)
{
if(!IORD_ALTERA_AVALON_PIO_DATA(PHY_RX_DATAVALID_BASE))
   RX_FLAG=1;
```

```
  if(RX_FLAG==1)
  {
     RX_FLAG=0;
     RX_lengh=IORD_ALTERA_AVALON_PIO_DATA(PHY_RX_LENGHT_BASE);
     for(i=0;i<RX_lengh;i++)
     {
       IOWR_ALTERA_AVALON_PIO_DATA(PHY_RX_ADDRESS_BASE,i);
  RX_buff[i]=(IORD_ALTERA_AVALON_PIO_DATA(PHY_RX_DATA_BASE))&0xff;
     }
      printf("Receive data lenght=%d",RX_lengh);
      for(i=0;i<RX_lengh;i++)
     {
       if(i%4==0) printf("\n");
       printf("%02x ",RX_buff[i]);
     }
     memset(str,0,10);
     str[0]=RX_buff[50];
     str[1]=RX_buff[51];
     str[2]=RX_buff[52];
     str[3]=RX_buff[53];
     str[4]=RX_buff[54];
     printf("%s \n",str);
     if(str[0]=='L' && str[1]=='E' && str[2]=='D')
     {
       if(str[4]=='0')
          led&=~(1<<(str[3]-'0'));
        else
          led|=(1<<(str[3]-'0'));
        IOWR_ALTERA_AVALON_PIO_DATA(LED_PIO_BASE,led);
     }
     if(str[0]=='L' && str[1]=='C' && str[2]=='D')
     {
 OWR_ALTERA_AVALON_PIO_DATA(LED_7_SEG_A_BASE,LED_CODE[(str[3]-'0')]);
 IOWR_ALTERA_AVALON_PIO_DATA(LED_7_SEG_B_BASE,LED_CODE[(str[4]-'0')]);
     }
  }
 }
  return 0;
  }
```

引脚分配如下：

```
set_location_assignment PIN_31 -to clk
set_location_assignment PIN_49 -to flash_addr[0]
set_location_assignment PIN_76 -to flash_addr[1]
set_location_assignment PIN_73 -to flash_addr[2]
set_location_assignment PIN_72 -to flash_addr[3]
set_location_assignment PIN_71 -to flash_addr[4]
set_location_assignment PIN_70 -to flash_addr[5]
set_location_assignment PIN_69 -to flash_addr[6]
set_location_assignment PIN_68 -to flash_addr[7]
set_location_assignment PIN_65 -to flash_addr[8]
set_location_assignment PIN_64 -to flash_addr[9]
set_location_assignment PIN_63 -to flash_addr[10]
set_location_assignment PIN_57 -to flash_addr[11]
set_location_assignment PIN_55 -to flash_addr[12]
set_location_assignment PIN_52 -to flash_addr[13]
set_location_assignment PIN_51 -to flash_addr[14]
set_location_assignment PIN_78 -to flash_addr[15]
set_location_assignment PIN_80 -to flash_addr[16]
set_location_assignment PIN_81 -to flash_addr[17]
set_location_assignment PIN_82 -to flash_addr[18]
set_location_assignment PIN_83 -to flash_addr[19]
set_location_assignment PIN_84 -to flash_addr[20]
set_location_assignment PIN_85 -to flash_addr[21]
set_location_assignment PIN_56 -to flash_cs
set_location_assignment PIN_46 -to flash_data[0]
set_location_assignment PIN_45 -to flash_data[1]
set_location_assignment PIN_44 -to flash_data[2]
set_location_assignment PIN_43 -to flash_data[3]
set_location_assignment PIN_41 -to flash_data[4]
set_location_assignment PIN_39 -to flash_data[5]
set_location_assignment PIN_38 -to flash_data[6]
set_location_assignment PIN_37 -to flash_data[7]
set_location_assignment PIN_22 -to flash_rd
set_location_assignment PIN_21 -to flash_wr
set_location_assignment PIN_230 -to LED_PIO[0]
set_location_assignment PIN_224 -to LED_PIO[1]
set_location_assignment PIN_222 -to LED_PIO[2]
set_location_assignment PIN_220 -to LED_PIO[3]
```

```
set_location_assignment PIN_218 -to LED_PIO[4]
set_location_assignment PIN_216 -to LED_PIO[5]
set_location_assignment PIN_207 -to LED_PIO[6]
set_location_assignment PIN_202 -to LED_PIO[7]
set_location_assignment PIN_209 -to reset_n
set_location_assignment PIN_146 -to Sdram_addr[0]
set_location_assignment PIN_145 -to Sdram_addr[1]
set_location_assignment PIN_144 -to Sdram_addr[2]
set_location_assignment PIN_111 -to Sdram_addr[3]
set_location_assignment PIN_110 -to Sdram_addr[4]
set_location_assignment PIN_109 -to Sdram_addr[5]
set_location_assignment PIN_108 -to Sdram_addr[6]
set_location_assignment PIN_107 -to Sdram_addr[7]
set_location_assignment PIN_106 -to Sdram_addr[8]
set_location_assignment PIN_103 -to Sdram_addr[9]
set_location_assignment PIN_147 -to Sdram_addr[10]
set_location_assignment PIN_160 -to Sdram_addr[11]
set_location_assignment PIN_159 -to sdram_ba[0]
set_location_assignment PIN_148 -to sdram_ba[1]
set_location_assignment PIN_164 -to sdram_cas
set_location_assignment PIN_102 -to sdram_cke
set_location_assignment PIN_117 -to sdram_clk
set_location_assignment PIN_161 -to sdram_cs
set_location_assignment PIN_177 -to sdram_dq[0]
set_location_assignment PIN_176 -to sdram_dq[1]
set_location_assignment PIN_175 -to sdram_dq[2]
set_location_assignment PIN_174 -to sdram_dq[3]
set_location_assignment PIN_173 -to sdram_dq[4]
set_location_assignment PIN_171 -to sdram_dq[5]
set_location_assignment PIN_169 -to sdram_dq[6]
set_location_assignment PIN_168 -to sdram_dq[7]
set_location_assignment PIN_100 -to sdram_dq[8]
set_location_assignment PIN_99 -to sdram_dq[9]
set_location_assignment PIN_98 -to sdram_dq[10]
set_location_assignment PIN_95 -to sdram_dq[11]
set_location_assignment PIN_94 -to sdram_dq[12]
set_location_assignment PIN_93 -to sdram_dq[13]
set_location_assignment PIN_88 -to sdram_dq[14]
set_location_assignment PIN_87 -to sdram_dq[15]
```

```
    set_location_assignment PIN_142 -to sdram_dq[16]
    set_location_assignment PIN_139 -to sdram_dq[17]
    set_location_assignment PIN_137 -to sdram_dq[18]
    set_location_assignment PIN_135 -to sdram_dq[19]
    set_location_assignment PIN_134 -to sdram_dq[20]
    set_location_assignment PIN_133 -to sdram_dq[21]
    set_location_assignment PIN_132 -to sdram_dq[22]
    set_location_assignment PIN_131 -to sdram_dq[23]
    set_location_assignment PIN_128 -to sdram_dq[24]
    set_location_assignment PIN_127 -to sdram_dq[25]
    set_location_assignment PIN_126 -to sdram_dq[26]
    set_location_assignment PIN_120 -to sdram_dq[27]
    set_location_assignment PIN_119 -to sdram_dq[28]
    set_location_assignment PIN_118 -to sdram_dq[29]
    set_location_assignment PIN_114 -to sdram_dq[30]
    set_location_assignment PIN_113 -to sdram_dq[31]
    set_location_assignment PIN_167 -to sdram_dqm[0]
    set_location_assignment PIN_101 -to sdram_dqm[1]
    set_location_assignment PIN_143 -to sdram_dqm[2]
    set_location_assignment PIN_112 -to sdram_dqm[3]
    set_location_assignment PIN_162 -to sdram_ras
    set_location_assignment PIN_166 -to sdram_we
    set_location_assignment PIN_189 -to PHY_MDC
    set_location_assignment PIN_195 -to PHY_MDIO
    set_location_assignment PIN_185 -to PHY_Rx_CLK
    set_location_assignment PIN_187 -to PHY_RX_DV
    set_location_assignment PIN_182 -to PHY_RXD[0]
    set_location_assignment PIN_184 -to PHY_RXD[1]
    set_location_assignment PIN_186 -to PHY_RXD[2]
    set_location_assignment PIN_188 -to PHY_RXD[3]
    set_location_assignment PIN_181 -to PHY_Tx_CLK
    set_location_assignment PIN_183 -to PHY_TX_EN
    set_location_assignment PIN_194 -to PHY_TXD[0]
    set_location_assignment PIN_196 -to PHY_TXD[1]
    set_location_assignment PIN_198 -to PHY_TXD[2]
    set_location_assignment PIN_200 -to PHY_TXD[3]
    set_instance_assignment -name CONNECT_TO_SLD_NODE_ENTITY_PORT
acq_trigger_in[0] -to PHY_TXD[0] -section_id auto_signaltap_0
    set_instance_assignment -name CONNECT_TO_SLD_NODE_ENTITY_PORT
```

```
acq_trigger_in[1] -to PHY_TXD[1] -section_id auto_signaltap_0
    set_instance_assignment -name CONNECT_TO_SLD_NODE_ENTITY_PORT
acq_trigger_in[2] -to PHY_TXD[2] -section_id auto_signaltap_0
    set_instance_assignment -name CONNECT_TO_SLD_NODE_ENTITY_PORT
acq_trigger_in[3] -to PHY_TXD[3] -section_id auto_signaltap_0
    set_instance_assignment -name CONNECT_TO_SLD_NODE_ENTITY_PORT
acq_trigger_in[4] -to PHY_TX_EN -section_id auto_signaltap_0
    set_instance_assignment -name CONNECT_TO_SLD_NODE_ENTITY_PORT acq_data_
in[0] -to PHY_TXD[0] -section_id auto_signaltap_0
    set_instance_assignment -name CONNECT_TO_SLD_NODE_ENTITY_PORT acq_data_
in[1] -to PHY_TXD[1] -section_id auto_signaltap_0
    set_instance_assignment -name CONNECT_TO_SLD_NODE_ENTITY_PORT acq_data_
in[2] -to PHY_TXD[2] -section_id auto_signaltap_0
    set_instance_assignment -name CONNECT_TO_SLD_NODE_ENTITY_PORT acq_data_
in[3] -to PHY_TXD[3] -section_id auto_signaltap_0
    set_instance_assignment -name CONNECT_TO_SLD_NODE_ENTITY_PORT acq_data_
in[4] -to PHY_TX_EN -section_id auto_signaltap_0
    set_instance_assignment -name CONNECT_TO_SLD_NODE_ENTITY_PORT acq_clk -to
sdram_clk -section_id auto_signaltap_0
    set_instance_assignment -name CONNECT_TO_SLD_NODE_ENTITY_PORT
acq_trigger_in[5] -to TX_clk_out -section_id auto_signaltap_0
    set_instance_assignment -name CONNECT_TO_SLD_NODE_ENTITY_PORT
acq_trigger_in[6] -to TX_start_out -section_id auto_signaltap_0
    set_instance_assignment -name CONNECT_TO_SLD_NODE_ENTITY_PORT
acq_trigger_in[7] -to temp_bitflag -section_id auto_signaltap_0
    set_instance_assignment -name CONNECT_TO_SLD_NODE_ENTITY_PORT acq_data_
in[5] -to TX_clk_out -section_id auto_signaltap_0
    set_instance_assignment -name CONNECT_TO_SLD_NODE_ENTITY_PORT acq_data_
in[6] -to TX_start_out -section_id auto_signaltap_0
    set_instance_assignment -name CONNECT_TO_SLD_NODE_ENTITY_PORT acq_data_
in[7] -to temp_bitflag -section_id auto_signaltap_0
    set_instance_assignment -name POST_FIT_CONNECT_TO_SLD_NODE_ENTITY_PORT
acq_trigger_in[8] -to PHY_Tx_CLK -section_id auto_signaltap_0
    set_instance_assignment -name POST_FIT_CONNECT_TO_SLD_NODE_ENTITY_PORT
acq_data_in[8] -to PHY_Tx_CLK -section_id auto_signaltap_0
    set_location_assignment PIN_19 -to temp_bitflag
    set_location_assignment PIN_18 -to TX_start_out
    set_location_assignment PIN_13 -to tx_wr_out
    et_location_assignment PIN_18 -to LED_7_SEG_A[0]
```

```
set_location_assignment PIN_9 -to LED_7_SEG_A[1]
set_location_assignment PIN_5 -to LED_7_SEG_A[2]
set_location_assignment PIN_240 -to LED_7_SEG_A[3]
set_location_assignment PIN_238 -to LED_7_SEG_A[4]
set_location_assignment PIN_236 -to LED_7_SEG_A[5]
set_location_assignment PIN_234 -to LED_7_SEG_A[6]
set_location_assignment PIN_232 -to LED_7_SEG_A[7]
set_location_assignment PIN_19 -to LED_7_SEG_B[0]
set_location_assignment PIN_13 -to LED_7_SEG_B[1]
set_location_assignment PIN_6 -to LED_7_SEG_B[2]
set_location_assignment PIN_4 -to LED_7_SEG_B[3]
set_location_assignment PIN_239 -to LED_7_SEG_B[4]
set_location_assignment PIN_237 -to LED_7_SEG_B[5]
set_location_assignment PIN_235 -to LED_7_SEG_B[6]
set_location_assignment PIN_233 -to LED_7_SEG_B[7]
```

9.3.14 四相步进电动机实验

1．实验目的

（1）学习步进电动机工作原理。

（2）学习步进电动机与 FPGA 的接口电路设计和编程。

2．实验模块

FPGA 系统主模块和步进电动机实验模块。

3．实验内容

要求采用四相八拍的工作方式控制步进电动机的正转、反转和增、减转速。

4．实验原理

步进电动机是一种将电脉冲信号转换为直线或角位移的执行机构。对其施加一个电脉冲信号后，其转轴就转过一定的角度，称为一步。对应的角度称为步距角，四相绕组的步进电动机其步距角一般为 0.9°/1.8°或 0.75°/1.5°。输入到步进电动机的脉冲数增加，直线或角位移也随之增加；脉冲频率高，步进电动机的旋转速度就高，反之则慢；改变加在绕组上的脉冲序列的相序，电动机便逆转。其控制图见图 9-69。

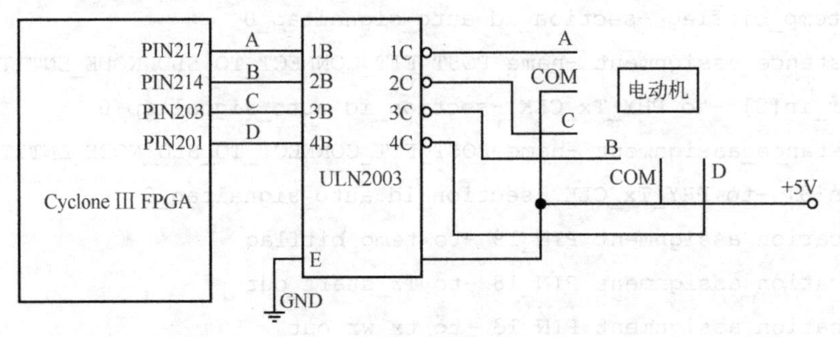

图 9-69 步进电动机的控制接口电路

实验装置上采用的步进电动机为四相六线制混合型步进电动机 20BY20L01-02A，黄-A，白-B，红-C，黑-D，橙和棕经一定的限流后接+5V DC。通过 FPGA 口线按顺序给 A、B、C、D 绕相组施加有序的脉冲直流，就可以控制电动机的转动，从而完成数字到角度的转换。转动的角度大小与施加的脉冲数成正比，转动的速度与脉冲频率成正比，而转动方向则与脉冲的顺序有关。

ULN2003 是一个大电流驱动器，为达林顿管阵列电路，可输出 500mA 电流，同时起到电路隔离作用，各输出端与 COM 间有起保护作用的反相二极管。

双四拍的工作方式：正转绕组通电顺序为 AB→BC→CD→DA；反转绕组通电顺序为 AD→CD→BC→AB，则应依次给端口送 03H→06H→0CH→09H→03H，反转则 03H→09H→0CH→06H→03H。

5. 实验步骤

（1）按照上述原理，用导线正确连接步进电动机实验模块和 FPGA 系统模块。

（2）正确连接计算机与目标板。正确连接目标板电源。建立工程并调试，将生成的 SOF 文件下载到 FPGA 即可。运行程序，观察程序运行结果。其顶层原理图见图 9-70。

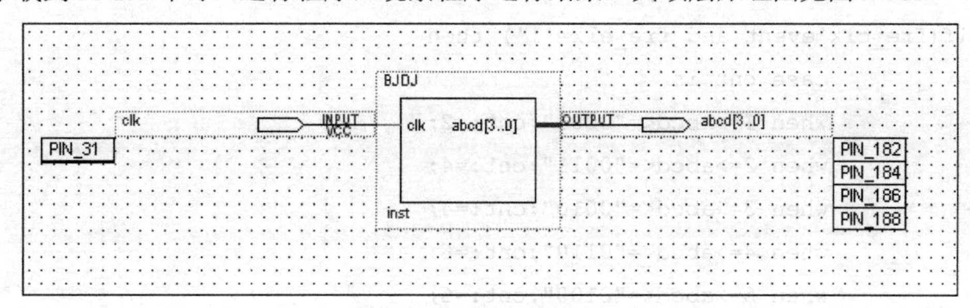

图 9-70 实验顶层原理图

6. 实验参考程序

```
LIBRARY IEEE;
use ieee.std_logic_1164.all;
use ieee.std_logic_unsigned.all;
entity BJDJ is
port(
    clk: in std_logic;
    abcd: out std_logic_vector(3 downto 0)
   );
end BJDJ;
architecture arcount of BJDJ is
shared variable counter:integer:=0;
signal fre_clk:std_logic:='0';
BEGIN
fre_counter:
   PROCESS(clk)
```

```
    begin
    if clk'event and clk='1' then
           if(counter<100000) then counter:=counter+1;
              fre_clk<='1';
           elsif(counter<200000)then counter:=counter+1;
              fre_clk<='0';
           else
              counter:=0;
           end if;
    end if;
    end process;
  foun: process(fre_clk,clk)
   variable cnt:integer:=0;
   begin
   if(fre_clk'event and fre_clk='1') then
              case cnt is
    --        when 1=>abcd<="0001";cnt:=2;
              when 2=>abcd<="0011";cnt:=4;
    --        when 3=>abcd<="0010";cnt:=4;
              when 4=>abcd<="0110";cnt:=6;
    --        when 5=>abcd<="0100";cnt:=6;
              when 6=>abcd<="1100";cnt:=8;
    --        when 7=>abcd<="1000";cnt:=8;
              when 8=>abcd<="1001";cnt:=2;
              when others=>abcd<="0000";cnt:=2;
      end case;
   end if;
  end process;
 end architecture;
```

引脚分配如下：

```
set_location_assignment PIN_182 -to abcd[3]
set_location_assignment PIN_184 -to abcd[2]
set_location_assignment PIN_186 -to abcd[1]
set_location_assignment PIN_188 -to abcd[0]
set_location_assignment PIN_31 -to clk
```

参考文献

[1] 阎石. 数字电子技术基础[M]. 6版. 北京：高等教育出版社，2016.
[2] 康华光. 电子技术基础（数字部分）[M]. 5版. 北京：高等教育出版社，2010.
[3] 王道宪. CPLD/FPGA可编程逻辑器件应用与开发[M]. 北京：国防工业出版社，2004.
[4] 郑崇勋. 数字系统故障对策与可靠性技术[M]. 北京：国防工业出版社，2000.
[5] 欧阳星明. 数字逻辑[M]. 4版. 武汉：华中科技大学出版社，2010.
[6] 张昌凡. 可编程逻辑器件及VHDL设计技术[M]. 广州：华南理工大学出版社，2001.
[7] 李景华. 可编程逻辑器件与EDA技术[M]. 沈阳：东北大学出版社，2000.
[8] 卢毅，赖杰. VHDL与数字电路设计[M]. 北京：科学出版社，2003.
[9] 谭会生. EDA技术及应用[M]. 4版. 西安：西安电子科技大学出版社，2016.
[10] 辛春艳. VHDL硬件描述语言[M]. 北京：国防工业出版社，2002.
[11] 李中发. 数字电子技术[M]. 北京：中国水利水电出版社，2001.
[12] 刘江海. 数字电子技术[M]. 武汉：华中科技大学出版社，2008.
[13] 全国大学生电子设计竞赛湖北赛区组委会. 湖北省大学生电子设计竞赛优秀作品与解析[M]. 武汉：华中科技大学出版社，2005.
[14] 潘明，潘松. 现代计算机组成原理[M]. 北京：科学出版社，2007.
[15] 潘松，黄继业. EDA技术与VHDL语言[M]. 6版. 北京：科学出版社，2018.
[16] 齐洪喜，陆颖. VHDL电路设计实用教程[M]. 北京：清华大学出版社，2004.
[17] 王振红，张斯伟. 电子电路综合设计实例集萃[M]. 北京：化学工业出版社，2008.
[18] 江国强. EDA技术与应用[M]. 5版. 北京：电子工业出版社，2017.